書系緣起

早在二千多年前，中國的道家大師莊子已看穿知識的奧祕。莊子在《齊物論》中道出態度的大道理：莫若以明。

莫若以明是對知識的態度，而小小的態度往往成就天淵之別的結果。

「樞始得其環中，以應無窮。是亦一無窮，非亦一無窮也。故曰：莫若以明。」

是誰或是什麼誤導我們中國人的教育傳統成為閉塞一族。答案已不重要，現在，大家只需著眼未來。

共勉之。

Hal Brands
霍爾・布蘭茲——編 辛亞蓓——譯

從早期的思想家
到近代的策略家

當代戰略全書 1

戰略的原點

THE NEW MAKERS OF MODERN STRATEGY

THE NEW MAKERS
OF MODERN STRATEGY

獻給 Richard Chang

致謝

這部著作主要歸功於所有撰稿人。他們放下手邊的其他重要專案，不僅花了不少心思，同時得忍受編輯經常催稿。其次要歸功於許多作家，因為他們的學術研究為這本書奠下了知識基礎。

我也要感謝一些人提供建議。他們影響了這本書的不同進行階段，也就是勞倫斯・佛里德曼（Lawrence Freedman）、邁可・霍洛維茨（Michael Horowitz）、威爾・英伯登（Will Inboden）、安德魯・梅伊（Andrew May）、亞倫・麥克林（Aaron MacLean）、湯瑪斯・曼肯（Thomas Mahnken）、莎莉・佩恩（Sally Payne）、艾琳・辛普森（Erin Simpson）、休・斯特拉坎（Hew Strachan）等。我特別感謝艾略特・科恩（Eliot Cohen），因為他在處理其他的事務之前幫我構思了這項專案。普林斯頓大學出版社的艾瑞克・克拉漢（Eric Crahan）先建議我出版《當代戰略全書》（The New Makers of Modern Strategy: From the Ancient World to the Digital Age）的第三版，然後見證這本書的完成。該出版社的許多人都在過程中協助我。在準備和設計章節方面，有幾位研究助理支援我：他們是露西・貝爾斯（Lucy Bales）、史蒂芬・霍尼格（Steven Honig）、雅各・派金（Jacob Paikin）以及裘瑞克・威利（Jurek Wille）。納撒尼爾・汪（Nathaniel Wong）則負責監督流程。此外，克里斯・克羅斯比（Chris Crosbie）也大力協助。

最後，我非常感謝一些重要的機構，包括約翰霍普金斯大學的高等國際研究學院和美國企業研究院（The John Hopkins School for Advanced International Studies and The American Enterprise Institute）提供了良好的學術氛圍；美國世界聯盟（America in the World Consortium）則提供寶貴的財務支援。最重要的是，如果沒有亨利・季辛吉全球事務中心（Henry Kissinger Center for Global Affairs）及其董事法蘭克・蓋文（Frank Gavin）的幫助，這項專案根本不可能完成。法蘭克從一開始就幫忙規劃專案。他和該中心的工作人員共同合作，功不可沒。在他的領導下，該中心已經變成獨特的組織，致力於宣揚與這本書相同的價值觀，並且在未來的許多年會有歷史和戰略相關的開創性成果。

國際權威作者群

勞倫斯・佛里德曼（Lawrence Freedman）是倫敦國王學院的戰爭研究系名譽教授。他在一九九七年擔任過福克蘭戰爭的官方歷史學家，也擔任過英國和二〇〇三年伊拉克戰爭的官方調查成員。他寫過許多關於國際歷史、戰略理論以及核武議題的文章。

沃爾特・羅素・米德（Walter Russell Mead）在哈德遜研究所擔任戰略與治國之才的拉文爾・庫里三世（Ravenel B. Curry III）傑出研究員。他是《華爾街日報》的國際觀專欄作家，也在紐約巴德學院的外交與人文學系擔任詹姆斯・克拉克・蔡斯教授（James Clarke Chace Professor）。

吉原恆淑（Toshi Yoshihara）是戰略與預算評估中心的資深研究員。他曾經在美國海軍戰爭學院擔任亞太研究系的約翰・伯倫教授（John A. van Beuren Chair），合著有《太平洋的紅星：中國崛起與美國海事戰略的挑戰》（Red Star over the Pacific: China's Rise and the Challenge to U.S. Maritime Strategy）。

馬修・克羅尼格（Matthew Kroenig）是喬治城大學的政府學教授，也是大西洋理事會的斯考克羅夫特戰略方案（Scowcroft Strategy Initiative）負責人。他精通義大利語，並且從二〇一三年開始在義大利的佛羅倫斯指導關於馬基維利的年度課程。他的最新著作是《強國競爭的回歸》（The Return of Great Power Rivalry）。

休・斯特拉坎（Hew Strachan）在聖安德魯斯大學擔任國際關係系的沃德洛教授（Wardlaw Professor），也在牛津大學的萬靈學院擔任名譽研究員。他曾經在二〇〇二年至二〇一五年擔任戰爭史的奇希切爾教授（Chichele Professor）。他的著作包括《第一次世界大戰》（The First World War）、《克勞塞維茲的戰爭論》（Clausewitz's On War）、《戰爭的方向》（The Direction of War）。

安圖里奧・約瑟夫・埃切瓦里亞（Antulio J. Echevarria II）是美國陸軍戰爭學院的教授，並擁有普林斯頓大學的博士學位。他寫過許多關於戰略思維的書籍，包括《戰爭的邏輯：戰略思維與美國的戰鬥之道》（War's Logic: Strategic Thought and the American Way of War，劍橋大學出版社，二〇二一年）。

約翰・毛雷爾（John H. Maurer）是海權和大戰略方面的阿爾弗雷德・賽耶・馬漢特聘教授（Alfred Thayer Mahan Distinguished Professor）。他曾經在美國海軍戰爭學院擔任戰略與政策學系的系主任。

邁可・科蒂・摩根（Michael Cotey Morgan）在北卡羅來納大學教堂山（Chapel Hill）分校擔任歷史系副教授，著有《最終行動：赫爾辛基協議與冷戰的轉變》（The Final Act: The Helsinki Accords and the Transformation of the Cold War）。

詹姆士・萊西（James Lacey）在海軍陸戰隊大學擔任戰爭研究系的馬修・霍納教授（Mathew C. Horner Chair），也是海軍陸戰隊戰爭學院的戰略研究系教授。他的著作包括《華盛頓戰爭》（The Washington War）、《戰神》（Gods of War）、《羅馬：帝國的戰略》（Rome: A Strategy for Empire）。

喬納森・科什納（Jonathan Kirshner）在波士頓學院擔任政治學和國際研究課程的教授。他的著作包括《不成文的未來：現實主義與國際政治的不確定性》（An Unwritten Future: Realism and Uncertainty in World Politics）和《金融危機後的美國勢力》（American Power after the Financial Crisis）。

目次

推薦序／

了解過去的決策方式，啟發面對未來的判斷

王立 「王立第二戰研所」版主

很榮幸可以向各位讀者推薦這套《當代戰略全書》，可說是戰略的教科書入門。本書歷經時代考驗，收集從古代到現代的戰略名家學說，不論是對戰略有興趣，或是想研究地緣政治的朋友，都不能錯過。

戰略學到底是不是一門學問，關鍵在戰略是否能被定義，很可惜的是至今戰略的定義仍是沒有公論，唯一可以確定的，是定義不停地被擴張。因為戰略一詞的使用是在近代，若我們從戰略思想史追溯源頭，會發現戰略的本意很接近「謀略」，是一種為了追求目標而制定的手段，也可以說是思想方法。

會被納入西方戰略思想研究內容者，多是其思想方法被推崇，而不是手段本身。也就是戰略的本質，更接近於方法論，每個時代的大戰略家不外乎兩種，一種是結合當代社會發

展、技術層次、政治制度諸多不同要素，完善了一套軍事理論，使其可以應用到軍隊；另一種則是在軍事思想停滯的年代，找出突破點並予以擴大。

這也是讀者在閱讀本書時會產生的疑惑，更是多數人對戰略的困惑。談到戰略（Strategy），中文的「戰」字給人連結到軍隊上，強烈的暴力氣息，但原意其實偏向策略。故可說國家政策本身就是一種戰略，為了追求國家目標制定的手段也是戰略。

回到戰略本質是思想上，那麼用兵手段、軍隊編制、政治改革，其實都可以算進戰略中。而要了解戰略，從這就可發覺需要接觸的範圍太廣了，於是了解戰略史、地緣政治史、重要決策者如何判斷，統統變成戰略教科書的一部分。於是戰略研究的第一步是歷史，第二步則是了解當代環境，從中抽絲剝繭，追尋決策者為何在當下的環境中，做出正確或錯誤的決策。而為了還原情境，現代戰略學已經納入人類學、民族學、心理學、行政學諸多領域，不停地更新過往的論點。

無論戰略研究變得多複雜，起步都是戰略思想史，從古代到現代，唯有了解過去的決策方式，才能啟發我們面對未來的判斷。而不同時代的戰略思想史，看似沒有重複之處，實則處處相合，我們不是在找尋模板套用到現代上，戰略研究是希望從過往，確認做計劃的方向，是否合乎古今中外的原則。

有人會覺得遺憾，本書除了孫子兵法外，沒有收錄任何的中國古代戰略史。這其實沒有影響，戰略至今仍然無法明確定義，恰好證明大道歸一，東西方戰略思想，最終追求的都沒有差別。

當代戰略全書，收錄各家學者對古今戰略思想、重要決策的詮釋，對於初窺戰略一道者有極佳幫助。你不見得能認同詮釋者的意見，但透過專家的解讀，對已有一定程度者更能有所啟發。

推薦序／戰略的本質、意義與影響力

張國城
台北醫學大學通識教育中心教授、副主任

《當代戰略全書》系列（原文書名為The New Makers of Modern Strategy: From the Ancient World to the Digital Age），集結了當代西方戰略、軍事學者的一時之選，合計四十五位的重要著作，二〇二三年五月於美國出版。這類大部頭的書（原文書高達一千二百頁），雖然是研究戰略、軍事及安全者的寶書，畢竟和一般讀者的閱讀習慣有些差異。因此商周出版將繁中版拆為五冊，將原文書中的五篇各自獨立成冊，對於這種普及知識的作為，筆者要表達最大的敬意。

「戰略」這個詞，經常為人所聞，但究竟什麼是「戰略」，根據書中所述，是指一種操縱和利用某個國家資源（或幾個國家組成的聯盟）的技巧，包括軍隊，以確保重要的利益能有效地維持，並免受敵人的威脅，無論是實際、潛在或假設的情況都一樣。重點是「資源」

和「利益」這兩者之間的衡量與運用，因此，「戰略」是一門涉及治國方略的多樣化學科，適用於和平與戰爭時期，也適用於國家、團體與個人的策略規劃。

就筆者看來，本書的價值在於：

首先，明確闡述了戰略的意義，以及戰略思想家形成這些思想的脈絡，還有他們產生這些思想的歷史背景。戰略思想多半源於「思想家對於當時的重要戰爭和國際衝突的分析與詮釋」，關於這點，這套著作提供了完整的歷史敘述（如第二冊），許多是在相關歷史著作中也不易論述完整的。因此，本書還可作為重要的歷史參考書使用。

其次是與時俱進。原文書於一九四三年發行第一版（書名為Makers of Modern Strategy），一九八六年發行第二版。一九八六年時冷戰還沒有結束，眾所周知冷戰結束後，全球的軍事與安全環境都面臨了巨大的變化，因此又推出第三版，這次由約翰霍普金斯大學（Johns Hopkins University）高等國際研究學院霍爾・布蘭茲（Hal Brands）教授主編，堪稱是西方戰略學者所共著、在這一個領域的九陰真經。

第三，本書內容非常豐富。揭露的原則不僅是研究國際關係和安全者所必知必讀，同時也能運用在管理甚至人際關係上。譬如書中揭櫫一個重要的戰略原則，就是「……當你擊敗一個對手，另一個對手又出現，或者優先事項有所變化之際，正確列出主要對手的順序非常重要。」對筆者這種無論工作還是興趣都是戰略研究的人來說，這個原則並不陌生，但對一般讀者來說，釐清「要解決的問題其順序」，不僅是毛澤東擊敗國民黨的指導原則，在日常工作上也適用。但是，作者用了大量的歷史資料去論證這一個簡單卻清晰的原則，這對於易於淺碟化思考的現代社會，更是令人心折。

對於台灣的讀者而言，對韓戰、越戰、波斯灣戰爭等多半耳熟能詳，但世界上仍有許多地方有衝突，對於國際關係的影響一樣重要，譬如許多殖民地的反殖鬥爭。書中提出印度和許多國家在反帝國主義殖民做法中「自我去殖民化」的過程，非常寶貴。此外，書中指出國家權力只要採取脅迫、專橫的手段，就會面臨各種形式的異議與抗爭，事實上從中東到香港，異議和抗爭始終是國際新聞長期的焦點；但反殖民思想家也提醒我們，相較於「策略」（結果論）考量，去殖民化的關鍵更在於找回倫理思維的能力。對台灣讀者來說，幾百年來的歷史充滿著外來政權，今天許多問題根源於此。另一方面，要理解中國領導人的想法，也不能僅從西方人的角度出發，理解（當然不一定要同意）中共長期「反帝反殖」的民族主義號召也是非常必要的（所以他們對香港人爭民主會有那樣的詮釋）。本書是在這一方面提供台灣人反思並找回倫理思維的重要工具。

今天中國實力的崛起，從本書中可以看出，雖然中國實力大幅躍進是近二十年（軍事方面），但是其來有自。潘恩（S.C.M. Paine）在第三冊第八章（原文書第二十六章）中指出，羅斯福（Theodore Roosevelt）會在整個總統任期中尋求與蘇聯合作的原因。他認為蘇聯缺乏海軍實力，對美國不構成軍事威脅；也因為蘇聯是獨裁者中唯一處於其他獨裁者之間的國家，他預見到蘇聯有朝一日可能會樂於協助美國，甚至提供協助。後來美國撤銷對台北的外交承認，和北京建立外交關係，和羅斯福與蘇聯合作的邏輯相同。目前美中間的關係，也和二戰後杜魯門（Harry S. Truman）和蘇聯進入冷戰很類似。但是之後會如何？

克里斯多福．葛里芬（Christopher J. Griffin）在第五冊第一章（原文書第三十五章）中寫道，「……冷戰結束後，美國的國防戰略基本上都離不開國防部長理查．錢尼（Richard Cheney）和參謀長聯席會議主席科林．鮑爾（Colin Powell）首次闡述的政策路線。簡單說，就是美國會尋求捍衛並擴大在冷戰中取得勝利的「自由區」（zone of freedom），同時將其軍事力量從圍堵與蘇聯的全球戰爭轉向於因應區域危機上。」但是本書認為，這個做法主要是因應冷戰後國防資源的減少，不是真的意會到新的地緣政治。在面臨中國這種霸權崛起時，筆者認為就會捉襟見肘。因為因應區域衝突的軍事力量，壓倒伊拉克、塔利班（Taliban）並無問題，但很難壓倒中國這種大國。但美國長期卻是習慣成自然，把美國在冷戰後成為唯一主導大國的事實，很快地看作是影響其他政策選擇的前提假設。但現實狀況是和區域霸權客觀實力對比，美國作為唯一主導大國的地位已經相當削弱。

這些都是我們身處台灣，不得不認清的殘酷現實。但這並不等同於簡單地化約為「疑美論」或「親美論」，要做的是在和他國互動的過程中，釐清手中資源和利益的相對關係。畢竟國際關係理論中有具體定義的「後冷戰」時代已經結束，一個尚未命名或定義的新時代已經開始。在這個時代，國際關係的發展對台灣的每一個普通人來說，影響力會超過以往；所以，我們有必要對影響國際關係的「戰略」增加更多了解。對於無暇進入學術環境研讀，但又不想被片面、局部的知識所誤導的聰明人來說，本書是無與倫比的選擇。

推薦序／

藉由經典史籍，一探領袖人物的戰略思維

張榮豐、賴彥霖 台灣戰略模擬學會理事長、執行長

對於何謂「戰略」，東西方文化長期以來存在著各式各樣的詮釋與說法，過去多年從事國安工作的經驗告訴我，凡是定義不明確的概念，都難以實際操作，最終只能成為抽象的名詞。因此，我個人認為對「戰略」二字最適當、通俗且實用的定義就是：根據明確的目標，在對的時間、對的地點，投入正確的資源。

在制定戰略時，首先必須要有清晰的願景與／或明確的目標。「目標」是整個戰略中最關鍵的部分，所以美國陸軍參謀指揮學校在訓練學員時特別強調，在擬定戰略方案的實務操作上應投入至少三分之一的時間針對目標進行討論。其次則是必須盡可能地了解「未來的戰場」和「對手的行為模式」。接著則應對「現況」進行客觀、完整的盤點，包括自身的優劣勢、所掌握的資源，以及在執行方面的限制條件。最後，在上述關鍵元素都確認後，再利用

動態規劃（dynamic programming）的概念，以逆向推理（backward induction）的方式，從「目標」逐步往「起始點」逆向推導出最佳的戰略路徑，在此路徑上，包含了每一個子局所需要達成的次目標與相關的戰術方案及資源配置。至此，一個完整的戰略規劃方可完成。

在「當代戰略全書」系列中可以看到，歷史上許多具備戰略思維的頭腦，其實都呼應了我們對於戰略制定程序的理解。這些被世人冠以「雄才大略」的領袖人物，具備明確的願景與目標作為引導，熟知自身的優劣勢，並能夠客觀分析當下所處的戰略地位及未來的戰略環境，因此能制定出各種影響深遠的偉大戰略。以馬漢（Alfred Thayer Mahan）為例，他分析出未來的戰略競爭為海權的競爭，美國面臨的軍事威脅最好發生在領土之外，因此呼籲無論在和平或戰爭時期，都必須充分準備好海軍的實力。這不僅影響了美國建軍發展，更奠定了美國近百年來國家戰略最關鍵的底層邏輯——決戰境外，保持戰略優勢。

國家戰略的考量自不限於軍事層面，事實上，就國家整體戰略的規劃與執行上，更著重的會是國與國之間在政治、經濟、社會、產業等方面長期政策的博弈。以過去李登輝總統時期為例，李總統在進行通盤考量後，為當時的台灣所訂定的國家整體戰略目標就是「民主化」，當時身為李總統幕僚的我曾問總統「要如何處理統獨問題？」李總統明確地告訴我：「統獨議題和民主化無關，所以我不會處理，事實上目前也沒有處理這個問題的條件」。由此可見其對目標有清晰的理解。為了達成此目標，李總統首先宣布終止「動員戡亂時期」，讓凌駕於憲法之上四十三年的《動員戡亂時期臨時條款》走入歷史，但為了不讓此動作的「副（負）作用」影響到推動民主化的目標，因此提出了《兩岸人民關係條例》且設立了「國統會」、頒布了《國統綱領》。此外，為了達成民主化最關鍵的績效指標（KPI）——總統直接民選——也透過民主機制修憲，來推動國會全面改選，讓所謂的「萬年國會」走入歷史。除了在政治上讓台灣完成民主化，李總統亦在兩岸戰略競爭上提前布局，提出當時被工商界質疑、批判的「戒急用忍」政策，限定「高科技、五千萬美元以上、基礎建設」這三類的對中投資，其戰略作用有二：其一是盡可能保持台灣對中國在科技上的優勢，其二是避免台灣的資金與人才於短時間內大量流入中國，導致對本國的產業與市場產生負面效果。最後，為了最大限度減低中國對我們推動民主化所可能施加的阻礙，李總統也在任內提升國防，尤其針對海、空軍的強化以及新式飛彈的研發。由上面的例子可以看出，國家整體戰略的規劃不但需要有清晰的願景，其規劃與執行上更是需要整合諸多不同領域與部門，而當所有預期的結果在不同的時空逐步產生時，其所獲得的綜效就會形成一股「看不見的力量」，推動著國家達到預定的戰略目標。

實務經驗有助於培養戰略思維，然而我們的生命經驗有限，沒辦法親自參與歷史上每一場戰爭和戰役的規劃，也不可能親身走過人類社會發展過程中，那些足以影響世界或區域發展之大戰略的年代。每個時代根據時空背景、國家發展目標的不同，領導者制定出不同的戰略，但其規劃原理卻有相似之處。藉由閱讀高品質的經典史籍，能夠幫助我們俯視不同時空背景下，不同戰略理論的興起背景、互動，以及不同國家所制定的戰略方針，推薦「當代戰略全書」給對戰略思維有興趣的讀者。

推薦序／以全面的視野，理解戰爭、戰略及其深層原因

蘇紫雲 國防安全研究院國防戰略與資源研究所所長

晶瑩剔透的光芒在身著德國灰軍服的士兵手中顯得格格不入，但是德軍官兵異常小心地捧著這些精緻琥珀，這是來自元首的直接命令。經過一番苦戰攻入列寧格勒（Leningrad），目標之一就是要將俄國視為國寶的琥珀宮給搬回德國，發現這藝術瑰寶令德軍欣喜不已。零下二十度是一九四一年十月德國北方集團軍面對的戰場氣溫，這只是俄國早冬的開始。同一時間，遠在半個地球外的普林斯頓大學（Princeton University），一位學者看著窗外的美國晚秋，思索著希特勒（Adolf Hitler）的軍事戰略，以及人類文明史中占據重要地位的戰爭。

這位學者正是厄爾（Edward Mead Earle），當然不會知曉希特勒掠奪藝術是戰爭願望清單的小心思，但在二十世紀的前四十年美國就第二次面對大型現代戰爭令他憂心忡忡，於是嘗試著手解釋情勢的發展過程，以利更加了解並協助戰略的制定，他構思的《當代戰略全書：

從馬基維利到希特勒的軍事思想》（Makers of Modern Strategy: Military Thought from Machiavelli to Hitler），就是由一群學者共同寫就，跳脫傳統純軍事框架，寫手包括經濟、政治、外交乃至於地理學者，這本書詳細地介紹了自文藝復興時期以來，歷史上具代表性的戰略制定者和思想家，以及他們對戰爭和國際關係理論的重要觀點。其後跨越世代多次改版，由全領域來透視國家競爭與戰略的規劃，對新時代的戰略進行補充。可以說，這本書從馬基維利到核時代，探討了一系列戰略制定者的思想和行為，讓我們一窺歷史上的戰略大師們是如何指點江山、謀劃戰略，堪稱是總統級的教科書。

傳統的戰略著重軍事領域，就如同經典的「坎尼會戰」（Battle of Cannae），迦太基（Carthage）將領漢尼拔（Hannibal）只有一萬餘名雜牌部隊，對上的是四萬名重裝羅馬軍團，在依靠鐵器與肌肉能量的冷兵器時代，人多好辦事是戰場鐵律，任誰也不會看好劣勢的迦太基可以擊潰羅馬大軍。但是漢尼拔跳脫戰場規律將老弱部隊置於方陣中央，精銳部隊則配置於兩翼，因此兩軍接觸後，強勢挺進的羅馬軍團將迦太基中央陣線擠壓後退，但迦太基青壯兵力則在兩翼奮力抵擋，使得戰場呈現新月型將羅馬軍隊包圍在中央，勝利女神開始向原本居於劣勢的迦太基招手，漢尼拔的騎兵再由後方包圍，造成羅馬大軍團滅，以寡擊眾的勝利為軍事研究者所樂道。

但拉高視角來看，迦太基與羅馬的戰爭是因著地緣政治與經濟衝突的深層原因，也就是地中海區域的貿易與制海權爭奪導致兩國長期的布匿戰爭（Punic War），這就說明了「戰爭構造」，軍事只是其中的一項手段，也是使用暴力改變現狀的激烈選項。此正是本書作者以跨領域方式闡明戰略的初衷。

與一般的經驗法則不同，戰略從來不會是直線思考，反而是曲線的思維。軍師燒腦的是，戰略需同時考慮所處環境、政治、外交、經濟、軍事條件以設定目標，困難的是由於資源並非無限，因此這些條件的運用往往是相互制肘，需要拿捏優先順序。更傷腦筋的是，外部環境的情報資訊也是有限，因此即使是「情報國家隊」也不乏預測「翻車」窘況，英法誤信希特勒「善意」並縮減自己軍費導致二次大戰，美國蔑視日本帝國海軍新興的航艦戰力，使珍珠港遭到突襲，以色列梅爾（Golda Meir）政府誤判戰略情報遭突襲幾近亡國，以及二十一世紀二〇年代的俄烏戰爭，都是輕忽敵人遭致侵略的實證。

或許可以這麼說，只想倚賴敵人的善意，或過度自信、貶抑對手，都使己方成為攻守中的弱勢，誘使對手軍事冒險。進一步說，筆者借用社會學領域的「自證預言」（self-fulfilling prophecy）理論，潛在敵對雙方對於情感的投入不同，形成「避戰」、「備戰」的不同認知，一旦實力失去平衡，雙方認知交集的「戰爭」惡夢就會成真。因此，在經歷一、二次大戰災難後，西方國家面臨核大戰恐懼發展出較為成熟的「嚇阻」模式，以確保足夠反擊的「第二擊」能力作為靠山，就可避免先下手為強的誘惑，也同時阻卻對手的偷襲意圖。事實也證明「相互保證毀滅」的確成功避免核大戰的爆發。

整體而言，這本書有著讓人無法停止閱讀的魔力，除了對歷史上戰略思想回顧與綜整，筆觸紙間更訴說著當代戰略問題的思考和探討。比較戰爭史中的不同戰略思想與國際情勢分析，作者們提煉出的戰略原則與規律即使在技術進步的今日依然適用。不同的年代與案例，作者將戰略思想置於歷史切片和文化的底蘊中進行解讀，可以帶著讀者穿越時空，廣泛地與不同思想家對話，身歷其境地感受君王、總統、將軍的視角以及其觀點背後的思路。再以春秋之筆對各個時期的戰爭和衝突深入描繪，從而使讀者理解並體會應對實際戰爭和國際關係問題時，戰略家出謀劃策的底氣何來。如同北京派遣海警船、軍機、軍艦騷擾台灣，並不是因著誰當台灣總統而改變，其真正企圖是國家戰略的轉型：由一個陸權國家走向海權強國，就此而言北京可說是海權論之父馬漢（Alfred Thayer Mahan）的好學生，也符合人類發展由江河文明走向海洋文明的歷史脈動，但軍力擴張與國家權力槓桿的過度操作將可能重蹈希特勒敗亡的風險。

從古代到現代，每位戰略大師都有自己獨到的思路和手路。從馬基維利的城府機心、拿破崙的軍事天才，到冷戰時期的核戰略，再到今日醞釀中的新冷戰，每一個時代都有獨特的挑戰和策略。戰略思維伴隨著人性和權力的思考。這些戰略大師的故事，刻劃人類本性和權力本質的糾結，如同量子纏繞般地啟發人心，我們可以從中汲取智慧，並將其應用到我們自己的生活和工作中。也許你不是一位將領、政治家或企業家，但是你也可以從大師們的成功或失敗中，領悟、掌握自己的人生戰略，採取明智的決策，做自己的軍師。

前言

無可取代的一門藝術：現代戰略的三代制定者

霍爾・布蘭茲（**Hal Brands**）在約翰霍普金斯大學的高等國際研究學院擔任亨利・季辛吉全球事務特聘教授，同時也是美國企業研究院的資深研究員。

戰略無可取代。在混亂的世界中，戰略讓我們的行動有明確的目標。如果我們要在思維和行動上戰勝敵人，戰略則十分重要。缺乏戰略的行動，只不過是隨機且漫無目的，白白浪費了權力和優勢，無法有效運用。在缺乏良好戰略的情況下，也許強大的帝國可以存活一段時間，但沒有任何的帝國能夠長久興盛。

戰略非常複雜，卻也非常簡單。戰略的概念一直都是辯論的主題，也不斷被人誤解和重新定義，包括戰略的本質、涵蓋的範圍、最佳的實行方式。即使是有才華的領袖，也曾經努力克服戰略的困境。但是，戰略的本質其實很容易理解——在全球事務的摩擦中，以及在競爭對手和敵人的抵制中，戰略是一種召喚力量的技巧，能運用力量去實現核心的目標；戰略是不可或缺的藝術，能讓我們運用本身擁有的條件去實現願望。

從這個角度來看，戰略與武力的使用密切相關，因為暴力的陰影籠罩著任何有爭議的互動關係。如果世界充滿了和諧，而且每個人都可以實現自己的夢想，那麼就不需要一門鑽研競爭性互動的學科了。這本書完成時，恰逢俄羅斯入侵烏克蘭，為歐洲帶來了二戰之後最大的州際陸戰。不幸的是，這一點能提醒我們：軍事力量並沒有過時。然而，戰略也包括利用各種形式的勢力，在難以駕馭的世界中蓬勃發展。其實，戰略基本上屬於樂觀的活動，前提是強制性的手段能達到建設性的效果，以及領導者可以掌控事件，而不是被事件控制。[1]

那麼，戰略是永恆的。但我們對戰略的認識並不是如此。戰略的基本挑戰對修昔底德（Thucydides）、馬基維利（Machiavelli）或克勞塞維茲（Clausewitz）而言，並不陌生。這就是為什麼他們的作品至今仍然是必讀經典。戰略研究的領域根植於這種信念：它的基本邏輯能超越時間和空間的限制。但，「戰略」這個詞的基本含義並未定型、僵化，我們總是透過自己關注的焦點去重新詮釋，就連存在已久的文獻也不例外。因此，如果戰略令人覺得難以捉摸且變化多端，那只是因為每個時代都教導我們一些關於有效執行戰略的概念和條件。

如今，我們有必要更新理解戰略的方式。嚴謹的人不該再像過去的世代那樣認為，戰爭和戰略已經在後冷戰的和平時代過時了。現代充滿了激烈的競爭，伴隨著災難性的衝突威脅，明擺著是殘酷的現實。民主世界的地緣政治霸權和基本安全，面臨著幾十年來最嚴峻的挑戰。當風險變得太高，而且失敗的後果很嚴重時，戰略便顯得寶貴。也就是說，良好的戰略以及人們對戰略歷史的深刻理解，變得越來越重要了。

I

「當戰爭來臨時，我們就無法主宰自己的生活。」愛德華・米德・厄爾（Edward Mead

Earle）在《當代戰略全書》初版的前言中寫道。[2] 該書是在歷史上最糟糕的二戰時期構思而成，於一九四三年出版。當時，衝突跨越了海洋和大陸。在這種背景下，該書的的主要內容在強調戰略研究對世界上僅存的幾個民主國家而言，已成為生死攸關的問題。

這版本的撰稿人是由美國與歐洲的學者組成。他們試著追溯馬基維利、希特勒（Adolf Hitler）等關鍵人物的軍事思維演變，[3] 藉此增進人們對戰略的認識。但是，該書也強調第二次世界大戰無法迴避的另一個事實：國家的命運不只取決於戰鬥中的卓越表現。「在當今世界，」厄爾寫道：「戰略是一種操縱和利用某個國家資源（或幾個國家組成的聯盟）的技巧，包括軍隊；以確保能有效地維持重要的利益，並免受敵人的威脅，無論是實際、潛在或假設的情況都一樣。」[4] 這是一門涉及治國方略的多樣化學科，適用於和平與戰爭時期。

《當代戰略全書》強調的觀點是，富勒（J.F.C. Fuller）、李德哈特（Basil Liddell Hart）等英國思想家曾經在兩次世界大戰之間提出：戰略不只是偉大軍事指揮官的專屬領域，也屬於經濟學家、革命家、政治家、歷史學家以及民主國家的公民。[5] 該書說明了如何深入研究歷史，進而認識錯綜複雜的戰略，以及戰爭與和平的動態關係。因此，該書的初版有助於使戰略研究變成現代的學術領域，並針對當前的問題，將過去當作洞察力的主要來源。

如果說戰略研究是熱戰的產物，那麼，冷戰期間則促使了戰略進入發展成熟期。當時，美國變成了超級大國，有負起龐大的國際責任的理智需求。核武革命引人深思的基本問題是：戰爭用途以及武力與外交之間的關係。在許多案例中，新一代的學者紛紛研究並修訂了這門學科所仰賴的歷史知識體系。學者和政治家彷彿透過冷戰難題的稜鏡，重新詮釋了舊作品，例如克勞塞維茲的著作。[6]

經過不只一次的失敗嘗試後，這就是促成《當代戰略全書》第二版於一九八六年問世的背景。[7] 該書由彼得．帕雷特（Peter Paret）編輯，並得到了戈登．克雷格（Gordon Craig）和菲利克斯．吉爾伯特（Felix Gilbert）的協助，內容深入探討核武戰略、激烈叛亂等議題。這些議題已成為冷戰政治的焦點。[8] 該書將一戰和二戰視為獨立的歷史時代部分，而不是時事。第二版著重於美國戰略的歷史發展，同時也重新詮釋了重要的議題和人物。但有趣的是，帕雷特當初編輯的這本書對戰略有相對狹隘的看法，賦予的定義是「為實施戰爭政策而發展、掌握和利用國家的所有資源」。[9] 該書的整體主旨是，人們對軍事戰略的認識變得非常重要，因為現代戰爭的風險極高。

初版和第二版都是經典作品，讀者可以從不同文章中的見解，以及內文分析的西方世界戰略演變中，得到有益的知識。兩者都是聚焦在如何運用學術知識的典範，教育民主國家的大眾，讓他們更懂得捍衛自己的利益和價值觀。雖然，這兩版本的出版年份久遠，但也同時提醒著我們：戰略會隨著時間以及技術的發展而改變。

II

從一九八六年以來，世界發生了巨大的變化。冷戰結束後，美國贏得了現代歷史中無可匹敵的主導地位，卻也面臨著新、舊問題的考驗。核武擴散、恐怖主義、叛亂、灰色地帶衝突、非正規戰爭以及網絡安全的問題，都列入（或再度列入）不斷增加的戰略關切項目表。新的技術和戰爭模式，考驗著受到認可的戰略和衝突模式。曾有一段時間，美國有機會免於強國的地緣政治競爭。但是，這段時期已經結束了，因為中國挑戰霸權，俄羅斯試圖對歐洲平衡進行重大的修正，還有許多修正主義者考驗著華盛頓及其帶領的國際秩序。

如今，全球的現狀陷入激烈不斷的爭議。擁有核子武器的國家之間可能會爆發戰爭，確實令人驚恐。沒有人能保證民主國家在二十一世紀會像二十世紀那樣，在地緣政治或意識形態方面占上風。經過了前所未有的主導時期後，戰略的疲乏效應已緩和下來，美國和同盟國都發現自己處於一個需要戰略紀律和洞察力的時代。

隨著未來變得不樂觀，我們對過去的理解也有所改變。在過去的四十年間，國際政治、戰爭以及和平的學術研究越來越國際化，伴隨著新開放的檔案和新納入的觀點。學者為看似熟悉的研究主題帶來了新的見解，包括經典文本中的涵義、世界大戰和冷戰的起因與過程。[10]或許這是進行戰略研究的挑戰性時刻，卻也是我們重新認識戰略的好時機。

首先，關於「戰略制定者」是誰以及條件為何的疑問，戰爭的理論家和實踐家仍然十分重要。許多偉大的戰略家都在早期書籍中寫下自己的思想和功績，例如馬基維利、克勞塞維茲、拿破崙（Napoleon Bonaparte）、約米尼（Antoine Henri Jomini）、漢彌爾頓（Alexander Hamilton）、馬漢（Alfred Thayer Mahan）、希特勒、邱吉爾（Winston Churchill）等，全都在這本書中再度出現。[11]個別的制定者依然被賦予最高榮譽，因為是他們制定和執行戰略，而且透過他們的思想和經驗，我們才能理解每項任務中的堅持不懈。

然而，個人並不是在孤立無援的情況下制定戰略。戰略受到了技術變革、組織文化、社會力量、思想運動、意識形態、政權類型、世代心態、專業團體等的塑造。[12]例如，美國的冷戰核武戰略是否主要來自末日巫師（Wizards of Armageddon）的巧妙分析，還是來自難以理解、乏味且缺乏人情味的官僚程序，還有待商榷。[13]或許更重要的是，非西方制定者（孫武、穆罕默德、特庫姆賽、尼赫魯、金正恩、毛澤東等，早期書籍中沒有提到的人物）的戰略思想和行動已發揮影響力，塑造了我們的世界，也影響著我們對這門藝術的認知。這並不是風靡一時或「政治正確」的問題。在陌生的領域尋找戰略，可以防止思想停滯，而這種停滯的原因往往是一再採用相同的策略。

何謂「現代」的概念也改變了。新的戰爭領域已出現。數位時代也改變了情報、祕密行動以及其他存在已久的戰略工具。決策者在未來幾十年關注的議題列表，以及議題對相關的歷史產生的影響，皆與一九八六年或一九四三年截然不同。此外，現代人可以全面研究充滿殺戮和騷亂的二十世紀。冷戰和後冷戰時代都象徵著不同的歷史時期，能教導我們關於核武戰略、反恐行動、流氓國家的生存機制等議題。因此，《當代戰略全書》中有大約一半的文章都在探討二十世紀以後的事件。

最後，何謂「戰略」呢？起初，這個詞是指將領用來智取對手的詭計或藉口。在十九世紀，戰略漸漸與軍事領導藝術有關。後來，在兩次世界大戰和冷戰中，更廣泛的戰略概念變得更普遍，但這種概念仍然主要與軍事衝突有關；[14] 這方面也需要進行修訂。

有些偉大的美國戰略家其實是外交家和政治家，而不是軍人，例如約翰・昆西・亞當斯（John Quincy Adams）和富蘭克林・羅斯福（Franklin Roosevelt）。和平時期的競爭戰略與軍事衝突的戰略一樣重要，主要原因是前者通常能決定後者是否發生，以及在什麼樣的條件下發生。地緣政治競爭在國際組織、網際網路以及全球經濟中展開。財政和祕密行動等各種手段，以及道德等無形因素，都可以變成治國方略的有效武器。甚至連非暴力抵抗的戰略，也深刻地影響到了國際秩序。

更確切地說，戰爭研究和準備措施對戰略的研究仍然很重要。這純粹是因為在用於解決爭端的戰略方面，暴力衝突是最終的仲裁者。當戰爭來臨時，我們的生活確實會受到支配。考慮到當代的國際和平遭遇了諸多威脅，軍事脅迫和有組織的暴力歷史可說是關係重大。但是，如果善於使用暴力的拿破崙帶領國家走向毀滅，而憎惡暴力的甘地幫助國家實現了自由，那麼這無疑是讓我們瞭解到戰略的條件。

III

《當代戰略全書》的努力方向是，試圖理解戰略的持久特性，同時考慮到新的見解和思維方式。這系列共分為五冊。

第一冊《戰略的原點》，其中有許多文章重新探討相關的經典作品，深入研究有爭議性的涵義和持續的相關性，不只鑽研我們對戰略的理解所衍生的長期辯論，也談論到了財政、經濟、意識形態、地理等基本議題如何塑造戰略的實務。無論好壞，這些文章還說明了現代戰略仍然受到不同人的思想和行動影響，而這些人早已離世。

第二冊《強權競爭時代的戰略》，從十六世紀和十七世紀的現代國際國家體制的崛起，延伸到二十世紀的大動盪前夕。本書的內容聚焦在早期的多極化世界中，戰爭與競爭模式在重要的發展背景下如何運作，包括知識、意識形態、技術、地緣政治等，促成了同樣顯著的戰略創新。內文追溯了權力平衡、戰爭法則等概念的興起，而這些概念的宗旨是，同時利用和規範國際體系內的對抗力量。最後，內文探究的戰略是如何抵制當時已成熟或新興的大國，包括北美洲的印第安部落聯盟、英屬印度及其他地方的反殖民主義的理論家和實踐者。

第三冊《全球戰爭時代的戰略》，多著墨在一戰和二戰中的主要思想、教義和實務的發展。內文提到的劇烈變動都是人類不曾見過的，有可能摧毀文明。這些變動使先進的工業社會互相競爭，為了生存鋌而走險的加入長期鬥爭，以無法挽回的方式打破了既有的世界秩序。領導者制定戰略，是為了應對現代戰爭固有的新挑戰和新機會。他們也提出了重建全球事務的願景。而從這些衝突中出現的戰略也同時塑造了國際政治，持續影響到二十世紀末以後的時期。

第四冊《兩極霸權時代的戰略》。二戰結束後，美國和蘇聯變成對立的兩個超級大國，掌控著分裂的國際體系。歐洲帝國解體後，產生了新國家和普遍的混亂局面。核子武器迫使政治家重新思考全球事務中的武力作用，以及如何在和平時期的競爭中利用戰爭方法取得優勢。各地的領導者都必須制定戰略，在全球冷戰時代中保護自己的利益，不只是在莫斯科和華盛頓。本書涵蓋了二十世紀後期的主要議題，例如核武戰略、結盟與不結盟、正規戰爭與代理人戰爭、小國的戰略與革命政權，以及如何融合競爭與外交等。這些議題在現代仍然具有重要性。

第五冊《後冷戰時代的戰略》，也就是以美國主導及其引發的反應為特色的時代。占優勢的美國試圖充分利用本身的優勢；然而，勢力並沒有為戰略的長期困境提供出口，例如平衡成本與風險，或調整手段與目標，同時也不允許迴避競爭對手制定戰略的行動，而且對手的用意是破壞或推翻美國主導的國際秩序。到了二十一世紀初，戰略的普遍認知受到了技術變革的考驗。這種變革將競爭和戰爭帶入新的戰場，並加快了國際互動的速度。因此，本書的內容主要是分析美國霸權時代的戰略問題，以及地緣政治所引發的各種威脅。

這五本書的寫作，作者都有考慮到時限和不受時間影響的部分，包括產生某種思想或行動的具體歷史情境、戰略性的洞察力或想法，不只侷限於特定的背景。書的內容收錄了不少主題式或比對是文章，主要是為了突顯相關議題和辯論的重要性。[15]

整體而言，這五本書中的文章涵蓋了失敗與成功的戰略例子。有些戰略的意圖是為了打勝仗，而有些戰略則是為了限制或拖延戰爭；還有一些戰略受到了宗教和意識形態的影響。某些例子指出，參與者相信鬥爭本身就是一種戰略；無論是否有效，反抗的行為就是一種解放的形式。戰略的類型分為航海與大陸、消耗與殲滅、民主與專制、轉型與平衡。最後得出的結論既豐富又複雜。在重要的議題、事件或個人方面，撰稿人的意見不一定相同。即便如此，有六大關鍵主題貫穿了這五本書及其講述的歷史。

IV

首先，戰略的範疇很廣泛。即使是在一九四三年的全球戰爭中，普林斯頓大學教授艾德華・米德・厄爾（Edward Mead Earle）已意識到戰略非常重要且複雜，不該完全交給將領決定。他的看法在現代變得更重要。不論是俄羅斯總統佛拉迪米爾・普丁（Vladimir Putin）的暴力修正主義；或是中國令人稱羨的海軍部隊，以及強制要重新調整西太平洋秩序的威脅，我們必須理解戰爭及其威脅仍然是人類事務的核心。同樣地，當我們看到北京爭取國際主導權的積極度，這包括在國際組織中掌握主動權、與其他國家建立緊密的經濟依賴網、爭奪二十一世紀重要技術的支配地位、利用情報戰分裂民主社會，以及提升中國意識形態在世界各地的影響力等，就能理解戰略遠比戰爭或其威脅更加多元。[16]

戰略的最高境界是加乘作用：可結合多種手段，包括武器、金錢、外交，甚至是能實現遠大目標的理念。戰略的本質在於將權力與創造力結合在一起，以便在競爭中獲勝，無論這種權力的具體形式是什麼。這意味著當我們想進一步了解戰略時，必須要擴大資訊來源。

第二，探討戰略時需要瞭解政治的重要性和普遍性。這不只是肯定克勞塞維茲經常被誤解的名言：戰爭是政治的另一種延續手段。重點在於，雖然戰略的挑戰普遍存在，但戰略的內容很難脫離產生它的政治體系。

在西元前四三一年的伯羅奔尼撒戰爭中，雅典和斯巴達的戰略植基於其國內制度、傾向以及分歧。拿破崙的軍事戰略創新，是法國大革命帶來的劃時代政治與社會變革的產物。美國第六任總統約翰·昆西·亞當斯（John Quincy Adams）為十九世紀的美國所制定的成功外交戰略，有一部分就是利用美國在國外推行的意識形態力量。至於二十世紀專制君王所追求的地緣政治革命戰略，則是與他們在國內追求的政治與社會革命的戰略密切相關。所有的戰略都充滿了政治色彩，這就是政治與社會變革（民主政體的崛起、極權主義的興起、殖民地自治化的開端）經常驅動戰略發展的原因。

這也是為什麼戰略競爭（strategic competition）不僅是對領導體系的考驗，也是對個別領袖的考驗。關於自由社會是否能勝過不自由社會的辯論，可追溯到修昔底德和馬基維利的時代。這正是美國分別與中國、俄羅斯之間互相競爭的根本問題。這五本書的重要主題（但存在爭議）是民主國家或許在戰略上更具優勢。權力集中可以在短期內展現靈活度和才智，但權力分散終究能創造出更強大的社會，並做出更明智的決策。[17]

第三，戰略的寶貴之處是在意想不到的方面展現力量。即使是最強大的國家，也需要戰略。運用勢不可擋的力量，可說是一種致勝的方式。但，依賴蠻力並不是最有說服力的戰略形式。競爭互動的結果也不一定是由重要的權力平衡所決定。最令人印象深刻的戰略，則是透過創造新優勢來改變力量平衡的戰略。[18]

這些優勢可能來自意識形態的承諾，進而揭開致命的新戰爭方式，例如先知穆罕默德（Prophet Mohammed）在阿拉伯半島的實例；優勢也可能來自聯盟的協調、策畫，例如大同盟（Grand Alliance）在二戰中的謀畫；或者來自巧妙運用多種治國手段，例如特庫姆賽（Tecumseh）在對抗美國向西擴展的戰爭中所展開的行動。此外，優勢還可以來自對敵人的脆弱或敏感部分施壓，例如俄羅斯和伊朗針對非正規戰爭所制定的策略。矛盾的是，優勢甚至可以出自劣勢，例如冷戰時期的小國利用了本身的脆弱，迫使超級大國讓步。此外，優勢也可以出自對賽局性質的獨特見解，毛澤東最後在國共內戰中獲勝，因為他利用區域性與全球的衝突來贏得局部戰爭。儘管戰略可以在行動中被彰顯，但卻是一門很需要智力的學科，才能熟練地評估複雜的情勢和關係，並從中找到重要的影響力來源。

誠然，創造力不一定能使權力的殘酷算計失效。擁有強大的軍隊和大量資金並沒有害處。不過，「變得更強大」並不是有用的建議。也許真正有用的是瞭解優勢來源的多樣性，以及如何透過良好的戰略使局勢變得更有利。

那麼，制定有效戰略的關鍵是什麼呢？長期以來，思想家和實踐家一直在尋找普遍的成功法則。威廉·特庫姆賽·薛曼（William Tecumseh Sherman）說過，「作戰和戰略的原則，就像乘法表、萬有引力定律、虛擬速度定律，或自然哲學中的其他不變規則一樣。」[19] 然而，這五本書的第四個主題是：無論我們多麼希望戰略是一門科學，它始終都是一門不精確的藝術。

當然，書中的文章提出了許多通用的準則和實用的建議。熟練的戰略家會找出對手的弱點，藉此發揮本身的優勢。他們從不忽視保持手段和目標平衡的必要性。知道什麼時候該停下來十分重要，因為自不量力可能會導致嚴重的後果。要瞭解自己和敵人雖是老生常談，卻仍至關重要。如果說，戰略失敗通常是想像力有缺失，那麼戰略家需要找到檢查和驗證假設的方法。[20] 然而，尋找固定的戰略法則通常是行不通的，因為敵人也有發言權。戰略是一種持續互動的投入。其中任何一個具有思維能力的對手隨時可能破壞最精巧的設計。[21]

以下的文章凸顯了意外無處不在，以及戰略優勢缺乏持久性。希特勒的擴張戰略創造了傑出的成果，直到不再有效為止。在冷戰後時代，美國的主導地位使對手設計出不對稱的應對策略。新的戰爭領域出現後，通常會使戰略家希望能取得永久性的優勢。只有當其他人迎頭趕上時，現實又回到原點。幾乎在每個時代，傑出的領導者都會參戰，並期待在短期的衝突中致勝，但最後卻都陷入漫長又難熬的戰鬥中。

這些都確保了戰略是永無止境的過程。其中的適應性、靈活性以及良好的判斷力，都與任何初步計畫背後的才智同樣重要。或許這就是民主國家在整體上表現得更好的原因，但並不是因為民主國家不受戰略判斷失誤的影響，而是因為他們重視責任，並提供內建的程序修正機會，有助於糾正錯誤。這也提醒了我們，為什麼歷史對良好的戰略很重要：並不是因為歷史揭露了實現卓越戰略的清單，而是因為歷史能舉出在世界上的風險、不確定性以及失敗的打擊下，仍然有許多成功領導者的例子。

這引出了第五個主題：對戰略和歷史不熟悉可能會帶來災難性的後果。如果戰術和軍事行動的掌握最重要，那麼，德國應該會贏得不只一次而是兩次的世界大戰。實際上，兩次擊垮德國（以及在現代的大國對決中經常失敗的國家）的因素都是嚴重的戰略誤判，最終使他們陷入絕望的困境。良好的戰略抉擇，能帶來修正戰術缺失的機會。一連串的戰略錯誤並不明智。[22]從古至今，戰略的品質決定了國家的興衰和國際秩序。

這就是歷史的價值所在。謙遜地汲取過去的教訓是必要的。我們很容易忘記：「永恆」的文本都是特定年代、地點以及議程的產物，與我們的處境並不完全類似。亨利．季辛吉（Henry Kissinger）曾說道，「歷史並不是一本烹飪書，沒有提供預先測試的食譜。歷史無法產生通用的行事準則，也無法從我們的肩上卸下很難選擇的重擔。」[23]

然而，儘管歷史是個不完美的老師，但它仍然是我們擁有的最佳選擇。歷史讓我們能夠研究哪些優點造就了良好的戰略，以及哪些缺點造成了差勁的戰略。歷史的研究讓我們的知識超越個人經驗，因此，即使是面對前所未有的問題，也不致讓人感到全然陌生。[24]戰略不能被歸納為數學公式的事實，使這種間接經驗變得更重要。歷史是磨練判斷力和培養成功治國所需的智力平衡的最直接的方式。更重要的是，研究過去能提醒我們：賭注是——世界的命運可能取決於正確的戰略。

這是歷史最重要的教訓。第一版《當代戰略全書》在可怕的暴政統治地球大部分地區，民主生存受到質疑的時期出版。第二版在經歷了一場漫長而艱難的鬥爭、考驗自由世界之際出版。第三版則是在競爭與衝突加劇，專制黑暗似乎即將逼近的時刻問世。我們對戰略歷史的理解越深，在面臨嚴峻未來時就越有可能做出正確的決策。

因此，最後一個主題是：《當代戰略全書》的內容可能隨著時間改變，但其重要目的從未改變。戰略研究是一項深具工具性的追求。由於它關乎國家在競爭世界中的福祉，因此不可能是保持客觀中立的。前兩版《當代戰略全書》的編輯對此事實毫不掩飾：他們明確目的是幫助美國及其他民主社會的公民更好地理解戰略，以便在對抗致命對手時能夠更有效地實踐它。這是在其最具啟蒙意義的形式上的參與性學術研究——這也是本新版《當代戰略全書》今天所希望效仿的模式。

Chapter

1

戰略：觀點層面的歷史

勞倫斯·佛里德曼（Lawrence Freedman）是倫敦國王學院的戰爭研究系名譽教授。他在一九九七年擔任過福克蘭戰爭的官方歷史學家，也擔任過英國和二〇〇三年伊拉克戰爭的官方調查成員。他寫過許多關於國際歷史、戰略理論以及核武議題的文章。

「我不太關心科學術語，」拿破崙（Napoléon Bonaparte）在聖赫勒拿島流亡時，曾針對戰略議題評論道：「應該說我一點也不在乎。」他對理論抱持著質疑的態度：「我打敗敵人時，不太需要用到智力，也不必用希臘詞彙。」戰略雖然有各種定義，卻都無法讓他滿意。不過，當有人逼問他時，他提出了自己的定義：「戰略是軍事行動計畫的藝術，而戰術是戰鬥的藝術。」[1]他的見解與當時的其他定義很相似。戰略只限於軍事，並且與戰術形成對照。這一點說明了「戰略」這個詞加入法文後，已經過了五十幾年。但在拿破崙徹底改變戰爭實務後的二十幾年內，人們在戰略的含義方面仍然沒有共識。即使拿破崙的定義廣為人知，也許是他的權威使然，但事實是還沒達成共識。

又經過了兩百年。儘管戰略在當代的用法已遠遠超越了狹隘的軍事行動範疇，並涵蓋了人事的各個方面，但對於其定義依然莫衷一是。現代人期望的是，軍事行動與政治目標有關聯。我會在本章說明其中的來龍去脈，讓讀者瞭解「戰略」不曾有過一致的定義。經常有人對此表示惋惜，尤其是願意提出見解的人。但，意義層面的廣泛轉變已受到認可並深得人心。定義的轉變與人們對戰爭的觀點產生了變化有關，當「戰略」這個詞初次於一七七一年成為日常用語時，傳達的是一種崇尚計策和謀略的用兵術觀點，目的是避免正面交鋒。然而，這種觀點後來在十九世紀逐漸擴展，當時有許多人關注近距離的戰鬥。在二十世紀期間，焦點轉向軍事手段與政治目標的相互作用，並轉移到如何經由各種手段實現目標之上，而軍事只是其中一種方式。

這些定義和範疇的議題之所以重要的原因，也出現了變化。至少在第一次世界大戰（以下簡稱一戰）之前，這些議題大部分被列入軍事教科書，目的在引導軍官瞭解其職業的本質。一戰結束後，戰略與國事議題密切相關，內容是關於如何妥善準備和應對下一場戰爭。二戰結束後，進入了核戰時代，戰略開始被視為一門專業學科，具有所屬的概念和理論。而且由於威攝策略的重要性升高，也讓戰略與真槍實彈的戰爭漸行漸遠。大學和智囊團深入研究戰略後，戰略逐漸變成了學術探討的領域，但仍然缺乏一致認同的定義。

人們還是難以界定戰略的明確意義。許多人認為，某些人在不瞭解「戰略」這個詞的情況下，曾經採取策略性的行動，而某些人有意使用「戰略」，在意義上卻不一定能達到相同的層次。戰略被用來理解他人的行動，但當事人可能毫無所悉；戰略也可用來詮釋個人的行為，但不過卻無法被大眾所接受。在領導者做出重要的決策之前，戰略往往短暫地浮現在他們的腦海中。或者，戰略出現在組織分發的詳細文件中，能確保相關人士知道領導者對他們有什麼期望。相信因果關係理論的人將戰略描述為一門科學，而那些質疑必然性、但樂於追求機會創造的人，則堅決認為戰略是一門藝術。不過，「科學」和「藝術」並沒有固定且一致的含義。本章的結論是，現在期望針對這些議題達成共識為時已晚。即便如此，戰略是一種開放性的總體概念，仍然有足以支持不同論述的核心意義。[2]

I

直到十八世紀末，我們現在稱為戰略的概念被歸入「將領的藝術」或「兵法」範疇。在十八世紀中葉前，這些議題開始被視為嚴肅的研究課題，反映了啟蒙運動的精神。軍事實務漸漸產生變化，地圖學的創新，使將領能夠規劃如何從基地前進和面對敵人，同時考慮到後勤，並制定戰鬥的組織形式。隨著軍隊的規模擴大，將領需要協調步兵、騎兵及炮兵，因此指揮方式變得更苛刻，參謀部也應運而生。腓特烈二世（Friedrich II）的普魯士是最先引入參謀部的國家，他在奧地利王位繼承戰爭和七年戰爭（Seven Years' War）期間採用的新戰術，引起了許多人對軍事理論產生興趣。至於法國乏善可陳的表現，則促成關於軍事體系缺陷和改革需求的反思。在這背景下，「戰略」這個詞首次在一七七一年於法國出現。

這並不是一個新的詞彙。十八世紀的軍事作家經常從經典作品中尋找靈感，希臘文中的「strategos」和「strategía」分別是指戰略家和戰略，其他在經典作品中的常見詞還有

「taktiké」或「tactics」。羅馬參議員弗朗提努斯（Frontinus）（約四十至一〇三年）寫過一部關於戰略的著作，內容廣泛。雖然這部作品已失傳，但涵蓋謀略的摘錄留存了下來。他寫過的作品包括可能已失傳的著作，在四世紀晚期影響了維蓋提烏斯（Flavius Vegetius Rematus）。在十八世紀，維蓋提烏斯寫過的《軍事概要》（De Re Militari）仍然廣受歡迎，並且被視為軍事藝術的重要研究指南。

「strategía」通常被翻譯為將領的藝術或指揮的藝術，但這個希臘單字的變體已經被採用。戰略（strategía）和戰術（taktiké）在衍生詞之間的區分關係已經確立。舉例來說，亞歷山卓的希羅狄安（Herodian）在十七世紀初寫過《羅馬帝國的歷史》（History of the Roman Empire），翻譯的版本中提到上尉和士兵談論的「精通軍隊編組和軍功」是指戰爭的兩個部分：戰術和謀略。[3]「strategía」的知名衍生詞是「stratagem」，意思是詭計，早在十五世紀就已經被採用。《牛津英語詞典》還列出其他的相關字彙，皆從十六世紀開始使用，包括stratagematic（戰略性的）、stratagematical（戰略性的）、strategematist（戰略家）以及stratagemical（狡猾的）。「Stratarithmetrie」是由希臘文中的軍隊、數字以及測量等單字組成，意思是軍事算術。數學家約翰・迪伊（John Dee）在歐幾里得的一五七〇年譯本中，於前言的部分推廣這個詞，並且與tacticie（戰術）區別開來。Stratarithmetrie可說是當代作戰分析的先驅，促使軍隊組織採用科學化分析。

十八世紀上半葉可取得的詞彙指南是埃萊姆・錢伯斯（Ephraim Chambers）編寫的《百科全書》。該書的第一版於一七二八年出版。內文包括了詭計（軍事陰謀）、陣地幾何學（編制軍隊的技巧和佈陣的幾何原則）、戰略家（strategus，雅典的軍事領袖[4]）。當時的詞典通常是互相抄襲詞條，於是這些單字的解釋變成了標準的定義。比方說，《大英百科全書》有這些單字，後來在一七九九年以《多布森百科全書》（Dobson's Encyclopedia）的形式在美國翻印出版。德尼・狄德羅（Denis Diderot）在法國編纂的《百科全書》首次於一七六五年出版，起初是作為錢伯斯的法文譯本，內文包括詭計、陣地幾何學等詞條，但後者並沒有真正應用於法文。此外，書中還提到了戰略家（strategos）的職責。在一七七一年，法國軍官保羅・梅澤羅伊（Paul Gédéon Joly de Maizeroy）翻譯的《戰術學》（Taktiká，拜占庭皇帝利奧六世著）出版了。他並沒有將stratégía翻譯成前人採用的「將領的科學」，而是用音譯的方式，將stratégía翻譯成stratégie，意思沒什麼差別，讀者應該很容易理解這個單字。在十八世紀晚期，對於更瞭解戰爭知識的學生來說，這個單字並不難。

術語經常以這種方式滲入方言，並沒有一致的定義。那麼，梅澤羅伊和當代人認為戰略的定義是什麼呢？戰略與詭計之間的關係不只是語源學上的問題，詭計的重要性是波利比烏斯（Polybius）強調的主題，而弗朗提努斯則將戰略（strategikon）描述成「指揮官的成就，特點是先見之明、優勢、進取心以及決心」。[5] 詭計（strategematon）不只是關於陰謀，也有透過「技巧和聰明才智」實現成功的含義。關於避免不必要的戰鬥，這類主題在維蓋提烏斯的著作和拜占庭的戰爭文獻中都是焦點。例如，拜占庭皇帝莫里斯（Maurice，五八二至六〇二年）編寫的《戰略》（Strategikon）將戰爭描述得像狩獵：「捕獲野獸，要靠偵察、羅網、埋伏、跟蹤、繞行等戰略，而不是只靠武力。」他反對進行激烈的戰鬥：「除非有特殊的機會或優勢。」[6]

這些想法影響了拜占庭皇帝利奧六世。他編寫的書在十世紀完成。他認為指揮的藝術與詭計密切相關，這大概是他的譯者梅澤羅伊也能理解「戰略」這個詞的方式。利奧六世在後期的著作中，明確地連結戰略的原則與詭計。這些原則包括「不要做敵人似乎很渴望的事」、「辨認敵人的主要目標，以免被敵人分散注意力的伎倆誤導」、「隨時準備干擾敵人的行動，不受到敵人的支配」。[7]

梅澤羅伊的譯作也受到其他人的影響：將領莫里斯・薩克斯（Maurice de Saxe），梅澤羅伊曾經在他的身邊擔任法國軍隊的上尉。薩克斯的遺作《我對兵法的遐想》（My Reveries Upon the Art of War）於一七五六年出版。他沒有在書中提到戰略和戰術，卻區分了戰爭的高級部分和次級部分。次級部分是指基礎，涵蓋戰鬥方法和紀律，屬於基本原理和操作層面。高級部分則是富有挑戰性、很需要智力，並且將戰爭歸於「崇高的藝術」。梅澤羅伊接受了此觀點，並且在一七六七年將戰爭的高級部分描述成「軍事辯證法」，其中包括「制定戰役計畫和指揮行動的藝術」。他翻譯完利奧六世的著作後，將高尚的戰略描述成「只存在於將領的腦海中」。他以次級和高級區分戰術和戰略：

> 戰術很容易被歸納為準則，因為戰術很像防禦工事，與幾何學有關。戰略則不一樣，因為戰略取決於許多情況（物理、政治以及道德），而這些情況各不相同，屬於天才的領域。[8]

雖然梅澤羅伊並不是在法國唯一涉獵這些主題的人，但他在當時也不是法國最有影響力的理論家。雅克・安托萬・伊波利特（Jacques-Antoine-Hippolyte，吉貝爾伯爵）於一七七三年發表了《戰術通論》（Essai Général de Tactique）。他只依據戰術，在書中區分了次級部分和高級部分：「前者是基礎且有限，後者是綜合且崇高。」他將高級部分描述成「大戰術」（grand tactics），其他則屬於次級部分，包含「戰爭的所有重大事件」和「將領的科學」。[9]後來，他在一七七九年發表的書中提到戰略（la stratégique），但「大戰術」的概念更被廣為接受。這是拿破崙三世採用的構想，身為將領，他的功績促進了戰爭相關的思維。拿破崙在自己的行事準則中區分工程師或炮兵軍官需要知道的事，而這些內容可以從專著中習得，另外也包括需要經驗的大戰術以及關於偉大領導者的戰役研究。[10] 在這段時期，另一本很重要的法文書受到了皇帝批准，也就是蓋伊・弗農（Gay de Vernon）編寫的《軍事藝術和防禦工事》（Traité élémentaire d'art militaire et de fortification），於一八〇五年出版。該書並不包括戰略或大戰術的討論，但包括戰術通論。[11]

II

同時，德國也以相同的方式展開了辯論。奧地利的約翰・布爾斯謝（Johann W. von Bourscheid）於一七七七年翻譯利奧六世編寫的《戰術學》（Taktika）。他也在內文中提到了戰略（strategie）。然而，海因里希・比洛（Heinrich von Bülow）將戰略確立為一門獨特的分析領域，付出了最多的貢獻。他是普魯士軍隊的前軍官，也是貴族的兒子。他在一七九九年發表的《現代戰爭體系的精神》（Spirit of the Modern System of War）涉及到幾何學和數學原理的應用，比起對「詭計」傳統的著墨，更著重在「軍事算術」上。許多人都知道，克勞塞維茲將比洛貶低為騙子。比洛對戰鬥不感興趣，他的方法也與不斷發展的拿破崙式作風不同。

比洛的出發點是，法國的戰略概念過於侷限，只涉及戰爭謀略的科學。由於他相信數學模型（mathematical model）不需要軍事天才，他不認為自己在探索崇高的事物。他明白「將領的藝術」保持著原本的含義，問題在於，這門藝術涉及戰術和戰略，而他希望找出能區分兩者的定義。比洛試著依據目標尋找定義後，最終決定根據雙方的接近程度區分戰略和戰術。他所謂的戰略是兩支軍隊的戰爭行動科學，雙方都在彼此的視線範圍外，或是在大炮的射程之外。相比之下，戰術是在敵人的視線範圍內，並且在大炮的射程內進行的戰爭行動科學。戰略是關於行軍和紮營，而戰術是關於在戰鬥中進攻和防守。[12]這些定義之所以能留存下來，是因為性質偏向於描述，而非指導。此外，如果不採用比洛的戰爭理論，這些定義也可以派得上用場。

瑞士貴族安托萬—亨利．約米尼（Antoine-Henri de Jomini）贊同這種區分戰略和戰術的方法。他是拿破崙戰爭的老兵，也是十九世紀最有影響力的戰爭作家。繼吉貝爾伯爵之後，約米尼寫的第一本書是《大戰術論》（Traité de Grande Tactique），於一八〇五年出版。他寫過內容最齊全的著作是《兵法概要》（Precis de l'Art de la Guerre），於一八三八年出版。他並沒有完全跟隨比洛的腳步，但他同意普魯士人的觀點：戰略是為戰鬥做準備，而戰術則是與實際的戰鬥行為有關。約米尼最簡潔的表述是：「戰略能決定在何處行動，後勤部隊能引導軍隊到這個地點；大戰術能決定執行方式和部隊的運用。」[13]

對約米尼來說，戰略是針對戰役的整體概念，而不是執行層面，也無法取代大戰術。他認為戰略不只取決於將領的天賦，也可以經由長期原則的應用而受益。約米尼在《兵法概要》中提出：「戰略可經由類似實證科學的既定法則來進行調整。」[14]不過，他的原則與比洛截然不同。約米尼受到了拿破崙的例子影響，將戰爭視為殲滅戰役，用意是摧毀敵人的軍隊，迫使他們按照勝利者提出的條件，尋求政治協議。這種對戰鬥的明確關注，能將戰術和戰略與高潮事件聯繫起來，有助於全面考慮戰術和戰略的概念。

如今，人們認為普魯士的克勞塞維茲比約米尼更重要且更有學問。克勞塞維茲沒有完成的著作《戰爭論》（On War）在他去世後出版（一八三二至一八三五年），許多人認為他寫的書很難理解，因此不太適合用於教學。雖然他強調政治目標對戰爭的執行很重要，但戰略仍然是主要的軍事概念，焦點在於戰鬥。克勞塞維茲在一八〇四年的筆記中區分了初級戰術和高級戰術，前者適用於小單位，後者適用於更大的隊形。次年，他在一篇針對比洛而寫的匿名評論中刻薄地批評，並提出他此後一直採用的構想：「戰術構成戰鬥中使用的武力理論；戰略形成利用戰鬥達到戰爭用途的理論。」[15]在《戰爭論》的第二卷中，克勞塞維茲提到戰術與個人戰鬥有關，而戰略則是關於利用多次戰鬥去支持戰役的整體目標。在指揮方面，戰略比戰術更勝一籌。然而，戰略家為戰爭所制定的計畫只不過是草案，戰術仍然能決定最終結局，而這種結局會在「支離破碎的特定結果組合成單一的獨立整體結果時」成形。[16]

關於大國之間的戰爭能透過戰鬥來決定的假設，如果沒有人提出質疑，那麼就沒有必要質疑戰略的主流定義：戰略主要是關於為戰鬥做好準備，而戰術主要是關於如何進行戰鬥。此外，在軍官培訓方面，戰略是資深指揮官的職責，因此可說是更崇高的使命，但重點在於戰術。如果缺乏有效又熟練的戰術，戰略創造的契機就會白白浪費。戰術也是很需要創新的領域。當時，人們認為軍隊的編制和能力保持一致，也認為將戰鬥的決策納入考量是一種慣例，而且戰術能力很重要。戰略研究需要關注軍隊的調動，並確保他們的飲食、健康以及營地的狀況，還要尋找最佳的戰鬥地點，以及為即將到來的戰鬥整頓軍隊。約米尼等人聲稱，研究過去的重大戰役能讓人理解戰略的主要原則，並贊成採取保守的策略。在考慮不斷變化的政治環境或技術創新的影響方面，顯然缺乏動力。十九世紀中葉，另一位瑞士將領紀堯姆．亨利．杜福爾（Guillame-Henri Dufour）在一本有影響力的書中解釋，在制定戰略前需要回顧過去，而制定戰術則需要展望未來。戰略受到長期原則的影響，但戰術會不斷變化，因此戰術會隨著不同時期使用的武器而改變：

在戰略方面，有許多寶貴的教訓可以從歷史研究中獲得。但，如果我們嘗試將古代的戰術應用於現代，便是犯下很嚴重的錯誤。[17]

III

這些想法產生的影響，在英國和美國可見一斑。起初，英國人主要是從法國和普魯士的軍事著作中汲取知識，比方說經常更新的《新軍事辭典》（New Military Dictionary）逐漸涵蓋外國的觀點，例如「戰略」在一八〇五年的定義是「軍事指揮的藝術或科學」。許多人說這個詞在任何英國辭典中都不存在，可見根本沒有一致的看法。[18] 憑著相對早期的翻譯，比洛成為這個領域的先驅。直到很久以後，約米尼的《兵法概要》和克勞塞維茲的《戰爭論》才有了英文譯本，但他們的作品很有名，並且都對英國的辯論有一點影響力。辯論的參與者包括重要的評論家，例如前少將威廉．納皮爾（William Napier）和約翰．米切爾（John Mitchell）。納皮爾是傑出的軍事歷史學家，曾經在一八二一年表示：「在戰略領域，將領具備的優秀特質有充分發揮的空間，比如敏銳的洞察力、準確的判斷力、快速的決策能力，以及心理和生理層面的活躍度，而這些都是必備條件。」[19]

從一八四六到一八五一年，由軍官組成的委員會發表了三卷《軍事科學輔助手冊》（Aide-mémoire to the Military Sciences），目標是盡可能地滿足在戰場、殖民地與偏遠地區許多軍官的普遍需求，畢竟那些地方很難取得參考書。在第一卷中，中校查爾斯・漢彌爾頓・史密斯（C. Hamilton Smith）撰寫了〈兵法與科學概要〉（Sketch of the Art and Science of War），其中包含早期大規模作戰（法國的大戰術概念）和兵法（福拉爾〔Folard〕、克勞塞維茲、杜福爾以及約米尼，都一直徒勞地為這個術語界定明確的定義）的論述。史密斯指出：「辯證學家可能會暗示兵法和戰略之間有差異。但，似乎沒有因為兩者的交替使用而引起不便的例子。」約米尼根據地圖制定戰爭計畫，稱為兵法。在方向上具有戰略性，而且在執行中具有戰術性的活動（例如登陸、行軍、渡河、撤退、過冬、伏擊、護送等），只要在執行時沒有敵人準備對抗，就可以稱為戰略。如果敵人出現，那麼這些活動就變成了戰術。史密斯也堅決認為，主要由約米尼認定的作戰原則不只說明了昔日戰爭的成功和失敗，也能用來解釋未來的戰爭。[20]

當時，並沒有需要明確概念的迫切性。十九世紀中葉的辯論主要集中在：如何劃分戰略和戰術之間的界線，並且在一段時間內維持不變。一八五六年，皇家軍事學院（Royal Military College）的研究負責人觀察到兩者之間的差別並不明確，因為兩者都必須遵循相同的原則。他堅決支持比洛的原則：「無論某個人與敵人之間的距離有多遠或多近，最佳的指引是認清：他是否在敵人的視線範圍內。」[21] 直到十九世紀末，官方軍隊的區別方式仍然是「戰略是將敵人引向戰場的藝術，而戰術是指揮官在交戰時制服敵人的方法。」[22] 許多人在狹隘的知識架構內，談論到優秀的戰略需要具備哪些特性。他們考慮到了指揮官如何避免常規的戰鬥方式，以及如何發現新情境中的可能性。

一八六六年，坎伯利參謀學院（Staff College）的上校愛德華·哈利（Edward Hamley）初次發表《作戰》（Operations of War）。該書自此之後一直都是英國陸軍的重要教材，[23] 並且很明顯受到約米尼的影響，認為精通戰略是在戰鬥中採取主動的源頭。上校亨德森（G. F. R. Henderson）是二十世紀初的軍事歷史學家和參謀學院的教師，也同樣強調戰略是用兵術的最高境界。他認為戰略家必須考慮到作戰原則以外的問題：「要考慮到機械、武裝部隊的管理以及戰爭的精神，包括能激勵士兵的道德要素，還有充滿驚喜、神祕感和謀略的要素。」然而，戰略的目標是正面交鋒，目的是獲得規模、地理位置、補給品以及道德方面的潛在優勢，以確保敵人潰敗。[24] 因此，對戰鬥勝利的預期持續限制了戰略概念的發展，並推動這種概念迎向「靠天賦和想像力解決一般問題」的局面。

美國的經驗也很類似。雖然約米尼的理論並沒有廣泛運用於軍校教育上，但他的影響力還是存在於丹尼斯・馬漢（Dennis Mahan）的著作中。一八三二至一八七一年，馬漢擔任過西點軍校（West Point）的土木與軍事工程教授。將領亨利・哈勒克（Henry Halleck）是他知名的學生，著作中也很明顯受到約米尼的影響。不過，他很少花時間研究戰略。美國人尋求的是鼓舞人心和堅決的領導力，而不是學識豐富的專業人士。此外，在關於如何打好內戰的辯論中，約米尼也沒有發揮很大的作用。然而，內戰結束後，他仍然被視為作戰指導的領先權威。這一點可以從西點軍校的馬漢繼任者哥尼流・惠勒（Cornelius J. Wheeler）身上看到。一八八四年，詹姆斯・默庫爾（James Mercur）在學院短暫地追隨惠勒，並且在自己的著作《兵法》（The Art of War）中考慮到了更廣泛的政治背景的重要性，但他的方法仍然很傳統，該書很快就被世人所遺忘。

威廉・薛曼（William Tecumseh Sherman）參與的喬治亞戰役（Georgia）並沒有遵循正統的戰略，他的目標是打擊敵方的士氣。但，在薛曼的簡短回憶錄〈南北戰爭的大戰略〉（The Grand Strategy of the Wars of the Rebellion）中，他強調的是作戰原則維持不變：「就像乘法表、萬有引力定律、虛擬速度或自然哲學中的其他不變規則一樣。」他引導讀者參考法蘭西・索迪（France J. Soady）寫的專著《戰爭的教訓》（Lessons of War）。該書是從重要的文本中選用一些想法並匯集而成，內文中提到了「薛曼是天才」。[25]畢格羅（Bigelow）寫的《戰略的原則：主要以美國戰役為例》（Principles of Strategy: Illustrated Mainly from American Campaigns）於一八九四年出版，可說是為了汲取更廣泛的教訓而投入不少心力。雖然最初界定的定義很傳統，但他認為各階級的軍官都需要掌握戰略。最重要的是，畢格羅意識到戰略涉及政治：「削弱敵軍的政治支援，或者說服敵軍退出戰爭。」[26]不過，焦點依然在於擊敗敵軍，因此並沒有出現新的戰略思維。即使有許多人在一戰的前幾年表示不滿，他們仍然對戰略的話題沒有達成共識。

IV

或許最令人驚訝的是，一八七〇至一八七一年的普法戰爭對戰略思維的影響很有限，主要原因是法國平民的抵抗所扮演的重要角色，以及普魯士人針對如何克服這種抵抗現象的主題進行了辯論。法國人因戰敗而感到震驚後，開始努力改良軍隊，並培養專業的參謀部。但，他們的辯論側重於回顧過去，而不是展望未來，依舊堅守著拿破崙體系。最重要的主張是，進攻的鬥志能使比較弱的力量克服更強大的力量。費迪南・福煦（Ferdinand Foch）在一戰中指揮過協約國的軍隊，並且不是唯一堅信戰術比戰略更重要的人。法國辯論得出的結論是：注重進攻的重要性，試圖在戰鬥中摧毀敵軍。

德國的辯論比較充實，但焦點還是以戰術為主，其次才是戰略。陸軍元帥赫穆特・毛奇（Helmuth von Moltke）曾經在德意志統一的戰爭期間負責指揮。他認為戰術的成功能促成戰略的成果，這就是為什麼戰略也稱為「應變措施」，並需要對戰役中的進度做出反應。他的部下威廉・布盧姆（Wilhelm von Blume）提醒：「不要忽視戰略的本質，以免將戰略變成死板的學術系統。」他還強調戰術的重要性：「戰術涉及部隊行動的適當安排，最終要實現戰鬥的目標。」不屬於戰術範疇的戰略是次要的，包括何時作戰、參戰的目標、所需的兵力集結，以及實現滿意的成果。[27] 法國在色當（Sedan）的戰役中潰敗後，法國抵抗軍提出的疑問是：是否能透過交戰雙方之一的筋疲力竭來阻止戰爭拖延下去，而非透過戰鬥？避免陷入漫長戰爭的決心，促成了軍事領袖尋求迅速致勝的方法。毛奇的繼任者阿佛列・馮・史里芬（Alfred von Schlieffen）伯爵就是貼切的例子，他的計畫宗旨是確保「萬一兩國再次交戰，法國軍隊會早日慘敗」。這種作法面臨的最大挑戰來自歷史學家漢斯・德布呂克（Hans Delbrück）。他主張打勝仗的方式是消耗敵人和參與幾場大戰，這分明是質疑「存在唯一、正確戰略形式」的觀點。

與這場辯論相關的其他議題是軍民關係。當元首同時領導政府和軍隊時，這兩者之間的緊張關係由他單獨解決。一旦這兩者具有不同的職能，交流時就會變得很困難，而且事實證明確實如此。按照邏輯，軍事的級別低於政治，至少在設定戰爭目標和解決後續問題的方面應該如此，但正常的軍事傾向是堅持控制作戰的指揮方式。這並不是簡單的問題。戰爭的政治背景可以改變，例如新的盟友加入目前較弱的一方。這就是總理俾斯麥（Otto von Bismarck）擔心巴黎在一八七〇年被包圍時持續抵抗後，可能會發生的情況，這件事導致他和毛奇爭論該如何迅速破解法國的抵抗。毛奇認為自己有權決定這個問題，他將此觀點轉變成原則：「政策應該依據行動而確定目標。戰略不應該依賴政策，政策不能干預軍事行動。」[28]俾斯麥堅決認為，政治依然有必要影響軍事行動，而不是只考慮到目標。德國參謀部和歐洲其他地方的參謀部都反對他的觀點，他們認為政治家干涉作戰的決策，勢必會危害到軍事功績。

他們的反對意見很難站得住腳。在美國內戰期間，總統亞伯拉罕．林肯（Abraham Lincoln）曾經多次任命和解雇將領，直到他找到了願意依照他的期望去打仗的人選。一八七〇年，俾斯麥的干涉也卓有成效。此外，軍隊仍然需要政府理解他們的需求。因此，將「政治干預軍事決策」視為危險的上校亨德森也表示：「士兵應該經常扮演政治家的顧問。戰略就像作戰前的準備過程，重要性等同於實際的軍事行動。」他將這種準備稱為「和平戰略」，也就是在和平時期應該做哪些事，而不是在戰爭時期才尋求和平。[29] 但，即使將領很熟悉聯盟、基地、預算等戰前要素，他們還是堅持要保持自己和政治家之間的嚴謹分工。只要他們這樣做，戰略就受到既定界限的約束。

此觀點面臨的挑戰來自於海洋。與陸地戰爭相比，關於海上戰爭的文獻並不多。撰寫關於陸地戰爭主題的人，都堅持使用源自這種戰爭的定義。因此，海軍少將菲利普．科隆布（Philip Columb）在一八九一年撰寫關於海戰原則時，偶然提到了戰略能決定戰鬥的地點，而戰術能決定戰鬥的進行方式。[30] 當代的知名美國人物阿爾弗雷德．賽耶．馬漢（Alfred Thayer Mahan）是丹尼斯．馬漢的兒子，其為研究海權的歷史學家，並敦促美國以英國為榜樣，成為海上強國。年輕的馬漢對戰略的看法簡直是如約米尼一般，這一點可以從歷史研究中看出他的準則：「戰術和戰略之間的分界線，是軍隊之間或艦隊之間的連接點。戰術更有趣，因為戰術受到人類不斷進步的影響。」[31] 不過，他確實指出了陸戰和海戰之間的重要區別。在海戰中，有一些在和平時期可占領的陣地，在戰爭時期具有價值。他界定海軍戰略的目標定義：「無論是在和平時期或戰爭時期，都要建立、支持和增強國家的海權。」[32]

他強調海上行動更廣泛的政治與經濟後果，以及在和平時期部署的重要性，提出更廣泛的戰略定義。英國海事理論家朱利安．科貝特（Julian Corbett）充分發揮了此觀點。他是研究克勞塞維茲的文官，並且具有一定的影響力。他的看法是，海軍和軍事戰略應該互有關聯，而且都需要擺脫謬論：戰爭完全由陸軍和艦隊之間的戰鬥組成。摧毀敵軍的軍隊，頂多只是一種實現目標的手段，通常是為了領土。他將戰略定義為「指引軍隊實現預期目標的藝術」。一九〇六年，科貝特將講座的內容以小冊子的形式出版，在內文中將戰略分為「主要」（長遠的目標或作戰計畫）和「次要」（基本的目標或軍事行動計畫）。對科貝特來說，主要戰略的重要特色是：涉及到國家的所有戰爭資源，而非只有兵力。一九一一年，當他修改這些筆記時，沒有改到主要和次要之間的區別。主要戰略的目標是政治家關心的問題，而次要戰略則由陸軍和海軍負責，也該服軍官接受「政治對戰略的影響」此一無法避免的戰爭難題。[33]

V

科貝特在一戰後為英國的戰略提出了新方法，「將在外，君命有所不受」的觀念受到越來越大的挑戰。一九二七年，外交家兼軍事歷史學家威廉．奧曼（William Oman）呼籲：「任何國家的領導階層都應該瞭解兵法的歷史，不該覺得自己被迫盲目地聽從軍事導師的指示。」[34]一九二三年，約翰．富勒（John "Boney" Fuller）注意到了科貝特，並主張只關注軍事勝利是不夠的，因為上陣殺敵要仰賴於更廣泛的經濟、政治以及文化因素的知識。一九二六年，他在著作《戰爭科學的基礎》（The Foundations of the Science of War）中進一步闡述自己的論點，核心主題是：軍事行動的目標是使敵人神經衰弱。[35]雖然他的論點很有創意，卻難以理解。

相比之下，儘管巴塞爾．李德哈特（Basil Liddell Hart）並不是有創意的思想家，但他的風格更敏銳，也更清晰。此外，其身為歷史學家和軍事評論家的聲譽大增後，他的想法也更具有份量。李德哈特的出發點也是追隨科貝特，主張戰爭的目標是為了實現和平。摧毀敵軍並不是目的，如果有實現目標的更好方法，最好避開激烈的戰鬥。一九二九年，他發表了《歷史上的決戰》（The Decisive Wars of History）。他多次修改該書，後來在一九六七年以《戰略：間接路線》（Strategy: The Indirect Approach）的最終版本出版。起初，他將戰略定義為「分配和傳達軍事手段，實現政策目標的藝術」。[36]後來，他將「傳達」改成「運用」，並且將戰術的定義限制為「與作戰有關」的事務。大戰略則是關於協調和管理國家的所有資源，目的是實現戰爭的政治目標。雖然他的定義是為了推廣「間接路線」，但這些定義的優勢在於：可以在不全盤接受整體概念的情況下，只採用部分的觀點。

李德哈特的方法提升了政策的重要性。對於軍事從業者而言，這可能會降低戰術的重要性。陸軍元帥韋維爾（Wavell）認為：「戰術是指在戰場上管理軍隊的藝術，在將領的任務中永遠都比戰略更困難，也更重要。戰略是指將軍隊帶到有利的戰鬥位置。」他斷言：「戰略更簡單，也更容易理解。」[37]

韋維爾回想起當初接受軍事訓練時，學到了英國軍隊偏好的區別方式。李德哈特的定義似乎更適合一九四五年後期的威懾力量和有限戰爭（limited war）。在一九七〇年出版的《現代戰略的問題》（Problems of Modern Strategy）中，邁可・霍華德（Michael Howard）在文章的一開頭提到：「李德哈特的定義很合理，甚至比大多數的定義更貼切。」[38]在定義戰略方面，李德哈特的觀點仍然經常被引用。一九八九年，美國陸軍上校亞瑟・萊克（Arthur Lykke）發表的文章介紹當今在軍界流行的戰略定義，在一開頭就引用了李德哈特的話——軍事手段要能實現政治的目標。萊克的創新之處在於引入「方式」，作為結合手段和目標的行動過程：「戰略相當於目的（努力達成的目標）加上方式（行動方針）加上手段（實現目標的方法）。」[39]這種方法的優勢是，在理論上保持中立，因此持有不同觀點的人也可以採用。

但，還有其他不同的定義。前法國將領安德烈・博弗爾（André Beaufre）將戰略定義為：「兩種對立的意志，運用武力解決爭端的辯證法。」[40] 前美國海軍上將約瑟夫・威利（Joseph Wylie）則寫道：「戰略是指為了實現目的而制定的行動方案，也就是達成目標所需的措施系統。」[41] 第一種定義強調了衝突的核心，但沒有涵蓋其他的要素；第二種定義假設了固定的目標，並主張戰略與計畫密不可分，反而淡化了由衝突引起的執行問題。其他的定義則傾向於過度具體化，或者有理想化的標準。例如，二〇一八年的五角大廈文件只將戰略定義為正面的含義：「慎重地以同步和整合的方式，運用國家力量的手段，以實現跨國的目標。」[42] 其他的定義更偏向理論性，卻都包含了關於軍事手段與政治目的相互作用的戰略思維。

VI

這種認識戰略的其中一種轉變結果是，將焦點從戰術和戰略之間的關係（戰略是主要），轉移到了戰略和政策之間的關係（戰略是次要）。

正如科貝特、富勒以及李德哈特察覺到的，戰略和政策之間的關係引出了進一步的疑問：如果軍事手段必須與政治目標連結，那麼該如何納入非軍事手段呢？最初的大戰略概念是，為了打勝仗，有必要動用國力的所有手段，不僅止於軍事方法。這一點與戰爭的進行有相關性。但到了十九世紀末，與和平時期政策有關的議題被視為與管理預算、軍備、談判基地、結盟或平息潛在的衝突有關。這些議題決定了戰爭前的準備，或者可能避免戰爭。不過，政府有時候認為軍事手段在整體政策中只有次要的作用，其他的手段可能更重要，比如與商業和金融有關的方法。因此，大戰略不只涵蓋政府如何運用所有可用的手段去打勝仗，還包括如何有效地結合各種手段（非軍事和軍事手段），以便在和平時期實現國家安全和繁榮的目標。

這種轉變的開端可以從一九四三年具有標誌性意義的《當代戰略全書》初版中看得出來。愛德華·米德·厄爾（Edward Mead Earle）在前言中提到：「狹義的戰略是指軍事指令、規劃以及指導戰役的藝術；狹義的戰術則是指在戰鬥中管理軍隊的藝術。」但，他也提到：「戰略勢必要考慮到非軍事因素，比如經濟、心理、道德、政治、技術等。因此，戰略是治國方略的固有要素。」他將戰略定義為：

> 控制和利用國家或多國結盟的資源，包括兵力。目標是維護重大利益，並確保不受到敵人的威脅，無論是實際、潛在或推測的威脅。

他認為大戰略是最高境界，能整合國家的政策和軍備。他的觀點比李德哈特更具有影響力：「透過大戰略，訴諸戰爭要麼變得不必要，要麼可以讓戰爭在勝利的有利時機進行。」[43]

二戰結束後以及冷戰期間，與大戰略有關的重大疑問似乎有了答案，因為由美國領導的陣營和蘇聯領導的陣營之間發生了兩極化衝突。大戰略這個詞被用作歷史概念，就像愛德華．盧特瓦克（Edward Luttwak）寫的《羅馬帝國的大戰略》（Grand Strategy of the Roman Empire），以及關於當代安全政策的討論。在一九八〇年代晚期，人們又對大戰略產生了興趣，這預示著冷戰的結束，有效的戰略定義仍然與李德哈特的定義很接近。保羅．甘迺迪（Paul Kennedy）教授曾經在耶魯大學的研究生時期認識李德哈特，他介紹了一本由多位作者的研究編纂而成、以戰略為主題的書。書中引用了李德哈特與厄爾的話，指出「戰略」與和平、戰爭兩者之間的關聯應該並駕齊驅，也意味著「目標和手段之間的平等」。甘迺迪總結道：

> 大戰略的關鍵在於政策。換句話說，國家領導人要有能力匯集所有的要素，包括軍事和非軍事，才能保護和增強國家的長期利益（戰爭時期與和平時期）。44

在接下來的三十年，大戰略受到更多的關注，概念也擴展了。風險在於，當國家不處於戰爭狀態，或者沒有為戰爭做準備，並且在很長一段時間內沒有任何可以改善安全和提升地位的宏大計畫時，大戰略會被納入外交政策的討論中。尤其是在冷戰的威脅消失後，是否有必須追求的戰略目標，充滿了不確定性。許多關於大戰略的文獻（主要是美國）都與倡議有關，而這一點說明了為什麼需要大戰略及其適當的內容陳述。與偏向解決特定問題（通常很緊急）的軍事戰略相比，大戰略傾向於處理有抱負的問題，並擬定如何在不斷變化的國際環境中行動，以及提供容納一系列外交政策關切項目的全面準則。歷史學家威廉森·莫瑞（Williamson Murray）提醒：「由於資源和利益總是不平衡，提升清晰度的嘗試很困難，畢竟在不斷變化的環境中，機會和意外是固有的。」他把大戰略比喻成法式大雜燴湯（將所有可用的食材放進同一個湯鍋）：「思考大戰略的大雜燴時，食譜和理論基礎都一樣毫無用處。」45

基本上，大戰略的許多定義等同於戰略的廣泛定義。因此，政治學家巴里·波森（Barry

Posen）將大戰略描述為「一系列政治目標和軍事手段」，而歷史學家約翰・蓋迪斯（John Gaddis）對大戰略的描述是「潛在的無盡抱負與必然的有限能力結合」。同樣的，彼得・菲耶（Peter Feaver）談論大戰略時，稱之為「計畫和政策的大集合，包括政府刻意結合的政治、軍事、外交以及經濟手段，目的是增加國家利益」。他接著補充說：「大戰略是調整目標與手段的藝術。」[46] 因此，當戰略脫離了戰鬥，戰略會喪失獨特性；同理，大戰略脫離戰爭時，也一樣會失去獨特性。關於戰略的討論不再侷限於戰術，而是轉移到更高的層次。

VII

在核子時代的前幾十年，戰略的定義變得更廣泛。核武威懾的需求促使戰略的思維在一九四〇年代至一九六〇年代有重大的創新。這些需求挑戰著戰略思維的保守偏見，即長期仰賴歷史上的重要戰役研究，用來闡明作戰原則。在實務中，保守的偏見並沒有消失。關於接納新型武器的思維方式，負責核武儲備的軍官不太感興趣，也不想讓這類議題或想法影響到自己的計畫。除了軍事人員，在大學、智囊團（例如蘭德公司〔RAND〕）等地的文職人員都認為自己能夠（和應該）處理新型武器引起的特殊困境，包括洲際飛彈和核武。有些文職人員主修人文學科，也瞭解戰略思維的歷史。伯納德．布羅迪（Bernard Brodie）寫的《飛彈時代的戰略》（Strategy in the Missile Age）在這方面具有代表性，內文中指出軍方傾向於注意戰術，並過度重視進攻。他還提到：「軍事和政治問題的交匯點，就是智識方面的無人地帶。」他指的是戰略領域，而他的抱怨是關於戰略沒有受到充分的重視，並非從基本面進行重新評估的需求。[47]

其他具備經濟學背景、也對賽局理論（game theory）感興趣的人，採用了新的分析方法，並提出如何使威懾策略發揮作用，以及在失敗時該採取哪些措施的建議。賽局理論的起源可追溯到一九二〇年代，數學家約翰．諾伊曼（John von Neumann）在當時探索如何將機率理論應用於撲克牌遊戲。後來，他與奧斯卡．莫根斯特恩（Oskar Morgenstern）合作，共同編寫經典作品《博弈論與經濟行為》（The Theory of Games and Economic Behavior，一九四四年）。[48]他們使用二乘二的矩陣，呈現出潛在的結果，並且在書中說明一組戰略措施如何取決於本身對其他措施的預期。此觀點可用來設計出更佳的措施，也指出資訊不對稱的影響，以及將損失降到最低、追求利潤最大化的重要性。

賽局理論以抽象的方式界定衝突，在兩極化的世界中為複雜的核武威懾提供了應對方法，而不必持續關注這些武器被使用後所帶來的可怕後果。謝林（Schelling）觀察到，與博弈遊戲或靠技巧取勝的遊戲相比，戰略遊戲的特點是：「每個玩家的最佳選擇，取決於他預期對方採取的行動。他也知道自己最後做的決定，取決於對方預期他採取的行動。」他認為，戰略就是根據這種相互依存的情況來確定的：「根據別人的行為，調整自己的行為。」[49] 這也適用於合夥和衝突，因此很適合用來探討軍備控管。這種方法的明顯優勢是，指出了對手可能合作的方式，以及夥伴可能競爭的方式。核武戰略仍然是文職人員認為自己與軍官一樣能幹的領域。他們在投機、甚或虛幻的情境中評估可能的戰略行動，但是他們的理論往往在考慮加強威懾力的方面，比在威懾作用失效時制定最佳措施更有效。他們努力在戰略的討論中納入許多附屬的概念，例如升級、損害限制、危機穩定性（crisis stability）等。

不必採納完整的方法論機制，人們也能在衝突時期體會到：做決策與進行合作的可能性之間相互依賴的重要性。方法論也不只適用於特定和極端的戰略問題類型，應用範圍很快就從核武議題轉向經濟和商業戰略，既鼓勵又反映出一種趨勢：越來越多的戰略文獻開始鎖定商業和其他的非軍事受眾，具有獨特的定義和公式。儘管這些文獻偶爾涉及到孫武、克勞塞維茲以及李德哈特，但很少有證據表明文獻對其他的方面產生影響。

到了一九七〇年代，戰略的概念已經脫離最初的狹隘軍事概念，反而轉變成適用於各種情況的普遍原則，而且並不是全部都涉及到兵力運用。關於戰略和大戰略之間、大戰略和政策之間的界線，辯論仍然在進行中，但早期的戰術和戰略之間的界線問題仍然沒有答案。這條界線應該在為戰鬥做準備和實際戰鬥之間確立嗎？還是應該在較高級別和較低級別的指令之間確立呢？這些疑問都與正規戰爭有關。在殖民時期的非正規戰爭中，由於小型戰鬥很重要，界線已經變得更加難以確定，而這項議題在越南的反暴動戰爭中再次浮現。

經過越南戰爭的挫折之後，文職人員有更多參與軍事行動決策的機會。此外，在冷戰時期的核武背景下，人們對正規戰爭的興趣再度燃起。有一部分原因是出現了關於戰略的辯論，尤其是關於消耗戰和機動戰的比較性優勢。這種辯論的動力來自「美國軍隊需要重新學習作戰的藝術」的信念。這就像戰術的範圍縮小了，將領已經忘了如何指揮，反而傾向於評估一舉一動帶來的政治影響。在戰略和戰術之間，作戰的水準也有定義。根據一九八二年的《戰場手冊》（Field Manual 100），定義涉及到「計畫和戰役指導」的級別。[50] 資深的指揮官可以進一步思考，如何憑著與對手相似的勢力致勝，而且競技場上幾乎沒有讓政治家入侵的空間。戰略的更高層次屬於最高級別的指揮官，他們負責管理與政治領導階層的相互交流。盧特瓦克寫的《戰略：戰爭與和平的邏輯》（Strategy: The Logic of War and Peace）從不同的層次（技術、戰術以及作戰）考慮戰略。[51] 這是很重要的嘗試。霍華德爵士在《外交》（Foreign Affairs）期刊中的某篇有影響力的文章中，提出了另一種觀點：不從層次的角度去思考，而是從不同的面向——作戰、後勤、社會以及技術。這些面向在任何的成功戰略中都會被納入考量，但各自的權重不一定相同。[52]

基本問題在於，戰爭已突破了界限，向外擴展到社會，不只可能摧毀整個城市，還有可能摧毀文明。或者，存在著持續與當地人民互動的需要，目的是贏得他們的支持，或監督他們是否有敵意。一旦戰爭超越了可控制的範圍，傳統的軍事行動（目標是決戰）就不可能滿足需求，或者國家不敢投入所有的資源到大戰中。當動機轉向了有限戰爭，或避開戰爭，戰略就必須跟著調整。

VIII

本文的內容主要是參考西方的辯論。俄羅斯、中國或印度的戰略內容，與美國或法國採用的不同。文化和情境方面的差異，對戰略概念、戰略與戰術產生關聯的方式有重大影響。這些概念有不同的根源，包括中國的孫武、印度的考底利耶（Kautilya），但其中的差異可能被誇大了。例如，孫武對李德哈特有重要的影響，而那些尋求支持「作戰級別」的人也從蘇聯的著作中找到認同。本章的焦點並不是內文，而是可以針對戰略的標題所討論的內容。在過去的二百五十年，「戰略」已變成一種可能與所有人類事務有關的總體概念。這種概念缺乏明確性，但可以涵蓋許多國家的戰略，只要是關於「結合手段與目標」即可。戰略已經變得像政治和權力般，只不過是人們普遍理解的詞彙之一，但還是有天差地別的解讀方式。

即使「戰略」更常在軍事範疇上被使用，戰略的應用仍存在很大的空間。即便如此，與戰略有關的實際活動各不相同，主要涉及到為戰鬥準備兵力、確定戰鬥地點、打仗方式，以及部署軍隊，其他的部分則是戰術。戰略也是資深指揮官的事務，一旦戰鬥被視為達到目標的手段，而不是目標本身時，一切都會改變。我們可以從政治或軍事的角度去探討戰略，因為戰略聚焦於這兩個不同領域之間的關係。然而，結合這兩種不同類型的活動始終具有挑戰性，因此戰略總是很容易偏向某個方面，卻忽略了另一個方面。在政治範圍內，戰略很快就會脫離戰爭與和平的相關疑問。每當手段必須與目標保持一致時，就會需要用到戰略。最後，甚至連衝突和競爭的要素也減少了，以至於戰略只變成計畫的同義詞。但，戰略仍然與更高層次的思維有關，側重於重要、長期以及基本的部分，但也可以將這些特性施加在更普通的決策之上。戰略已變成一種思考方式、思維習慣，在不同情境中評估弱點和可能性的能力、理解因果關係的能力，以及將多樣化的活動連結起來，追求共同目標的能力。

儘管這個詞受到廣泛的應用，卻依然與用兵術有密切的關係。關於戰略的討論，仍然在兵力的使用方面具有重要性。當人們考慮到有目的性的暴力時，就會提出很特殊的議題。不過，二十世紀初的抱怨問題是，戰略偏重於軍事行動，卻忽視了政策（後來變成政治領域的焦點之一），導致軍事行動的議題後來也被忽略了。在實務方面，軍事行動十分重要，不只包括討論預期目標是否切實可行，也包含執行。即使是最資淺的軍官，他們在決定戰術時也需要瞭解政治背景和指揮官的意圖，但同時也需要瞭解自己對下屬和裝備的期待。當戰略被視為由專業人員發展的高尚使命，就會有這種風險：為了追求高雅的設計，而疏忽了實務上的可行性。

Chapter

2

修昔底德、波利比烏斯以及古代世界的遺緒

沃爾特・羅素・米德（Walter Russell Mead）在哈德遜研究所擔任戰略與治國之才的拉文爾・庫里三世（Ravenel B. Curry III）傑出研究員。他是《華爾街日報》的國際觀專欄作家，也在紐約巴德學院的外交與人文學系擔任詹姆斯・克拉克・蔡斯教授（James Clarke Chace Professor）。

從伯羅奔尼撒戰爭開始，到尼祿（Nero）辭世之間的五個世紀，對整個世界而言具有獨特的吸引力。這段期間的前半部包含了雅典的失敗、亞歷山大大帝（Alexander the Great）的顯著成就、羅馬共和國的崛起，以及漢尼拔（Hannibal Barca）在第二次布匿戰爭（Second Punic War）中的失敗。後半部則包含最終摧毀羅馬帝國的政治危機，以及拿撒勒人耶穌的生與死──這兩個事件分別塑造了西方世界的政治和宗教想像。現代西方世界的藝術、詩歌、戲劇、哲學、數學、政治思想以及宗教文化，仍然保有這段時期的痕跡。

古代歷史學家對西方文化的貢獻，並沒有得到許多人的理解和賞識。尤其是修昔底德（Thucydides）和波利比烏斯，他們不只提供了當時許多重要事件的有用敘述，還制定在現代可用來指導歷史學家的基本方法和思想。他們也是精明且富有洞察力的政治思想家，其觀察結果和結論在幾千年以來迴響不斷，指引著政治哲學家的思想，以及將領、政治家、建國者的行動。

與他們的偉大成就相比，古代歷史學家的重要性顯得難以估量。我們可以區分兩者的天資、機遇、人類心理、國家文化，以及個人領導力在政治和戰爭中所發揮的不同作用，並運用前後一致且可靠的方法論，將這些分析融入連貫的事件重建的敘述。這是精彩的智力成就，能持續影響著我們對當代事件的看法，以及建構歷史敘事的方式。這些歷史學家以如此高雅又精明的方式完成任務，因此我們在現代仍然能從許多故事中得到啟發，也易於理解，這些故事與他們當時的哲學和數學成就一樣重要。在他們的作品中，浮現出的人類社會願景和歷史（複雜、多樣化，最重要的是涉及政治）對西方意識的形成所付出的貢獻，不亞於希臘精神的任何產物。

在眾多偉大的歷史學家當中，修昔底德和波利比烏斯是最有洞察力和可靠的人。雖然這兩個人並非無可挑剔，也沒有像古代有天賦的作家那樣文筆流暢，而且他們都曾經在缺乏公共資料庫、文獻資料或數位媒體的時代遇到書寫歷史的瓶頸，但他們都創作出經得起千年考驗的卓越作品。

此外，他們都處在瞭解政治事件的有利位置。修昔底德曾經參與伯羅奔尼撒戰爭；[1]波利比烏斯與西庇阿（Scipio）家族保持密切的聯繫，並參與過第三次布匿戰爭，也曾經在西元前一四六年的迦太基洗劫事件中在場。[2]他們都擔任過公職人員，並具備軍事和民政事務的實務知識和學術基礎。透過家族的人脈，他們都融入了當時的國際精英階層，有許多機會去認識統治者和資深官員，以及熟悉政治和軍事領導的細節。他們對國際政治抱持的看法在學術界顯得過時，但在現實世界中卻不可或缺：體制的類型在外交政策中十分重要，但民主政體不一定比其他的體制更明智、更和平或更公正。

這兩個人如同他們當代的許多繼任者，對明確又客觀的理念欣然接受，但在實務方面卻不一定遵循這些理念。修昔底德的敘事反映出他對雅典的民主政體及其政治黨派的深刻批評，而且這種偏見不一定合理。他指揮的軍隊在東北戰區潰敗後，這種偏見很可能是受到雅典人投票驅逐他的影響。這件事促使修昔底德更崇敬保守派的尼西阿斯（Nicias；西西里遠征潰敗的罪魁禍首），甚至比他對克里昂（Cleon；雅典在皮洛斯獲勝的民主領袖）的評價更高。[3] 同樣的，波利比烏斯對迦太基的制度和文化漠不關心，反映出他對羅馬人的同情心，也限制了他為讀者提供詳盡的戰爭歷史的能力。這兩位歷史學家在當時對奴隸制、戀童癖、女性的智力與道德、本身文化的優越感、其他未開化民族等的心態，都是不加以批判。現代的讀者可能會覺得他們的觀點充滿矛盾或難以理解，但他們的成就不在於避開失誤，而是清晰地描述複雜的事件，並提供豐富的資訊，讓後來的讀者可以瞭解他們所要講述的故事，甚至可以質疑他們對事件的詮釋方式。

偉大歷史學家的遺緒對我們這個時代很重要，也是本章的主題。我們可以瞭解他們如何整合戰略（打勝仗的兵法）和治國方略（建造和領導國家的技巧）。他們分析了所屬時代的戰爭和革命，而古代歷史學家得出的結論是：國家的成功在國際競爭中受限於命運和人類計算出的機率。政治文化的勢力能影響結果，這不只具體展現於國家制度之上，也體現於領導者贏得社會力量後，注入切實可行的國際戰略。治國之道和戰略的相互作用，在人類幾乎無法影響或控制各種因素的背景下，是上述兩位人物試圖闡明的主題。當我們試著理解他們如何討論這個主題時，也是在參與歷史的分析模式，而這種模式對決策者很有幫助。

在這兩個人物的歷史中，我們可以瞭解兩個政府之間的兩場競賽。在這兩次衝突中，主要對手（伯羅奔尼撒戰爭中的雅典和斯巴達，第二次布匿戰爭中的迦太基和羅馬）的成功和失敗，至少要歸因於政府和社會的特質，以及將領和海軍上將在戰場上做出的決策。在這些社會中，有效的領導力需要同時掌握政治和戰略的領域。伯里克里斯（Pericles）必須清楚地瞭解雅典的政治，才足以捍衛他的權力和政策，也才能對抗內部的反派勢力。他還必須瞭解雅典與斯巴達之間的競爭性質，並制定不落俗套的戰略，才能抵消斯巴達在陸戰中的決定性優勢。此外，他必須結合自己的戰略需求與雅典政治的現實面。與伯里克里斯相比，沒有任何雅典領袖能像他一樣協調內部政治和外部戰爭。根據波利比烏斯的看法，羅馬最終戰勝了迦太基，是因為羅馬的國內制度很健全，即使受到漢尼拔的打擊，最後也沒有崩潰。

I

這兩位歷史學家認為，治國之道和戰略都不是孤立地存在。各國角逐的舞台首先受到自然力量的影響，這是人類無法控制的，基本上，人類也無法理解箇中原由。此外，人類也會受到心理層面的影響，有些與群體和文化有關，有些則是個人因素，全都是人類無法選擇的，只能努力克服。第三種塑造競爭場所的因素是歷史發展，既包括個別國家的發展，也包括人類文明的整體發展，大自然、人性以及歷史確立了國家間的競爭界限。在我們深入分析伯羅奔尼撒戰爭和布匿戰爭之前，我想先簡短地探討：修昔底德與波利比烏斯對於塑造這兩場戰爭和深深影響結果的「假定事實」分析。

儘管他們的研究主題是戰爭，卻強調非人類世界對人類事務產生的影響。我們可以稱之為自然力量。大自然經由兩種途徑，在政治界發揮作用：第一種是地理，通常指物理世界對人類的政治組織及其互動關係的影響。雅典的阿提卡（Attica）內地土壤很貧瘠，但位於優良港口的附近，[4] 因此，雅典人的注意力轉向了海洋。相比之下，羅馬擁有更肥沃的土壤，但是鄰國和對手也具備相同的條件。希臘大部分地區的貧瘠土壤和多山的地形，限制了大多數希臘城邦的規模和勢力，但也降低遭到強大鄰國征服的風險。羅馬享有的繁榮讓許多希臘人羨慕不已，不過，從早期開始，羅馬的地域環境就面臨著必須在激烈競爭中不斷打勝仗，才能確保安全的境地，而且對手都是繁榮的強國。

大自然並不侷限於設定舞台和確定競爭國家的戰略優先事項，也包含以偶然的形式積極介入。瘟疫、豐收、歉收、海上風暴、日蝕、霧，以及其他的變數，都經常干擾到細心策劃的計畫。運氣很重要。修昔底德和波利比烏斯都不迷信，卻都目睹了命運的力量在自然事件中發揮的作用。這些事件超出人類的知識或可以控制的範疇，並經常在國際政治中產生影響。占卜師可以努力解釋吉兆；人們可以安撫憤怒的神明，也可以向神明請示，但現實情況是：無論是個人或國家，都無法掌控自己的命運，而這就是歷史先驅對於培養政治的理解力很重要的原因。

在重視技術的當今世界，與許多人的既定假設不同的是，這兩位歷史學家都認為：雖然特別有天賦的人也許可以預測未來事件，但一般決策者都不太瞭解自然的力量。當然，有一部分原因是當時的科學和技術的限制。海上的艦隊指揮官通常不知道對手的所在位置，良好的戰鬥計畫也很容易被不可預測的風力破壞。從廣義的角度來看，政治領袖不知道下次的結果是一場盛宴還是饑荒，也不清楚戰場上的偏遠部隊表現得如何，或者盟友和敵方城市的政治局勢。

在心理學層面，無論是人性、特定的社區或地點（文化）、個人（性格），都是影響戰爭運勢的其他重要因素。修昔底德和波利比烏斯對歷史的心理學層面的理解，始於這樣的信念：在某些情況下，所有人都有共同的驅動力和認知。被圍困或受到威脅的城市居民會感到恐懼。窮人會嫉妒富人，而富人會懷疑窮人；品德高尚的行為能贏得讚譽，而懦弱和惡行會遭到譴責。

除了人類心理的普遍現實面之外，不同的人類群體往往被視為具有特定的特徵，能反映出歷史、地理位置、文化，以及技術和社會發展水準是否落伍。許多人認為未開化的部隊比文明國家的部隊更勇敢，也更能承受困苦，但是他們通常缺乏紀律。如果他們一開始的激烈攻擊沒有實現目標，很可能會潰不成軍。希臘人和羅馬人都發現到自己與「東方」和「埃及」民族之間的差異。雅典人瞭解自己，也被其他民族視為容易激動又善變的民族；他們能很快發現新的可能性，但是在追求目標的時候卻無法堅定不移。相比之下，斯巴達人被視為遲鈍又保守的民族。他們的行動緩慢，不過，當他們朝著某個方向前進時，似乎很難轉向或停止。在布匿戰爭中，也有類似的對立例子：迦太基人被視為更有進取心，但不如沉穩的羅馬人那麼理性。[5]

掌握兵法前，需要瞭解這些心理和文化層面的因素。軍隊通常由來自不同城市、未開化的王國以及部落的士兵組成。成功的將領應該要知道如何領導和激勵不同的群體，也要知道如何安排軍隊，並考慮到不同群體組成的軍隊有不一樣的戰鬥風格。將領要懂得為凱爾特人、希臘人、羅馬人、努米底亞人以及其他人安排合適的位置，讓他們有機會展現優點，而不是放棄改善缺點。

將心理因素納入軍事戰略的需求，比戰場來得更重要。比方說，伯里克里斯要求雅典人避免與入侵阿提卡的斯巴達軍隊交戰，就像費邊·麥西穆斯（Quintus Fabius Maximus Verrucosus）要求羅馬人避免與漢尼拔交戰一樣。這種要求與雙方的城市文化有矛盾，合理和必要的軍事戰略與人民的直覺之間形成了一種壓力，對雙方的領導能力構成嚴峻的考驗。[6]斯巴達人渴望尋回在皮洛斯被俘的囚犯；相比之下，羅馬人在坎尼之戰結束後，冷淡地拒絕釋放漢尼拔擒獲的囚犯。這說明了兩邊城市的不同政治文化如何影響領導者的戰略選擇。斯巴達國王無法要求斯巴達議會忽略位於雅典的囚犯；在坎尼之戰結束後，羅馬人則擁有更多的選擇。

心理學的最後一關是個人，包括軍事和政治領導的職位。古代的歷史學家認為，領導者的性格是決定軍事和戰爭結果的主要因素之一。勇氣、計謀、口才、恰到好處的謙遜與自豪感、不屈不撓、生理與心理的自制力——這些特質使許多領導者迎向成功。輕率、膽小、虛榮、貪婪、淫欲等特質，則導致其他的領導者失敗。在古代的歷史作品中，有一部分是為了闡明美德與成功、惡行與失敗之間的關聯。這些歷史學家認為，若要理解事件的過程，就必須瞭解參與其中的主要領導者的性格。

接在大自然和心理學之後，則是塑造各國競爭舞台的第三種力量：歷史。但是對古代世界的人們而言，歷史的含義與現代不同。現代世界的歷史概念，反映了亞伯拉罕衍生而出的宗教及其陰影下形成的世俗意識形態，對文化造成的深遠影響。對現代人的想像力而言，歷史似乎總是如此呈現奮鬥的過程：從無知與貧窮的深淵，滿懷希望地邁向富足與和平的烏托邦。猶太教、基督教以及伊斯蘭教都將人類的故事描述成：從最初的天堂，墮落到充滿衝突和痛苦的境地。然而，這三種宗教也傳達了神聖的天意會透過歷史過程，讓人類回歸到墮落前、更高層次的幸福。這種歷史範本受到自由主義、馬克思主義等世俗意識形態的保留。邁向勝利的進步式「歷史終結」概念，在現代人的想像中根深蒂固。[7]

古代世界的人們則以不同的方式看待歷史。他們意識到文明的藝術逐漸發展，各國的勢力正在壯大，戰爭變得越來越激烈。不過，這種認知不一定與進步的信條結合在一起。在亞伯拉罕諸教出現之前，希臘—羅馬世界的歷史想像有周期性質。人類社會從無知和未開化的層次，提升到文明和技術成熟的境界。但，未開化民族的堅強和卓越美德受到舒適的文明生活影響後，社會失去了追求進步的動力。他們熟悉文明的藝術後，社會變得頹廢又奢侈。對新一波強大的未開化軍隊而言，他們很容易淪為獵物。

關於歷史對國際政治的影響，古代歷史學家的觀點分為兩部分：第一部分是國家的興衰並非按照任何同步的時間表進行。在國際政治的混亂局勢中，崛起的國家會遇到處於鼎盛時期或漸漸衰落的國家；第二部分是競爭的環境逐漸擴大，影響到了所有的國家。

伯羅奔尼撒戰爭和第二次布匿戰爭之間，相隔大約二〇〇年。雅典和斯巴達之間的敵對狀態在西元前四三一年爆發；雅典在前四〇一年投降；漢尼拔在前二一八年入侵義大利；迦太基在前二〇一年接受羅馬提出的嚴苛條件，結束敵對行動。雖然兩場戰爭在地理上有一部分重疊，例如敍拉古（Syracuse）在兩次衝突中都扮演重要的角色，而且兩次戰爭都在義大利南部和希臘大陸進行戰鬥，但是在這兩個時代之間，地中海世界經歷了巨大的變化。

在這兩個世紀期間，地中海地區的重心很明顯轉移到了西部。在修昔底德的時代，羅馬曾經與凱爾特入侵者激烈戰鬥、迦太基已建立重要的地中海帝國，但這些西方強權在伯羅奔尼撒戰爭中都不太重要。然而，到了西元前二一八年，羅馬和迦太基顯然變成了地中海世界中的兩大勢力。身為義大利和西西里島大部分地區的主人，羅馬掌控著面積最大且最肥沃的農業用地。迦太基擁有在北非和西班牙的領土，加上本身是貿易帝國，因此比鼎盛時期的雅典更富有、更強大。

雖然西部在經濟和軍事方面重要性日益增加，但東部卻面臨了衰退，希臘的城邦變得無足輕重。在馬其頓和其他希臘化王國的陰影下，不同的希臘城邦都保留各自的文化聲譽和財富。不過，即使這些城邦加入多國聯盟，例如亞該亞同盟（Achaean League），在後期時代的權力政治中也顯得太弱小，以至於無法發揮重要的作用。在亞歷山大帝國的殘骸中，興起的希臘化王國既沒有波斯的勢力，也不具備希臘的活力。在能夠決定命運的布匿戰爭中，希臘世界主要還是旁觀者。

關於波利比烏斯的職業生涯，在某些方面與後來的歷史學家約瑟夫斯（Josephus）很相似。他敏銳地意識到，自己所處的時代和後來似乎已消失的希臘勢力黃金時代有所不同。[8] 身為伯羅奔尼撒城邦的亞該亞同盟知名官員之子，他被帶到羅馬當人質。由於他的家族地位顯赫，加上他很聰明和有教養，他在羅馬融入了貴族和大人物的圈子。即使亞該亞同盟的人質獲准返鄉，波利比烏斯仍然留在西庇阿家族的身邊。在羅馬擊敗亞該亞同盟以及希臘獨立時期結束後，他努力調解並協助建立羅馬的統治地位。

然而，這些變化不只是關於政治和軍事力量轉移到了西部。波利比烏斯在早期就記錄了我們現在所謂的全球化。他在第二次布匿戰爭之前寫道：

以往世界上的事件以零星的形式發生，因為每一個事件從開始到結束，都是具體發生在某個特定的地點。但從此之後，歷史就像一個整體：在義大利、利比亞、亞洲以及希臘發生的事件都互相關聯，一切都趨向於共同的結果。[9]

羅馬和迦太基之間的戰爭，顯然是為了爭奪整個地中海盆地的主權。波利比烏斯說過：「羅馬人在第二次布匿戰爭中擊敗迦太基人後，便認為已完成征服世界計畫中最重要且最困難的部分。」接著，羅馬人很快從迦太基轉向希臘，追求進一步的擴張。[10]

即使是在早期，修昔底德也察覺到了國際政治的變化正在影響希臘的政治。希臘城邦的早期對立關係，逐漸受到未開化國家的態度影響。關於伯羅奔尼撒戰爭的起因，修昔底德追溯到波斯對希臘政治的影響。在這場戰爭期間，雅典和斯巴達都不斷指望國王和總督的支持。[11] 希臘世界往義大利南部的擴張，促成伯羅奔尼撒戰爭的起因和結果。科爾基拉（Corcyra）是雅典和親斯巴達勢力初次發生衝突的城市；這座城市的重要性在於，地理位置在希臘大陸和義大利的希臘殖民地之間的主要貿易路線。敍拉古的崛起勢力，以及西西里島在希臘世界中日益增加的戰略權重，使雅典捲入災難性的西西里遠征。雅典的勢力仰賴於通往黑海糧倉的重要航線，雅典人的安全取決於是否能阻止波斯人、馬其頓人以及其他競爭對手控制島嶼和港口——黑海糧倉由此進入雅典市場。

自然、機遇、人性、文化（包括社會和經濟發展）、個人心理以及歷史的軌跡，構成戰略家和治國者涉及的固有條件。歷史學家仔細地描述這些要素，並盡力強調其重要性，但他們的目標不只是分析人類事務。他們希望為未來的決策者提供有用的建議，因此試著理解不同的決策者如何應對命運的挑戰，以及瞭解有些人成功或失敗的原因。

對四位主要參與者中的三位來說，這些戰爭都是以悲劇收場。在伯羅奔尼撒戰爭中，雅典人一敗塗地；雖然斯巴達人獲勝了，但這種勝利很空洞。斯巴達人實現了戰爭的目標，卻無法扭轉歷史的發展——漸漸改變地中海地區，並剝奪希臘城邦的命運控制權。斯巴達戰勝雅典的事實，確保沒有任何希臘城邦在新興的地中海世界中變成「規則制定者」。在第二次布匿戰爭中，迦太基被擊敗，而羅馬為持久的霸權奠定了基礎，使非洲和西班牙原本的迦太基領土併入義大利和希臘化世界中，塑造出西方世界的政治、法律以及文化的未來。

II

伯羅奔尼撒戰爭在希臘歷史中的重要作用，很類似一戰對歐洲造成的影響。這兩場戰爭都使勝利者如同被征服者一樣筋疲力盡，並開啟文明危機和帝國衰落的時期。修昔底德沒有察覺到衝突引起的未來後果，但他明白當時處於文化與智識巔峰的雅典，其道德墮落與政治失敗，在整個說希臘語的世界中，投下了獲勝的斯巴達人無法消除的陰影。

科爾基拉是一座吸引科林斯（Corinth）、雅典以及斯巴達參與衝突的城市。[12] 外部參與者支持內部派系後，科爾基拉的社會和政治兩極化演變成失控的殘暴循環。城市內的寡頭政治派和民主派之間的仇恨和恐懼，比任何一方對外國人的恐懼更強烈。在繁榮的希臘前哨基地裡，市民的生活陷入了充滿屠殺和陰謀的漩渦。

這場悲劇在希臘的各個城市一再上演。同時，主要大國的敵對陸軍和海軍從西西里島到黑海留下了破壞的痕跡。古老的城市被夷為平地，成年男子遭到屠殺，而婦女和兒童都被賣作奴隸。西方世界曾經擁有的崇高文化，陷入了仇恨和憤怒的狂亂。建造帕德嫩神廟的民族殺害了米洛斯（Melos）的市民，勇於擊敗薛西斯（Xerxes）的城市卻向他的繼任者求助，目的是尋求波斯的幫助，對抗他們的希臘敵人。

這是錯綜複雜的故事。在戰爭的前夕，雅典是追求保守政策的革命性大國，而斯巴達是維持現狀的大國，但隨時準備發動修正主義的戰爭。雅典在希臘取得霸權，藉此在國外尋求安全的保障。斯巴達追求安全的保障，則是為了對抗日益崛起的雅典所帶來的後果，最終卻破壞了希臘的整體安全。

修昔底德寫過的名言指出，斯巴達人擔心雅典的勢力崛起，正是引起伯羅奔尼撒戰爭的根本原因。他的想法沒有錯，[13]然而，雅典人也有疑慮。他們致力於增強實力的政策引起斯巴達人的不滿，更反映出內心的擔憂。

雅典採取廣泛的方法來確保安全。阿提卡的貧瘠土壤無法支撐不斷增加的人口，而廉價糧食的最佳來源位於黑海沿岸。銀礦為雅典帶來足夠的財富，能支撐龐大的艦隊和貿易帝國，但是貿易的需求迫使雅典人踏上了引起斯巴達人嫉妒之路。當時，航海貿易比陸路貿易更便宜、更快速，不過，鑒於造船、天氣預報以及導航設備的技術限制，船隻比較適合短途旅程，也要盡量待在看得見陸地的地方。為了確保糧食供應，雅典需要控制中繼港口，也就是從拜占庭和黑海之外的地方，通過馬爾馬拉海和達達尼爾海峽，再延續到愛琴海的島嶼和大陸港口。

如果沒有龐大又活躍的艦隊，就無法保衛這個空間。同時，海上航線的安全取決於威懾或安撫強大的陸地國家，因為這些國家緊鄰著雅典所依賴的水路。在水路的歐洲一側，未開化國家、半未開化國家、半獨立國（例如馬其頓和色雷斯）的統治者讓雅典人很煩惱。在亞洲一側，波斯的威嚇勢力在四處衝擊著雅典人。除了海軍實力，雅典還需要足夠的陸地軍事實力，才能阻止這些鄰國干擾商業的活動。這般規模的軍事體制所費不貲，而且雅典無法獨自維持這些力量。

從現實面來看，尤其是需要制約有野心的波斯總督，衍生了提洛同盟（Delian League，後來被稱為雅典帝國）存在的需求。在伯羅奔尼撒戰爭爆發時，提洛同盟大約由一百五十個城邦組成，範圍從博斯普魯斯海峽延伸到亞得里亞海。帝國將最有戰略優勢的水路和沿海領土交由雅典人控管，而成員獻上的貢物為雅典提供了捍衛廣泛利益所需的資源。

從雅典的角度來看，帝國的發展和防禦對於尋求保衛希臘獨立的政策而言，是崇高、自然且必要的。然而，提洛同盟的成員憎恨雅典的鐵腕政策，因此他們不瞭解希臘的繁榮與雅典帝國的實力之間有什麼關聯。斯巴達的立場也是如此。[14]

如果雅典注定要藉著歷史和地理的條件而擴張，那麼斯巴達則是為保守主義而生。斯巴達位於遙遠的伯羅奔尼撒半島南部；依照希臘的標準來看，則是遠離海洋的內陸。在斯巴達的生活面，有一大批所謂的奴隸（說希臘語的世襲農民和受到制約的奴僕）在斯巴達定居地的肥沃土地上工作，為各自的主人效勞。奴隸的人數和斯巴達人的比例是七比一。偶爾會發生叛亂，因此奴隸既是斯巴達的重要成員，也是斯巴達的噩夢。[15] 他們的勞動能帶來財富，使自由的斯巴達人能夠把時間花在軍事訓練——創造出讓希臘驚奇又恐懼的斯巴達軍隊。為了控制奴隸，斯巴達人必須制定法律和體制，不斷保持警覺心和軍事紀律。

斯巴達的生活是根據雷克格斯（Lycurgus，有歷史依據並在傳說中加以闡述的人物）的法律所組織起來。他出現於伯羅奔尼撒戰爭發生前約三百至六百年間，對斯巴達的愛國主義、兵役以及自由的斯巴達公民之間的經濟平等有所貢獻。[16] 斯巴達的男孩都在六歲時離開母親，然後在艱苦的環境中持續接受多年的軍事訓練。撐過這個過程的倖存者，能成為古典希臘時期的優秀戰將。他們保衛溫泉關（Thermopylae）的功績是傳奇之一。

然而，擁有幾乎無敵的軍隊並沒有使斯巴達變成擴張主義的國家。相反的，長期的訓練意味著無法迅速培養斯巴達的新兵。斯巴達的人口基數只是更加都市化、以商業為導向之希臘城邦（例如雅典）的一小部分，因此，新兵的數量無法迅速補上戰爭中的傷亡人數。此外，斯巴達需要在城邦中維持大規模的軍隊，才能嚇阻奴隸。這使得斯巴達不願意參與遠離疆界的戰鬥，因此限制了參與外國戰役的士兵數量。

斯巴達生活的現實面，為對外政策增添了防禦傾向。他們不需要在愛琴海建立長途的貿易路線，只要波斯帝國不侵略希臘，斯巴達就不必與國王作對。古希臘政治秩序的轉變是由雅典帶領，已漸漸出現惡兆。斯巴達無法、也不願意建造一個能與雅典平起平坐的帝國，但也不甘願默默地看著雅典在希臘建立穩固的霸權。

雅典確保安全的邏輯以及希臘整體獨立的邏輯，與斯巴達確保安全的邏輯背道而馳。這使得雅典與斯巴達爆發戰爭的風險提高了。在雅典保護科爾基拉（發生叛變的科林斯殖民地，位於遙遠的西北部）之後，雅典的實力威脅到了斯巴達的重要盟友科林斯的地位，因此斯巴達別無選擇，只能發動戰爭。[17]

這兩個國家並沒有將彼此的衝突視為不可避免。雖然從戰爭爆發到雅典戰敗為止，這兩座城市的強大派系都主張妥協與和平，但這些努力一再失敗。

對雅典而言，還有另一個問題。這是伯里克里斯可以克服的問題，但他的繼任者辦不到。問題在於從一開始，伯羅奔尼撒戰爭涉及了兩種截然不同的衝突，雅典不只是在對抗斯巴達，也是為了在亞得里亞海及其周圍地區爭奪海軍和商業的支配權。

最初由科林斯建立的城市科爾基拉，已擁有強大的海軍，主要原因在於其地理位置位於亞得里亞海的希臘一側，最靠近義大利南部、西西里島等富饒的城市。在伯羅奔尼撒戰爭爆發前，據說科爾基拉有希臘的第三大海軍。雅典有陣容浩大的海軍，與科爾基拉聯合後，可以威懾斯巴達最重要的盟友：科林斯。[18] 科爾基拉和雅典之間的聯盟，大幅削弱科林斯在海上的地位，也削弱了科林斯作為重要貿易中心的地位。

這場戰爭迫使雅典和斯巴達陷入陌生的行為模式和思維。斯巴達的目標是守護本身在希臘的威望和榮譽，以及生活保障。為了打勝仗，斯巴達必須進行顯著的革命性變革。在勝利來臨之前，斯巴達派遣軍隊到希臘的大部分地區，並歡迎缺乏原則的雅典冒險家阿爾西比亞德斯（Alcibiades）加入內部的議會。斯巴達還接受了波斯的金幣，用來建立一支挑戰雅典的艦隊（範圍從西西里島到黑海），並且將艦隊交由萊山德（Lysander）管理。據說，萊山德算是半個奴隸，他使斯巴達的政策脫離傳統，轉向尋求在希臘擁有短暫的霸權。

伯里克里斯最初制定的雅典戰略，與雅典的精神不一致，就像萊山德的戰略不適合斯巴達。伯里克里斯瞭解到在戰爭的開端，現狀對雅典是有利的。每年，雅典的貿易帝國都變得更大、更富裕；每年，來自提洛同盟各城市的獻金都會流入雅典的金庫。新的城市對波斯和較大鄰國的恐懼感，會隨著時間引導他們加入雅典的勢力範圍。民主運動在希臘世界各地興起後，這些政府尋求雅典的保護。在雅典的支持下，他們可以抵禦反民主勢力重新掌權的企圖。為了鞏固地位，雅典需要消耗斯巴達，而不是征服斯巴達。在連接城市和比雷埃夫斯（Piraeus）海港的長城保護下，雅典可以對斯巴達發動小規模的襲擊，直到斯巴達人最終決定放棄戰爭。比較謹慎的戰爭策略還有另一個優勢，就是避免引起波斯的警戒。

困難點在於，謹慎的戰爭政策和雅典的戰爭派別傾向有所矛盾。直到戰爭結束時，雅典分為兩個派系：主張與斯巴達和解的寡頭政治（或主張貴族統治），以及致力於擴張政策的民主派。伯里克里斯有政治能力，可以讓寡頭政治家喪失權力，同時將自己的戰略觀點施加於民粹主義者。但是在他去世後，雅典沒有任何領袖像他一樣具備政治技能和戰略的遠見。[19]當戰爭變得困難重重，兩個派系漸漸變得更偏激。民主主義者在追求戰爭的過程中擺脫了拘束，而寡頭政治家最後願意接受戰敗的事實，前提是這能確保他們在母國保有權力。

雅典的各個派系基於各自在國內的經濟與政治利益，在不同的外交政策下結盟。主要的政黨大部分由都市商人、勞工以及水手組成，這些人的生活仰賴商業經濟和帝國。優秀的商人從國際貿易中致富後，能支持強大的海軍，用意是保護自己的貿易並擴大業務範圍。在進口商品壓低食品價格的方面，大多數的普通雅典人都能從帝國受益，而帝國的收入則是用於海軍（提供槳手在船上就業的機會）或公職（提供普通雅典人就業的機會）。

保守的寡頭政治家並不迷戀雅典的商業繁榮。儘管有些人找到了自己在新經濟型態中的位置，但許多有悠久歷史的雅典家族認為，土地才是他們的財富。貿易壓低他們的農產品價格，更多的高薪工作也減少雅典窮人對貴族的依賴。商業階級之間的強大政治對手紛紛出現，農業貴族、寡頭政治家以及重商主義的貿易經濟參與者之間的分歧，在整個希臘世界都存在，雅典和其他的地方也是如此。農業和貴族的傳統主義者傾向於同情斯巴達人的立場。

伯里克里斯的戰爭和政治策略很契合。斯巴達的戰術是，派遣最強大的兵力去對抗最強大的敵人：侵略阿提卡地區，並摧毀雅典的田地和農場。他們有充分的理由相信此戰術很有效，由於榮譽和利益的驅使，雅典人決定站出來捍衛自己的財產。斯巴達人通常會在戰鬥中擊敗他們，然後提出條件。伯里克里斯認為，讓斯巴達人輕易取勝並不划算，於是建議雅典人將兵力藏在城牆後面，其他土地則讓斯巴達人盡情蹂躪。擁有大量土地的雅典貴族並不贊同他的戰略，因為斯巴達人會燒毀他們的別墅和農場，使他們遭受最多的損失，他們的傳統榮譽感容不得「拒絕與斯巴達人正面對決」的懦弱行為。在伯里克里斯的核心支持者中，商業階級和都市大眾看到富有的寡頭政治家承受著斯巴達進攻的壓力時，可能不是完全站在反對的立場。此外，由於雅典擁有海上的主權，貿易照常進行。在海軍建設和船員裝備方面，戰爭時期的支出為許多選民帶來了工作機會。甚至連瘟疫也不能迫使伯里克里斯下台，或者迫使他修改政策。

事實證明，他的戰略所需要的節制條件讓雅典人難以承受，尤其是他在伯羅奔尼撒戰爭中因瘟疫而喪命。[20] 都市中的民主派希望積極地進行戰爭，並追求更大的戰爭目標，而不是伯里克里斯為了有限利益而追求的有限戰爭。伯里克里斯時代後期的戰爭政策，最精彩的部分是西西里遠征。當時，在斯巴達軍隊仍在戰場上的情況下，雅典擴大戰爭範圍的方式是進攻敍拉古——該富饒島嶼上最大的希臘殖民地。如果這次的遠征成功（根據修昔底德的說法，雅典人不只一次差點獲勝），雅典就能在希臘世界中成為東、西兩邊的主宰者，而且斯巴達遲早要讓步。[21]

修昔底德指責民主體制的反覆無常，但雅典的民主派一直戰鬥到最後。瘟疫、失去敘拉古、帝國內的叛亂、斯巴達艦隊的出現、波斯的干預以及內部衝突——這一切都無法擊垮雅典民主主義者的戰鬥精神。直到海軍被擊敗、城市被圍困時，雅典人才因為飢餓而投降。

民主體制缺乏的是制度上的一致性，而不是持久性。雅典城邦缺乏的是，羅馬共和國在與迦太基的競爭中所具備的深層制度，也缺乏羅馬具備的領導力深度和廣度。雅典是由個人領導，但也是被個人誤導。羅馬有許多優秀的將領和政治領袖，但羅馬政治的深度制度化性質，意味著羅馬不會過度依賴特定的領導者。如果一、兩位執政官失敗了，總是有其他人能馬上接替。

無論如何，斯巴達在伯羅奔尼撒戰爭中的勝利只是死胡同。對斯巴達而言，短暫的霸權時期在雅典投降後的十三年就結束了。當時，底比斯（Thebes）帶領的城邦聯盟將斯巴達的勢力限制在傳統的界限內。對希臘而言，後果更糟糕。一旦沒有強大的主導城邦或有效的城邦聯盟，希臘世界就無法在興起的超級大國時代中保持獨立。大部分的希臘地區被馬其頓王國的腓力（Philip）征服，最終被羅馬征服。勝利的雅典是否能夠建立強大的帝國，足以在強權政治中對抗馬其頓、迦太基以及羅馬，我們就不得而知了。但隨著雅典的崩潰，希臘強權的時代結束了。亞歷山大大帝的馬其頓帝國將希臘的學問和思想傳播到西亞和埃及，而希臘的文化隨著專制國王的軍隊移動，並且在往後的許多世紀中持續流傳。

III

如果修昔底德的主題是希臘世界的悲劇，那麼波利比烏斯的主題則是羅馬的勝利。我們可以肯定的是，波利比烏斯的最初人生目標，並不是記錄羅馬取得主宰地位的過程。與父親相似的是，他在亞該亞聯盟中擁有卓越的職業生涯。該聯盟是類似歐盟的主權聯盟，由伯羅奔尼撒半島的平等城邦組成，一度抵擋了馬其頓和羅馬的侵襲。羅馬擊敗該聯盟後，波利比烏斯被帶到羅馬作為著名的人質。這種身分使他漸漸熟悉了羅馬的生活和制度。他與朋友小西庇阿（養父普布利烏斯・科爾內利烏斯・西庇阿〔Publius Cornelius Scipio〕是大西庇阿的長子；大西庇阿曾經擊敗漢尼拔，並且在札馬戰役中結束第二次布匿戰爭）同行時，目睹了迦太基最終的失敗和隨後的城市劫掠。迦太基淪陷的西元前一四六年，標誌著亞該亞聯盟的最終失敗。當時，羅馬在科林斯戰役中大獲全勝，結束古代世界中的希臘獨立時代。[22]

根據波利比烏斯的歷史遠見，地中海地區全球化是很重要的現象。亞歷山大的征服行動使經濟與制度融合，在東方深深扎根，並迅速傳播到西方。起源於黎凡特（Levant）和希臘的農業、貿易以及都市生活的模式，也迅速被義大利和法國南部的高盧人，以及北非和西班牙的人民採納。地中海盆地有越來越多的人民生活在單一的經濟與政治環境中，而這個環境漸漸受到羅馬的支配。

如果我們比較伯羅奔尼撒戰爭和布匿戰爭中的主要參與者，就會發現一些相似之處。迦太基和雅典都是重商主義且善變；而羅馬和斯巴達起初都是陸地上的強國，後來為了對抗強大對手的海上實力，才開始創造艦隊。迦太基的領導風格充滿了個人魅力。在漢尼拔的攻擊下，羅馬帝國開始動搖時，帝國政治與修昔底德的描述很相似。在不同的城市中，擁有大量土地者和貴族階級都贊成與羅馬結盟，而「烏合之眾」和商人則都感受到了與迦太基結盟的吸引力。[23]

迦太基的勢力迅速崛起。當第一次布匿戰爭結束，迦太基被西西里島和薩丁尼亞島排除在外後，很快就在西班牙建立了強大的新勢力基地。此外，迦太基使不同的部落聚集成大聯盟，建立能刺激快速成長和發展的新城市。第二次布匿戰爭爆發時，迦太基處於比第一次布匿戰爭初期更強大的地位。當漢尼拔決定把握時機進攻羅馬時，他選擇了非傳統的路線——

穿越阿爾卑斯山。這條路線把他帶進山南高盧人的領地，這些倔強的高盧人都很憎恨羅馬人施加的壓力，並準備尋找新的聯盟。一連串出色的勝利在坎尼會戰（Battle of Cannae）達到巔峰。這場勝利趨近完美，以至於好幾代的將領試圖仿效。坎尼會戰不只摧毀了羅馬的軍隊，還損害了羅馬的聲譽，並且使漢尼拔以征服者的身分進入義大利的核心地帶。在羅馬的附庸盟友中，最富有且最重要的是卡普阿（Capua）。這座城市驅逐了羅馬的駐軍，並歡迎漢尼拔進駐。[24]

但漢尼拔失敗了。在將近二十年徒勞無功的遠征之後，他被迫返回北非，對抗古羅馬對迦太基故土的攻擊。對迦太基而言，第二次布匿戰爭的結果比第一次更糟糕。在迦太基最終淪陷前的幾年內，蒂朵（Dido）再也沒有恢復像以前一樣的勢力或財富。雖然波利比烏斯的文本很少有來自迦太基的資料，但我們手上的資料讓我們能夠得出結論：漢尼拔是優秀的軍事指揮官，但是他在國家戰略和治國方面很失敗。

與雅典相似的是，迦太基具備成功的條件，但最終也因為這些條件而遭受挫折。分散的迦太基體系賦予有企業家精神的領導者自由，例如哈斯德魯巴（Hasdrubal）和漢尼拔。在中央政府幾乎沒有監管或支援的情況下，這些戰爭領袖能把握機會擴大迦太基的勢力，並快速地在厄波羅河（Ebro）以南的西班牙大部分地區確立控制權。這種決策的分散性，很可能反映出迦太基文化與政治的商業基礎。就像威尼斯，迦太基是充滿商人和冒險家的城市，有好幾代自由的商人以非傳統的方式創造財富，遠遠超出當局的掌握範圍。迦太基城給予代理人更大的自由度，不像羅馬（或斯巴達）那樣高度制度化和受到法律的約束。但這種自由的代價是，在關鍵的時刻可能缺乏支援。

另一方面，羅馬是為了戰爭而做好具體的準備。在義大利中部，地理和政治的相互影響使羅馬別無選擇。義大利的土壤更肥沃、氣候更有利，地勢也不像希臘那麼多山，這意味著羅馬的四周都是妒火中燒的鄰國。自古以來，羅馬就經常與敵對的城市和城鎮發生衝突。更糟糕的是，義大利很容易遭到來自北方的侵襲。西元前三九〇年，在伯羅奔尼撒戰爭結束後的十年，凱爾特入侵者占領並燒毀羅馬城，然後在返回北方之前劫掠大量的黃金。羅馬後來變成周邊地區的重要城市，接著成為整個義大利的重要城市。這個過程經歷了幾個世紀的激烈競爭，對手包括實力相等或相近的競爭者。

在戰爭的磨練下，羅馬的文化和政治體制受到了衝突需求的影響。這些需求引導羅馬踏上與斯巴達不一樣的路徑。為了準備戰爭，羅馬需要具備兩項條件：一群受過專業訓練的領導者和軍官，以及有夠多的人口能組織規模龐大的軍隊，以備戰勝鄰國之需。為了保護這兩大群體，並管理他們之間的經濟與政治互動，羅馬人開始發展一套複雜的制度、習俗以及法律體系。這套體系需要專業的政治家和律師來操作和維護，並且在必要的時候加以調整，才能應對不斷變化的狀況。

除了這些條件和兵力，羅馬還發展出三種能力，成為當時最強大的勢力。首先，市民組成的軍隊在訓練、裝備以及接受領導方面（戰略或戰術），比起世界上的其他部隊更勝一籌。其次，市政機構夠強大且夠靈活，足以承受當時大多數城市發生革命或陷入危機的衝擊。第三，羅馬人在戰爭的進行方面發展出民族文化，影響到了精英決策者、普通市民以及士兵的思維。羅馬並不渴望戰爭，卻為戰爭做好了準備，目標是在戰爭中取得勝利。

羅馬政體及其傳統使費邊（約西元前二八〇至前二〇三年）和大西庇阿（西元前二三六至前一八三年）能夠擊敗漢尼拔，並且使羅馬成為地中海世界的霸主。這兩個人都來自羅馬的貴族家庭，具有悠久的戰略和治國才能傳統。他們都瞭解羅馬的政治和兵法，也都能夠運用羅馬政體的勢力來支持自己的目標。

費邊面臨了更艱難的任務。在漢尼拔的軍隊襲擊義大利，並摧毀在特拉西美諾湖戰役（Battle of Lake Trasimene）中的重要羅馬軍隊後，費邊認為對抗漢尼拔的方法是避免直接交戰，同時要突襲補給路線，並騷擾偏遠部隊。[25]這與羅馬的政策和應變措施背道而馳，直到坎尼發生災難，羅馬人才相信費邊的戰術能有效地對抗漢尼拔的威脅。[26]在義大利的其餘戰爭期間，羅馬採用這些戰術，並逐步消耗漢尼拔的軍隊，即便後者採取了某些行動，試圖抵消費邊的卓越領導優勢也徒勞無功。

然而，如果羅馬政體的適應力不強，或者帝國的勢力較弱，那麼這些戰術就不會奏效。戰爭初期的災難，導致羅馬的許多經驗豐富又能幹的士兵被殺害，或被逮捕。這些年也耗盡了羅馬的財政資源，使羅馬向許多有妒意的義大利城邦以及更遠的國家傳遞出了衰弱的信號。後者都希望在這種罕見的時刻，利用羅馬的脆弱。但，費邊在最嚴重的危機時刻穩住了羅馬的輿論。在他的領導下，即使羅馬在對抗漢尼拔的時候採取拖延行動，但羅馬還是能夠替換失去的軍隊，以及為不斷增加的戰爭費用向公民發放貸款，並展現足以威懾敵人的實力。

在這些重要的時期，許多同盟城市的忠誠度是羅馬獲得支援的主要因素之一。這並不是普遍的現象，有些城市選擇加入漢尼拔的陣營，最明顯的例子是卡普阿。然而，羅馬不曾遇過摧毀共和國的大規模叛變，因此，羅馬主要得益於其適度的統治與無情報復的傳聞。當時，羅馬的統治方式相對較容易忍受，同盟城市的貴族通常與有重要地位的羅馬人交往並結婚。除了稅收並不高，羅馬治世（Pax Romana）帶來的安全和繁榮生活，對於已熟悉戰爭的城邦而言很有吸引力。義大利城邦的民主要素在政治方面很薄弱，整體而言，這些要素不像在希臘城邦那麼有組織。在羅馬的支持下，加上本身擁有的資源和政治技巧，同盟城市的政治體制幾乎都能度過難關，直到羅馬的生存再度得到保障。

費邊的將領才能和他對羅馬政治與文化的理解，使他能夠辨識並追求拯救羅馬的途徑：免於漢尼拔入侵的第一次衝擊。羅馬體制的優勢，也確保他的戰略有充足的發揮時間。然而，這是一種抵抗和拒絕的戰略。最終，羅馬會希望獲得決定性的勝利，而這是費邊無法實現的。西庇阿能在致命的一擊發揮關鍵的作用，他會放棄費邊的策略，並且在參議院羞辱費邊。[27]

羅馬的制度優勢由此展現。如果費邊是純粹的個人主義統治者——按當時的說法，則是暴君，那麼他的觀點可以持續引導羅馬的戰略（即使他的觀點變得過時），或者他只能被不穩定的政治革命所取代，這將會分裂和削弱國家。[28]

當時三十一歲的西庇阿擔任執政官，自然傾向於支持更積極的戰略，並且在西西里島集結軍隊遠征北非。他相信，漢尼拔面對迦太基本身的威脅時，將不得不離開義大利。在隨後的辯論中，費邊利用漫長職涯中的威望去對抗新對手的計畫。雖然他成功地限制了遠征的資金，但西庇阿還是獲得參議院批准，得以出征非洲。西庇阿在西元前二〇四年到達非洲。如他所料，漢尼拔回頭去防守首都。在前二〇二年的札馬戰役中，西庇阿擊敗漢尼拔，隨後施加適度的和平條件給迦太基，結束了戰爭。

費邊和西庇阿之間的爭議，與尼西阿斯和阿爾西比亞德斯在早期戰爭中的西西里島遠征的鬥爭，有一些相似之處。雅典的解決方案讓謹慎的尼西阿斯掌控遠征——唯有大膽的行動才能成功。這導致雅典在戰爭中遭受莫大的損失，不只尼西阿斯喪命，阿爾西比亞德斯也被流放為叛徒。羅馬能夠利用費邊和西庇阿的才華，並裁定他們之間的衝突，突顯穩健的制度在戰爭中的重要性。

波利比烏斯將羅馬的勝利歸因於憲法（他指的是政治架構，而不是特定的書面文件）以及憲法衍生的文化。[29] 至今，他的憲法分析仍然具有重要性。在過去的兩千年，不斷有建國者想瞭解他的分析，期待以最適當的方式擬定制度。波利比烏斯指出君主制、貴族制以及民主制是已知世界中最普遍的三種政體，每種政體都融合了優點和缺點。他觀察到當時的羅馬憲法有效地結合這三種政體的要素：執政官（在緊急情況下則是獨裁者）代表君主制的政體；由富裕貴族組成的參議院，將貴族要素引進了統治方式；而人民大會和護民官則是更具有民主精神。這三種要素互相制衡，至少在某種程度上防止了像許多古代國家一樣的衰落和退步。

他的觀點很有見地。羅馬從憲法中汲取的動力和穩定性結合後，便是羅馬成功的決定性因素。但隨後幾年的歷史表明，太過關注羅馬憲法的優點，可能會使我們忽視其他對大國興衰很重要的因素。

波利比烏斯的方法面臨的問題是，他讚揚的羅馬憲法在第二次布匿戰爭結束後就開始瓦解了。大西庇阿的女兒科妮莉亞（Cornelia，格拉古兄弟之母）的兩位兒子都是政治家；這兩位兄弟被殺害之前，曾經利用民粹主義的要求，震撼羅馬世界。在隨後的幾年，貴族派和平民派之間的鬥爭逐步演變為屢次爆發的內戰和屠殺，直到建立元首制（Pincipate of Augustus Caesar）後才結束。對西元前二〇〇年的羅馬而言，保持穩定並提升實力的制度和法律在內戰時代毫無用處，無法預防共和國的崩潰。[30]

從共和國的危機到現在，關於羅馬憲政瓦解的討論通常遵循著一種傳統：將羅馬公民制度的失敗歸因於羅馬人的道德墮落——有一部分的原因是迦太基被摧毀後，羅馬獲得了可觀的財富。[31]但，道德墮落與大國淪陷之間的關聯，並不像一些人所認為的那麼簡單。

羅馬共和國淪陷的原因不只是羅馬人的道德墮落了，也因為政體的制度無法適應羅馬的狀況變化，其中有些變化是外部的。羅馬的安全所面臨的威脅減少後，整個社會就變得比較放鬆。從羅馬控制下的廣大領土中招募到的專業軍隊，比從漸漸不好戰的首都人口中招募到的公民軍隊更適合保衛帝國。隨著外部的威脅減少，透過複雜的法律與政治規範網絡來維持富人和窮人之間的制度平衡時，壓力也跟著降低了。許多觀察家指出，從自由農民維護的小農場轉變成奴隸維護的大農場後，古羅馬制度的政治與軍事基礎被破壞了。農民們都曾經讓健壯的兒子加入羅馬的軍隊，他們的選票有助於平衡富裕精英在羅馬政治中的影響力。

舊羅馬體制也不適用於管理龐大帝國的任務。適合城邦及其偏遠地區的制度，可以勉強擴展到的帝國部分，涵蓋了義大利南部的三分之二領土和一些西班牙的管轄地。但對於包括整個義大利、黎凡特、希臘、西班牙、北非、高盧等地的帝國而言，舊共和國的制度無法發揮作用。參議院和羅馬人民幾乎都忽視省份的利益。雖然元首制有缺點，卻比共和制更適合統治帝國。羅馬帝國在國際舞台上是強大的參與者，如同鼎盛時期的共和國。我們可以合理地主張，從共和制轉變為元首制讓羅馬政體展現健全和韌性的特性，而不是衰落的證據。羅馬重新創造自己，是為了適應共和政體成功後的結果。

IV

每一代人都會搜索過去的智慧，期待找到關於世界的獨特見解。如今，古代世界對西方決策者的最大貢獻是，他們如何詮釋戰略和治國方法之間的關係。對古代世界的人們來說，這兩種技巧密切相關且不可分割。成功，終究取決於國家的文化、制度的基礎、領導者的天賦（直覺的認知和實踐能力）、命運、機會等因素。治國的任務是發展優勢，並盡量增強某個政體的優勢，同時確保充分的政治支持能維持特定的國家戰略。戰略的任務是，以最可能保障政治共同體福祉的方式和目標，部署政治組織的資源。

治國方略主要是在國內政治的領域發揮作用，但國內政治永遠都無法脫離外交事務。在伯羅奔尼撒戰爭和第二次布匿戰爭期間，希臘和義大利充斥著與更廣泛衝突有關的國內革命和紛爭。無論在哪一座城市，不同的政治派系都認為國際競爭的過程與他們在母國的命運有關。寡頭政治家和貴族都支持斯巴達和羅馬，至於比較窮困的市民和重視商業利益者，則傾向於支持雅典和迦太基。更重要的是，內部的派系很歡迎外國勢力介入，他們更願意追求對抗國內敵人的安全感，其次才是整個國家的福祉。政治不是侷限於國內，外交政策是國內政治的另一種延續途徑。

說到底，戰略的問題幾乎總是與政治有關。伯里克里斯能夠將自己的戰略願景，強加給焦躁不安的雅典人嗎？斯巴達能夠克服傳統的慣性，成為海上強國嗎？羅馬會支持費邊的非正統戰略嗎？迦太基會在戰場上支持漢尼拔的軍隊嗎？如果缺乏必要的政治支持，即使有世界上最高明的戰略，也毫無用處。

在我們這個專業領域嚴重分化的時代，很多專家的童年時期都是在學術環境中度過。外交政策的制定者通常不瞭解美國人民的複雜文化和政治傾向，有時候甚至缺乏同情心。致力於美國內部政策的人員，也不太瞭解母國人民在母國能不能享有繁榮和安全的生活，取決於在國外的勢力和發展狀況。從古代歷史學家的觀點來看，這種分工情形不可能對獨立的政治實體有利。不只有美國遇到這種問題。整體而言，西方的民主國家都沒有培養出現代社會所需要的領導者。

當代世界越來越像古代人們所熟悉的地中海世界。有一部分原因是，全球化使國際政治變成了波利比烏斯當時描述的地中海地區：整合各種資源的競技場。無論政治在哪裡出現，不同的事件都互相關聯，一切都趨向於單一的結果。[32] 中國面對新冠肺炎的應對措施是封城，卻導致德國的工廠停業；俄羅斯對烏克蘭造成的威脅，影響到了日本的國防評估；在中東發生的事件，影響到了東亞的權力平衡。

就像修昔底德的時代，大國的競爭涉及意識形態。蘇聯解體後，促成了民主政體的發展。後來，美國的外交政策迷失方向，民主政體在國際間的範圍縮小了。民主國家和反民主國家都認為，意識形態是很重要的戰略工具。在較小的國家中，民主派系和反民主派系會尋求有共同政治價值觀的外力支援。

資訊革命已消除國際和國內之間的明顯障礙。網際網路讓遠程操作得以實現，西伯利亞的駭客可以在百慕達搶劫銀行；外國政府可以取得全球各地的個人、企業以及政府的機密情報，並干擾其運作。越來越多的戰略計畫不得不將新的現實面納入考量，畢竟母國是發生衝突的主要戰區。

二十一世紀的優秀戰略家和治國者，與伯里克里斯、萊山德、漢尼拔、費邊、西庇阿等領導者有更多的共同點，反而比較不像近年來出現的經理型政治家和技術型規劃師。對他們來說，認識文化、歷史以及當代的技術，比嘗試將國際制度理論化來得更重要。二十一世紀的參與者都需要直觀地理解同胞和對手的心理，也需要知道如何從有疑慮、且經常感到害怕的民眾中贏得長久的信任，他們還需要具備年輕人在學術界很難學習到的成熟態度。

在短期內，戰略家和治國者都需要重新調整自己的期望（嚮往更像修昔底德所描述的世界，而不是已超越歷史性衝突的世界），並修改政策。從長遠來看，我們應該要改革流程，才能培養新一代的西方治國者和戰略家，這是我們的當務之急。鼓勵人們研究古代的歷史學家，正是這條重要路徑的第一步。

Chapter

3

孫武與永恆的戰略邏輯

吉原恆淑（**Toshi Yoshihara**）是戰略與預算評估中心的資深研究員。他曾經在美國海軍戰爭學院擔任亞太研究系的約翰・伯倫教授（John A. van Beuren Chair），合著有《太平洋的紅星：中國崛起與美國海事戰略的挑戰》（Red Star over the Pacific: China's Rise and the Challenge to U.S. Maritime Strategy）。

孫武的《孫子兵法》被視為世界上最多人閱讀的古代兵書。顧名思義，「孫子兵法」的意思就是孫武的軍事學。兩千多年前，這部作品從口頭敘事的傳統轉變為書面形式。文本可能是在幾十年內、由幾位管理者慢慢累積拼湊而成。該書包含了約六千六百多個中文字，敘述簡潔。內文中有許多格言和難以理解的詞語，被譽為作戰智慧的濃縮精華。[1]

《孫子兵法》的起源鮮為人知，不像克勞塞維茲的《戰爭論》、約米尼的《兵法》、毛澤東的《論持久戰》等能夠明確地歸因於具體時間和背景下的歷史人物。這並不是由同一位作者編寫的書，內文中的觀點也不專屬於孫武。事實上，這本選集傳達了姓名不詳者的集體智慧，他們屬於古代中國軍事思想的新興學派。由於《孫子兵法》的起源不明，現代讀者可能會覺得內文中有許多需要分析的挑戰。

該書的準則、文化以及語言，與西方和當代中國的作品顯然不同。讀者可以在不參考上下文的語境下閱讀該書的格言，也可以將二十一世紀詮釋的意義投射到這些格言上，可以挑選一些短句，然後應用到合適的情境裡。《孫子兵法》已遭到濫用，脫離了歷史背景和最初編寫的用途。西方作家將《孫子兵法》廣泛應用於商業、醫學、人際關係等領域。

對戰略研究領域的學者而言，《孫子兵法》的傳播很有問題——如果一切都能被視為戰略，那麼戰略就失去了獨特的價值。本章的宗旨是凸顯古代文本在戰略領域中的重要性。具體來說，本章評估《孫子兵法》如何幫助西方人更瞭解治國方略、戰略以及戰爭。為此，本章探討兩個重要的問題：《孫子兵法》如何說明戰略是通用的概念？《孫子兵法》如何談論中國戰略的特點？為了探討這兩個問題，本章先結合軍事論述和歷史背景，得出有趣的理論概述——關於《孫子兵法》的真正用意。接著，本章探討一些涉及戰略通用邏輯的「精選孫武概念」。最後，本章評估《孫子兵法》在多大程度上反映了獨特的中國軍事傳統。

I

傳統上，後人認為《孫子兵法》的作者是孫武。孫武是中國古代的重要人物，後人尊稱他為東方兵聖。據說，孫武是春秋時期後期（西元前六世紀晚期或前五世紀初期）的人物，與孔子屬於同一個時代。但傳記的描述不完整，有關他的生平資訊並不多。孫武是來自東北齊國（位於現在的山東省）的偉大軍事戰略家，曾經逃離故鄉，尋求吳國的庇護。吳國位於長江以南，由吳王闔閭統治。闔閭得知孫武的軍事技能後，給了他一次展現能力的機會。在著名的虛構故事中，孫武同意闔閭的請求，開始試著訓練宮女。即使闔閭反對，孫武還是下令將他最喜歡的兩位妃子斬首，嚇到了其他的宮女，目的是使她們聽從號令。闔閭對孫武的威嚴印象深刻，因此選擇讓他領導吳國的軍隊。

吳國的上將軍伍子胥是來自楚國的難民。他與孫武聯手加強了吳國的實力。最後，兩人帶領吳國的軍隊擊敗西邊強大的楚國。多虧孫武和伍子胥的優秀管理方法，吳國才能變得強大，並威嚇北邊的齊國、晉國等大國。這些留給後人的生平紀錄很不明確，從十世紀的宋朝開始，人們對孫武的故事和他是否存在過的真實性感到疑惑。時至今日，許多學者仍在針對孫武的身分和生平進行辯論。在沒有具體證據的情況下，他的資訊依然充滿謎團。

《孫子兵法》很可能是在戰國時期的晚期（西元前四七五至前二二一年）完成，至少是在孫武所處的春秋時期結束後的一個世紀左右才編寫。這部作品的焦點是由幾十萬個農民所組成的大軍隊——戰國時期的獨特現象。大規模徵兵的時代，很需要國家在行政、後勤以及創造收入方面有顯著的擴張，才能聚集、控管和引導龐大的兵力。調動、訓練以及徵召士兵，變成帶兵打仗的核心，並且在國家和社會之間帶來影響深遠的變化。新的社會階級——軍事專家出現後，開始引導越來越複雜的管理方式。戰國時期有大規模生產的標準化鐵製兵器，裝備於龐大的軍隊，這些兵器在強度和鋒利度方面都勝過青銅器時代。騎兵和石弓的引進，導致戰場上出現前所未有的殘殺。此外，每個人都能輕易學會使用石弓，使得指揮官能夠迅速、且大規模地進行培訓，將農村的男孩訓練成破壞力十足的步兵。

在春秋時期之初，戰爭和指揮屬於貴族的事務。將軍的職位是依據皇室血統指派，而不是專業的才幹；駕著戰車的貴族們進行儀式性的戰鬥，戰場上的傷亡便如同祭品。春秋時期的軍隊規模很小，平均人數不超過一萬人；他們在每一季進行短暫的有限戰爭，而戰國時期的軍隊則是全年都在戰鬥。春秋時期的「戰車配步兵」陣形通常很鬆散，主要是由持長矛的步兵追隨貴族的戰車而組成，早期並沒有用石弓發射的箭矢（有鐵製箭頭）。戰爭性質的明顯差異，證明《孫子兵法》的編纂時間比一般人認為的更晚。梅維恆（Victor Mair）說過：「《孫子兵法》提到的戰爭模式、戰術、指揮、戰略規劃以及兵器，皆與春秋時期無關，但與戰國時期相符。」[2]

我們探討的重點，並不是要判斷孫武的真實性或其作品所屬的年代，而是提出有趣的假設：《孫子兵法》的最初用途是，闡明軍事革命震撼了戰國時期的中國。安德魯．邁爾（Andrew Meyer）和安德魯．威爾森（Andrew Wilson）認為，《孫子兵法》的作者們將孫武的軍事學理從他們所處的戰國時期，倒推投射到春秋時期，就像二十一世紀的作者代寫尤利西斯．格蘭特（Ulysses S. Grant）的回憶錄。邁爾和威爾森解釋，這種「有目的性的時代錯位」是一種文學技巧。[3]他們認為《孫子兵法》的作者們聲稱孫武是與孔子同時代的人，並賦予他「兵聖」的尊稱，是為了合理化自己提出的論點。此外，他們將謎一般的《孫子兵法》和上述作者們的軍事資歷，描述成在道德上等同於孔子和其他的偉大哲學家——對軍事抱持著懷疑的態度。如此一來，後來談論《孫子兵法》的作家，就可以把過去的權威當成一種分析性的掩護，對自己當時關注的問題進行評判。

邁爾和威爾森進一步聲稱，《孫子兵法》的作者們利用迂迴的辯論法，提倡脫離過去的軍事實務。如前文提到的，戰國時期出現戰爭性質的重大轉變，需要專業的軍事階級去審視大規模戰爭的複雜性。當時的主要國家都無法仰賴貴族，畢竟他們的世襲資格不足以應對不斷增加的戰爭規模。然而，將軍事權力授予貴族的戰略傳統，已證明是難以改變的。《孫子兵法》描述聰慧的將領時，有一部分是為了強調專業的軍事階級，以削弱貴族對軍中事務的影響力。邁爾和威爾森認為，《孫子兵法》的宗旨是促成一種新模式：注重指揮官的理性和認知能力，並創造新的將領角色。[4] 因此，《孫子兵法》可以被視為顛覆性的文本，旨在取代政治上根深蒂固的貴族。

這部軍事論著的詮釋方式，有力地提醒我們：在戰國時期，《孫子兵法》是資源更多的政治、社會、經濟以及技術力量的產物與回響。該書結合的歷史背景重申霍華德的見解：瞭解戰爭時，必須考慮到作戰、後勤、社會、戰略的技術層面，以及這些要素之間的相互影響。[5] 就像法國的大規模徵兵轉變了國家用前所未有的規模，在歐洲發動戰爭的能力，徵兵制、煉鐵技術的出現以及擴大的國家權力，也在古代的中國引發了自相殘殺的戰爭。

II

雖然《孫子兵法》源自中國古代的獨特智慧、政治以及歷史背景，但文本也展現了跨越國界和文化的戰略邏輯。該書探討的重點包括，普遍的戰略原則應該引起決策者和指揮官的共鳴，無論是過去或現在都一樣。因此，《孫子兵法》吸引了中國、亞洲、甚或世界各地和世世代代的擁護者。其吸引力主要不在於他的起源或作者們的假定意圖，而是為戰略實踐者提供的潛在適用性。布拉福·李（Bradford Lee）建議：「戰略家應該以務實的前瞻性方式使用文本，而不是讓文本以回顧式的文獻學方法探討戰略家。」[6]

《孫子兵法》的開場白清楚地表明，關於戰爭的問題對國家的福祉和生存都很重要，因此我們應該仔細地審視戰爭，錯誤地判斷戰爭可能會導致毀滅。因此，《孫子兵法》強調了從各方面研究戰爭的智慧力量。在考量軍事方面，《孫子兵法》最重要的貢獻在於，對合理的行動和理性的計算都有所堅持。位處頂端的指揮官的判斷，並非訴諸於占卜之流的超自然力量，而是針對安全的環境、力量的平衡、道德因素、選擇、行動方針、機率、成本、能力等進行冷靜又客觀的詳細評估。拉爾夫·索耶（Ralph Sawyer）說過：「孫武強調，除非國家受到威脅，否則不該發動戰爭。倉促、擔心被貶低為懦夫，以及個人情感——例如：憤怒和仇恨，都不應該負面地影響到國家和指揮的決策。」[7] 簡而言之，《孫子兵法》提倡精明的戰略方法，專注於提升國家的利益。

《孫子兵法》呼籲政治家和指揮官都要謹慎地結合手段和目標，才能確保戰爭的目標不會浪費或偏離可用於實現目標的手段。[8] 該書多著墨在戰爭的成本及其對國家的削弱效應。一場戰爭對資源的消耗量很大，可能使衰弱的國家面臨嚴重的危險。古代中國的內戰經常為掠奪性的國家提供機會，讓他們能利用敵人因長期衝突而筋疲力盡的情況。在爭奪主權的競爭中，失敗可能會導致滅亡。這種無情的環境，說明為什麼《孫子兵法》要提出戰爭如何犧牲血汗和財富的疑慮，並警告軍隊不要陷入長時間的衝突，以及密切關注士氣的原因。國家必須不斷注意稀有資源的消耗，由此導出的結論是，必須以最低的代價取勝。換句話說，國家必須在求生存的馬拉松比賽中儲存能量。在長期的鬥爭中，對成本保持敏感是成功的關鍵。

《孫子兵法》進一步鼓勵戰略家仔細地評估五大基本要素——人民的意願、天氣、地形、指揮以及政策，也要瞭解自己和敵人，包括彼此的優勢和劣勢。對戰略平衡的密切研究，是參與網絡評估（net assessment）過程的人應該立即認識的方法，對兵力相關性的評估，可以帶來關於比較優勢的見解。這些研究結果可用來瞭解競爭性策略，使自身的優勢能夠持續對抗對手的結構性弱點，並且向對手提出對自己有利的條件。有效的競爭策略取決於對敵人的深入瞭解，以及高度的自我意識。政治家和指揮官必須具備智力素養，才能深入研究與勝利相關的所有因素。戰略實踐者必須保持活躍的思維。

《孫子兵法》大力強調戰爭中的「先見之明」——既不神奇，也不神祕。安樂哲（Roger Ames）解釋：「先見之明是一種智慧。指揮官需要理解哪些狀況會影響到當地的情況，也需要意識到未來的可能性，以及有能力處理目前的情況，目的是實現嚮往的未來。」[9] 這種認知過程促成了替代行動方案中的選擇。當代戰略家認為這是批判性分析，也就是與事實相反的推理方式：提出備選的策略，以實現預期的政治結果。追求先見之明的過程，驅使指揮官盡可能取得資訊和情報，目的是經由合理的過程，最終做出理想的決策。

克勞塞維茲的《戰爭論》和《孫子兵法》之間有明顯的辯證關係，能強化戰略的通用邏輯。《孫子兵法》支持瓦解敵人的戰略和聯盟，而不是攻擊敵人的軍隊或城市，這一點與克勞塞維茲支持摧毀敵人的軍隊形成鮮明的對比，正是致勝的關鍵。《孫子兵法》描述的戰略層次，似乎有助於實現政策目標的非暴力治國手段。然而，從這樣的角度去理解《孫子兵法》就太過狹隘了。攻擊敵人的戰略既涉及戰爭，也涉及和平時期的謀略。布拉福．李認為

《孫子兵法》鼓勵戰略家構想出可以「引誘敵人陷入自我毀滅」的作戰概念，[10]例如，叛軍在叛亂中採取的戰術是，煽動反叛亂者展開報復。由於現任政府的合法性取決於當地居民的支持，此舉會導致當地居民不再信任政府。

用非軍事的方式攻擊敵人的戰略，應該被視為在戰場上做出決策前所採取的補充措施。《孫子兵法》明確地指出，如果威懾方法失敗，指揮官應該果斷地對敵人進行破壞性的打擊。與克勞塞維茲的見解相似的是，《孫子兵法》認定外交（包括強制性質）、宣傳活動、政治攻擊、間諜技巧以及經濟措施，在戰爭之前、期間和結束後都能發揮作用。例如，在國共內戰期間，共產黨的特務引起大規模的叛逃和投降現象，揭開了國民黨的作戰計畫，也促成毛澤東的軍隊在戰場上取得決定性的勝利。因此，《孫子兵法》能幫助戰略家以超越軍事手段的角度思考。

《孫子兵法》描述軍民關係的方式，似乎違背克勞塞維茲主張的原則——政策和政治應該主導戰略，包含構想和執行方式。對克勞塞維茲而言，所有的軍務都具有政策與政治的意義，包括戰術的細節。相比之下，《孫子兵法》明確地聲明，在某些情況下，如果戰場上的指揮官認為遵守君王的號令對作戰不利，則不需要聽從。當然，古代的通訊狀況阻礙了君王的意願和指揮官的計畫之間的及時互動和適應能力。這說明《孫子兵法》對首都的干涉有矛盾的看法。更重要的是，《孫子兵法》闡明在任何衝突中，戰爭目標和實現這些目標所需的作戰計畫之間，難免會形成緊張的關係。段落中關於將領的權力部分，即使不按字面意義閱讀，內容也指出了軍事制度的普遍傾向。軍隊是獨立的單位，傾向於守護所屬的專業領域，其抵制或憎恨政治干涉的自然傾向，很容易辨認得出來。

克勞塞維茲和《孫子兵法》之間的最大差異在於，情報的效力、騙術以及戰爭中的高明計策。克勞塞維茲悲觀地看待情報的可靠性、指揮官欺騙的能力以及出奇制勝的能力；《孫子兵法》則是很重視這些戰爭的手段。畢竟，《孫子兵法》提到：「兵者，詭道也。」該書進一步建議政治家和指揮官要「知己知彼」，才能確保在戰場上獲勝。邁克爾·漢德爾（Michael Handel）將這些差異歸因於，每一種文本主張的戰略層面不同。[11] 例如，克勞塞維茲主要關心戰術和作戰層面的戰爭，而《孫子兵法》考慮的是更廣泛的政治、戰略以及武力衝突的戰前要素。在更高層次的戰略中，欺騙可以發揮效果，而情報有也有其價值。簡單來說，這兩種觀點在戰略研究的方面並非水火不容，而是相得益彰。

鑑於《孫子兵法》引起許多人的共鳴，該書已在西方被用作傳授戰略的教學工具。《孫子兵法》被視為傳統戰略思維的主要部分，在美國的許多專業軍事教育機構中也是核心課程的重要部分。美國海軍戰爭學院的戰略課程，將克勞塞維茲的《戰爭論》和《孫子兵法》當作其餘課程依賴的基礎戰略理論。這種結合方式，讓兩位戰爭大師之間的建設性對話能夠分辨不同戰略方法的優點（或缺點），並闡明戰略的持久原則。這兩種文本提供有用的分析對照，重現當代美國國防戰略的重要辯論。關於操控戰場的能力，克勞塞維茲的悲觀態度和《孫子兵法》的樂觀態度，很類似於二十一世紀初期的改革信徒，與質疑情報力量能徹底改變戰爭方式的人之間的交流。[12]

一九九〇年代，在關於美國軍事戰略和學說的辯論中，《孫子兵法》的普遍性顯而易見。那十年期間，美國迅速打贏了對抗薩達姆・海珊（Saddam Hussein）的有限戰爭，並且在塞爾維亞和科索沃的上空實現了無傷亡的勝利。精準打擊（precision strike）和現代感應器的結合，再加上資訊革命，使美國軍方能夠以前所未有的精確度和破壞力，在戰場上觀察、發現、瞄準、鎖定以及攻擊敵人。在中東和東南歐地區，作戰功績產生了能預測軍事革命的小型產業。科技的力量能消除戰爭迷霧，還能為美國軍隊提供虛擬的全知觀點，讓熱衷者讚不絕口。[13]

美國在二十一世紀初期展開了防禦變革，旨在大幅提升基於情報的軍事革命潛力。二〇〇〇年六月，美國參謀長聯席會議發表《二〇二〇年聯戰願景》（Joint Vision 2020），貼切地體現了言談之間對戰爭抱持的孫武式樂觀態度。[14] 這份報告的宗旨是：「從廣義的角度，描述聯合作戰的部隊在各種軍事行動中獲勝，以及在二〇二〇年以後完成任務所需的作戰能力和人力資本。」首要目標是實現「全面優勢」，旨在傳達品質方面的優越性，在任何作戰的情境中都能擊敗對手。該報告指出，這種優勢是由優質的情報和知識支持，有可能在戰爭中做出比對手更佳的決策，執行的速度也比對手更快。這種「決策優勢」使軍隊能夠塑造局面，並創造摩擦性的不平衡（frictional imbalance），因此在任何衝突中，固有的摩擦對敵人的影響比我方軍隊更大。根據這種推論方式，只要美國的行動和反應比對手更快，並迫使敵人面對一系列快速發展的事件，便能夠戰勝敵人。

《二〇二〇年聯戰願景》將軍事演習視為打贏未來戰爭的核心作戰概念，並呼籲軍隊為「優勢機動」做好準備，意思就是以無與倫比的速度行動，獲得戰鬥位置的優勢。該報告指出：「快速集結部隊和分散部隊的效果，使聯合作戰部隊的指揮官能夠在適當的時間和地點掌控戰場。」當地的指揮官能夠按照自己的意願，集結、調度、撤退、移動、進攻以及分散部隊，賦予部隊作戰與戰術的重要主動權。敵人將別無選擇，只能被動地對事件做出反應。報告進一步表示，在運用靈活且難以抗拒的兵力方面，光是潛力就能改變對手的評估方式。願景的籌劃者聲稱：「除了部隊實際存在的力量，優勢機動能影響對手的思維……例如，在衝突中，具備或預期具有重要兵力，很可能會導致敵人在稍微抵抗之後就投降。」簡而言之，美國的軍隊能變得強大，以威嚇的手段使對手放下武器。

該報告顯露的野心和抱負，反映出一九九〇年代和二十一世紀初期的時代精神。相信科技的力量能收集和處理資訊，對未來戰爭的願景很重要。這種信念帶有傲慢的傾向，展現了在戰爭的性質出現重大變化時，孫武的箴言很有說服力。追求情報優勢，與《孫子兵法》倡導的先見之明頗為相似。二十一世紀的指揮官應該要能迫使對手遵守戰鬥的條件，這一點與《孫子兵法》提到的原則相符：「勝兵先勝而後求戰，敗兵先戰而後求勝。」[15]優勢機動賦予了孫武般的力量，使敵人無法猜測到戰鬥發生的地點，然後陷入困惑。如果勢不可擋的美國軍隊能威嚇敵人投降，則能帶來不戰而勝的希望。

《孫子兵法》對新世紀初期的美國國防體制有多大的影響，尚不明確。但美國軍方欣然接受孫武的理念，尤其是指揮官能夠應對戰爭中的困惑、衝突以及不確定性，展現了孫武對戰爭的樂觀態度並不侷限於東方或中國的特點。沉浸於西方思想的軍隊，也很容易受到《孫子兵法》的獨特邏輯影響。此外，在美國軍事的思想史中，這段時期證明了《孫子兵法》的理論既有好處，也有壞處。一方面，《孫子兵法》建議如何擺脫克勞塞維茲描述的情況——雙方陷入激烈的戰鬥，也都堅決要求對方屈服。從這個觀點來看，如果可以有創意地應用速度、部署、策略以及情報，則能突破共同陷入惡鬥和僵局的循環。另一方面，《孫子兵法》

推測在實力懸殊的比賽中，好鬥者可以輕易地擊敗意志不堅的對手。這種觀點扭曲了戰爭的本質，諸如此類的謬誤出現在《二〇二〇年聯戰願景》之中。因此，《孫子兵法》的吸引力和分析性的陷阱，猶如不受國籍限制的警世寓言。

III

《孫子兵法》普及化的另一面是，古代文本的「中國特性」。近幾十年來，西方學術界試著從《孫子兵法》中尋找「中式戰爭」的證據——更有抱負的說法是「中國戰略思想體系」。[16] 尋找中國軍事的傳統前，基礎理念是：對國家有重大影響的軍事經驗和教訓，能夠對考慮使用武力的精英產生持久的影響力。這種「思維印記」很像DNA，會隨著時間而保留下來，並影響決策者思考武力的方式。國家的領導者對武力有根深蒂固的信念，因此能展現出獨特的軍事思維模式。

關於中國是否展現了獨特的戰爭方式，這場辯論圍繞著戰略文化的概念打轉。我們可以將戰略文化定義為：國家安全相關成員共享的信念和價值觀，是關於武力的效力、作用以及使用方式。有一部分共同的信念和價值觀是來自過去的遺緒，能確立國家應該如何用武力應對安全風險的優先順序。戰略文化的理論提出的假設是，關於武力的信念和價值觀在一段時間內相對穩定，並且對當代政治家和指揮官如何思考和使用武力有明顯的影響力。相反的，如果政治家和指揮官表現出對武力的偏好，這種偏好很可能與持續存在的信念和價值觀有關。根據這套理論，瞭解國家的戰略文化可以幫助我們分析如何使用武力，以應對未來安全的威脅。

學者將戰略文化應用在確立中國的戰爭傾向時，經常會參考經典的東方軍事文本，包括《孫子兵法》。他們認為，《孫子兵法》和其他的作品體現了關於武力的長期信念和價值觀。這些信念和價值觀已經代代相傳和廣為傳播，也被視為中國戰略家的智慧。費正清（John King Fairbank）領導的學派有一些人追隨；該學派聲稱，中國的戰略文化揭露了不願意將武力當成治國手段的強烈傾向。費正清在一九七〇年代初期寫作時，提出此觀點：「中國的戰爭方式，貶低用暴力解決國際爭端的效果。」他認為在中國經驗中獨特的武力使用方面，《孫子兵法》反映了特定的思維與行動習慣。具體來說，費正清認為中國傳統裡的和平主義偏見源自儒家思想，也是中國王朝的道德、規範以及政治秩序的基礎。此外，他認為這種「輕視使用暴力的強制手段」的觀點可以從《孫子兵法》中找到。費正清表示：

孫武明確地指出，暴力只是戰爭的一部分，甚至不是主要部分。戰爭的目標是征服對手，最終使對手改變態度，並說服其順從。最好的手段必定符合經濟效益：透過欺騙、出奇制勝，以及使對手盲目地追求不切實際的目標，最終讓對手意識到自己的劣勢，導致其主動投降或退縮，雙方甚至不必交戰。[17]

《孫子兵法》的著名準則似乎呼應了費正清的假設。另外，《孫子兵法》強調：「不戰而屈人之兵，善之善者也。」《孫子兵法》還進一步主張：「故善用兵者，屈人之兵而非戰也，拔人之城而非攻也，毀人之國而非久也，必以全爭於天下。」[18]如前所述，在擊敗對手的戰略層次方面，《孫子兵法》似乎支持非軍事手段，包括攻擊敵人的戰略和盟友。相關的推論結果都很符合《孫子兵法》反對使用暴力的概念，例如強調欺騙、出奇制勝、計謀、打擊敵人的弱點。

另一個學派的觀點是由阿拉斯泰爾・伊恩・約翰斯頓（Alastair Iain Johnston）代表。他認為，中國的戰略文化認同使用武力去實現政策的目標；他也發現，《孫子兵法》講述的故事與費正清所說的中國思維習慣截然不同。約翰斯頓將古代中國文獻中的儒家倫理貶低為華麗的詞藻，潛藏著「現實政治」的世界觀。根據這種詮釋方式，中國的軍事經典作品都表明了使用武力非常有效，包括《孫子兵法》。這些作品不贊同迴避暴力，而是鼓勵大規模應用武力，作為治國的正規手段。如同其他的中國軍事經典作品，《孫子兵法》也提出了此理念：「夫兵形象水，水之形，避高而趨下，兵之形，避實而擊虛。」[19]該書也支持大量使用暴力。《孫子兵法》呼籲利用欺騙、計謀、出奇制勝以及其他的非軍事手段，旨在襯托毀滅性武力的使用，而非取而代之。約翰斯頓解釋：

最終，正是這種大規模利用武力攻擊敵人的方式，才能直接創造勝利的可能性。只有在從優勢位置進攻的過程中，戰略才會發揮作用。換句話說，政治和軍事的詭計、騙術都是削弱或耗盡對手的要素，而非徹底擊敗對手並使其屈服的手段。[20]

約翰斯頓進一步否定中國過去迴避武力的觀點。他引用中國的研究，說明內部的衝突和戰爭一直都是中國歷史的一部分，包括遠征戰爭。從西元前一一〇〇到一九一一年，中國參與了將近三千八百場戰爭。光在明朝時期，中國統治者就在大約二百七十年內，每年打一、兩場外部戰爭。[21]索耶堅信：「從古代到清朝，中國的戰爭頻率極高，至少每隔十八個月就有一次值得記錄的武裝衝突，每隔幾年就有一場重大的戰鬥，每十年就有一場大規模的持久戰。」[22]他還提到：「中國自建國以來，就不斷定期對外進行侵略性的戰爭，對抗鄰近的民族和外國。」[23]其中，許多場戰爭導致中國的敵手慘敗、屈服或滅絕。這絕非和平主義的歷史紀錄。

相同思想的文獻能引導認真的學者得出相反的結論，這一點證明了《孫子兵法》的可塑性。至於《孫子兵法》的可塑性，則引起了重新詮釋和新的假設，使辯論持續下去。關於「中國遵循非暴力的觀點」，已證實經得起考驗。馮慧雲（Huiyun Feng）將費正清的看法帶進二十一世紀。她表示：「《孫子兵法》的哲學基礎仍然是儒家思想。換句話說，孫武保留了中國的特色。他對兵法的陳述，保持了具有中國特色的戰略和戰術傾向。」[24]她認為《孫子兵法》表達的典型儒家世界觀是，不贊成使用武力，而是將武力視為不得已的最後手段，並重視防禦策略。由於《孫子兵法》讓讀者得出了難以反駁的推論，該文本不太可能解決「中國長期相信武力有效」所引起的僵局。

IV

除了討論中國對武力的看法，西方學者還研究《孫子兵法》的核心概念是否反映了中國獨特的作戰方法和戰術。[25]其中，「勢」的概念在西方引起許多人的興趣，梅維恆將勢描述為不可言喻的概念；安樂哲將勢描述為中國傳統特有的複雜概念，而且無法按字面翻譯。[26]索耶也贊同，並且將勢描述為需要深入研究的複雜戰略概念。[27]在不同的情境中，勢的概念傳達不同的含義，因此有多種版本的翻譯，包括權力的戰略配置、戰略優勢、潛力、布局、精力以及戰鬥力。[28]值得注意的是，有一項研究沒有直接翻譯勢，而是保留其羅馬拼音shi。[29]

《孫子兵法》使用了四個生動的隱喻來表達勢的含義。其中一個是比喻為湍急的水流，水勢大到能把巨石沖走，突顯了推動力；另一個是將勢比喻為老鷹俯衝，以迅猛的速度弄斷獵物的脊椎。老鷹的敏捷度和精準度，加上牠俯衝的速度，可以造成致命的打擊。還有一個隱喻是將勢比作滿弓待發的蓄勢能量，準備射出，暗喻潛在能量的累積，等著對攻擊目標釋放毀滅性的力量。最後一個隱喻是將勢比作從山頂上滾下來的圓石，這個暗喻結合潛伏的力量和動力：圓石滾下來後，得到了破壞性的力量。這些隱喻傳達了將水（柔軟）、鳥（輕巧）、箭（輕巧）或石頭（不動）轉變成強而有力的事物。

索耶將勢定義為權力的戰略配置，認為勢是從定位和質量衍生的優勢。圓石的隱喻暗示了從山頂滾落的石頭破壞力，取決於三點：石頭一開始掉落的高度；隨著時間過去，石頭累積衝力後，下降的速度；石頭的質量。[30]根據林霨（Arthur Waldron）的說法，勢是指所有會影響到勝利的因素——地形、天氣、兵力、士氣等的配置和傾向。軍事指揮官必須評估這些要素，只有在這些要素保持一致時，才適合行動。[31] 安樂哲認為勢是在特定的位置所固有的潛在能量，充分地釋放，除了有形因素，也包括士氣、機會、時機、心理、後勤等無形的因素。[32] 如果指揮官擁有駕馭和應用這種潛在能量的能力，就可以乘勢而上。[33] 弗朗索瓦・朱利安（François Jullien）將勢描述為情境中的潛在能量，包括定位、士氣以及臨機應變。[34] 軍事指揮官能塑造部隊所在位置和士氣的潛在能量，為情況帶來有利的結果。另一項研究指出，指揮官可以利用情況中固有的勢，即使威力不大也能致勝。[35]

解釋實際應用「勢」的其中一種方法是，研究過往的戰爭，這是當代中國常見的分析練習。中國的軍事著作經常提及昔日的眾多戰役，涵蓋古代和現代，目的是說明《孫子兵法》的核心概念，包括勢。實際上，中國戰略家很依賴現代化之前的中國戰爭經驗，以便應用《孫子兵法》的原則。例如，中國國防大學的研究引用橫跨大約兩千年的四十項中國戰役個案研究，用來說明《孫子兵法》。[36] 中國軍事科學院的教科書也提到各種古代衝突，目的是解釋孫武的重要概念。[37] 孫武的概念與中國的豐富軍事經驗之間的相互作用，持續影響著中國的國家安全領域如何看待武力的使用。若以這種研究方法為借鑑，以下（摘自中國的分析報告）簡短地概述兩場古代的著名戰役（至今在中國仍備受讚譽），似乎能體現勢的概念。

中國的戰略家將戰國時期的馬陵之戰（西元前三四一年，參戰者是齊國和魏國）視為經典的軍事戰役。[38] 孫臏是齊威王的軍師，他利用了這場戰鬥的士氣、地形以及心理學，最終使齊軍獲勝。爆發戰爭的起因是魏國襲擊韓國，迫使韓國尋求齊國的援助。齊國為了拯救韓國免於毀滅，於是派兵直趨魏國的首都大梁。大梁遭到威脅後，由龐涓將軍帶領的魏國軍隊被迫放棄攻打韓國，匆匆回頭保衛家園。

孫臏評估龐涓的軍隊約有十萬人，士氣高昂。他推測龐涓的想法是，齊國是不值得交手的怯懦對手。孫臏為了利用龐涓的傲慢心態，就在齊軍進入魏國領土後，設計了兵力不足的假象。他命令齊軍在撤離的過程中，第一天準備十萬個做飯的灶，第二天和第三天分別減為五萬和三萬個。跟蹤敵軍的龐涓發現持續減灶的跡象後，便判定齊軍紛紛逃走。他以為齊軍士氣低落，便丟下步兵，只率領精銳部隊追擊，一心只想消滅剩餘的齊軍。

孫臏撤軍後，引誘龐涓來到馬陵。那裡的道路狹窄，兩旁的山道險峻，因此齊軍可以設下埋伏。孫臏在道路的兩側安排了一萬名弓箭手，並命令他們在傍晚看到火光後就集體射箭。他為了設下陷阱，特地在沿路的某棵大樹上寫著「龐涓死於此樹之下」。果然，龐涓在當晚來到了這棵樹下。他為了閱讀樹上的字，便點燃火把。齊國的弓箭手一看到火光，就同時放箭。大規模的攻擊殺死了許多人，導致魏軍陷入混亂，齊軍趁亂向魏軍發動攻擊將其殲滅。龐涓自知敗局已定，於是選擇自刎。孫臏利用這次在戰場上的優勢，摧毀了剩餘的魏軍。

濰水之戰（西元前二〇四年）是劉邦的漢軍與項羽的西楚聯軍的一場戰役，成功奠定漢朝統治中國的基礎。這場戰鬥很像馬陵之戰，涉及誘敵致勝的計謀。睿智的漢將韓信只率領三萬人的軍隊入侵齊國。即使兵力微薄，組織混亂，漢軍還是占領了齊國的首都。齊王向西楚霸王項羽求援後，項羽派遣優秀的部將龍且率領二十萬大軍去拯救齊國。由於韓信深入敵區作戰，遠離基地，軍師建議龍且採取防守措施，並煽動齊國人民反抗。軍師推測，韓信處在充滿敵意的環境中，加上位於遙遠的異國，已無法從當地獲得所需的物資，因此很可能會被迫投降。但龍且沒有採納建議，他認為韓信只是低等的指揮官，更何況他的軍隊人數占優勢。因此，龍且勝券在握。

與孫臏相似的是，韓信意識到對手很傲慢。因此，他利用了龍且的自負心理。當兩方的軍隊在濰水的兩岸對峙時，韓信在戰鬥的前一天晚上派兵抵達濰水的上游。他命令士兵在上游築起臨時的水壩——用一萬多個袋子裝滿沙石，堵住河水。隔天早上，韓信帶領軍隊渡河，並攻擊龍且。經過短暫的衝突後，韓信下令撤回河岸，並逃離敵軍。龍且以為韓信是個懦夫，於是渡河追擊。他和一部分的軍隊抵達對岸後，韓信下令破壞沙石袋，釋放洶湧的水流。激流衝向仍在渡河的敵軍，淹死了許多人，並且將龍且的一部分軍隊與對岸的其餘軍隊隔開。然後，韓信發動攻勢，殲滅被困住的敵軍，並殺死龍且。這場勝利使韓信後來能夠進一步攻占齊國。

雖然這兩場戰鬥的細節很可能是虛構的，或經過改編，但每場戰鬥中的成功作戰要素，都代表了勢的具體表現。兩場戰鬥中的獲勝指揮官都利用了有利情勢的可能性，他們將現有的推力和事件發展的軌跡重新導向，改成對自己有利。中國軍事科學院在《孫子兵法》的研究中，將這場戰鬥描述為「因勢利導」的典型案例。[39]

孫臏和韓信都很瞭解對手的心理，因此能利用對手的自負和對人數優勢的信心，成功地設下陷阱。他們假裝撤退，誘導對手判斷錯誤，並促使對手甘願承擔風險。勝利的將領引誘敵人進入某個地域，大幅提升自己的位置優勢。在這兩個例子中，馬陵之戰萬箭齊發，以及濰水之戰的湍急河流，都在精準的時機對敵軍造成了毀滅性的打擊，然後使敵軍失控，進而達到消滅敵軍的目標。

V

西方學者試著追蹤勢在現代的存在與應用形式，以便辨別中國的戰爭方式。他們長期主張《孫子兵法》影響了毛澤東對戰爭和戰略的思考方式。畢竟，毛澤東曾經在一些重要著作中引用《孫子兵法》，包括《論持久戰》和《中國革命戰爭的戰略問題》。[40] 他強調欺騙、出奇制勝以及情報的重要性，這一點與《孫子》的觀點一致；他描述常規軍隊和游擊部隊之間相互影響的方式，也呼應了《孫子兵法》看待正統和非正統兵力的方式。因此，有些分析師轉而研究長達數十年的國共內戰，以及中國在毛澤東時代爆發的暴力衝突（一九五〇年代至一九六〇年代），以便證實《孫子兵法》的持久影響力。他們聲稱在國共內戰期間和結束後，共產黨的戰略可以用孫武的術語解釋。此外，毛澤東和部屬在關鍵的戰役中運用了勢。

蓋瑞．比約格（Gary Bjorge）認為，徐蚌會戰（一九四八年十一月至一九四九年一月）初期的共產黨戰略在國共內戰期間體現了勢的實務面。毛澤東的軍隊和蔣介石的軍隊爆發的關鍵衝突，導致一連串決定性的戰役。其中，共產黨員消滅了五支國民黨軍隊，包括超過五十五萬人的軍隊。此舉確保了他們在中原的地位，並開啟通往長江的路徑，也就是邁向中國南方的途徑。共產黨員在徐蚌會戰中的勝利，摧毀了蔣介石的軍隊，並決定了國民黨員在內地的命運。

曾提出徐蚌會戰計畫的共產黨大將粟裕以勢的評估為基礎，負責指揮作戰。他認為，早期在重要的濟南擊敗國民黨守軍，明顯地鼓舞了軍隊的戰鬥意志，同時降低了對手的士氣。粟裕也發現，國民黨在濟南遭到挫折後就開始不安，讓共產黨有發揮優勢的機會。他認為迅速地從一場戰鬥轉換到下一場戰鬥，能夠使國民黨陷入混亂，防止他們恢復常態、重新編組或擊敗共產黨。比約格說過：「粟裕試著保持成功的濟南會戰所帶來的動力，包括生理和心理層面，並利用這種動力去開發現有的機會，還有創造新的機會。」[41] 根據比約格的說法，粟裕的判斷方法是勢的經典例子，受到雙方士氣的評估結果、和共產黨已獲得的動力影響。

威廉・莫特（William Mott）和金在昌（Jae Chang Kim）同樣主張，勢的評估影響了中國參與韓戰以及隨後的初期軍事行動。[42] 在共產黨第一次進攻期間，毛澤東和戰區指揮官彭德懷利用騙術迷惑敵人。與敵人的初次接觸，也是為了讓共產黨軍隊在戰場上獲得經驗和信心。中國人民志願軍悄悄地越過邊境，進入北韓。他們在夜間行進，在白天躲藏，並穿上北韓的軍服，以免被空中的偵察隊發現所在位置。他們接受的指示是，將攻擊目標鎖定在比較弱的南韓部隊，如此一來就能輕易地取得初步的勝利，進而提升內部軍隊的士氣，同時削弱敵軍的士氣。他們發起一連串突襲行動，對韓國軍隊造成重大的打擊：損失一萬五千名士兵。然後，彭德懷與外界中斷聯繫並撤軍，假裝失序地撤退。他甚至釋放戰俘，讓敵軍以為中國面臨物資短缺的問題。

最初的交戰和突然的撤退，都是為了在第二次進攻時激發敵人的傲慢，然後誘使敵人掉入陷阱。毛澤東和彭德懷都希望，這種騙術能說服將領麥克阿瑟（Douglas MacArthur）相信勝利近在咫尺，並誘惑他進行下一個步驟。莫特和金在昌解釋：「為了利用麥克阿瑟的自負心理，彭德懷讓敵人以為中國很軟弱，並謊稱自己的意圖，藉此利用聯合國軍（UNC）的混亂……為了操縱麥克阿瑟，彭德懷的詐欺手法帶來了最終軍事勝利的可能性。」[43]在面對美國和南韓的進展時，彭德懷指示的明顯撤退和被動態度，也是為了誤導美國第八軍團（VIII Army）和第十軍（X Corps）往北前進，導致過度深入敵境。當美軍接近時，彭德懷發動大規模的攻擊，動員十八師和將近三十九萬名士兵。共產黨利用大量的機動部隊，在一場殲滅戰役中進行一連串包抄和圍堵的行動。第二次的進攻行動迫使第八軍團進行美國軍事史上最長的撤退，並且將美國帶領的軍隊驅回南韓。

根據莫特和金在昌的看法，前兩次進攻及其背後的思維與勢一致。毛澤東和彭德懷試著提升軍隊的信心和戰鬥力，透過一開始在戰場上的勝利，降低敵方的士氣，並操縱敵方指揮官的過度自信心態，誘使敵方弄巧成拙。這些舉措帶來了發揮強大軍事力量的機會，很像

《孫子兵法》裡提到勢的各種隱喻。當然，中國對韓戰的干預也展現了勢的侷限性。毛澤東的傲慢心態導致後來的進攻，使中國人民志願軍過度擴張。美國成功地遏制共產黨的進展，以及隨後的反擊行動，都迫使毛澤東的軍隊放棄殲滅戰，並接受半島上的殘酷消耗戰和僵局。最終，運用勢並不能實現毛澤東的目標：將美國主導的軍隊逼入海中。

其他的學者質疑勢的獨特性，及其在中國戰略中的明顯作用。哈羅德・坦納（Harold Tanner）很有說服力地指出，光靠《孫子兵法》的影響力不足以解釋毛澤東在內戰中實現的勝利。他認同共產黨的作戰行動遵循了《孫子兵法》的一些準則，包括勢的概念。但他發現，引導毛澤東和副手的是一種典型的克勞塞維茲精神。[44] 毛澤東的勝利理論設想了三階段的戰爭，能在常規軍隊進行的決定性戰鬥中徹底消滅敵人。他認為只有在數量上占優勢、兵力集中、機動作戰，以及使用傳統戰爭武器的條件下，才有可能打贏殲滅戰。他預料到，敵軍的物理性破壞是實現勝利的主要機制，於是他摒棄孫武不戰而勝的理念，或者只靠計謀取勝。坦納對遼西會戰（Liao-Shen Campaign，國民黨損失了四十七萬名士兵）的深入評估，說明毛澤東和戰區指揮官林彪如何透過大規模的傳統軍事行動，進行艱苦的戰鬥並擊敗敵軍。

安德魯・威爾森（Andrew Wilson）也質疑勢的中國特性。他指出，與其說勢是中國特有的神祕概念，不如說是一般人可理解的概念。他說：「勢聽起來像凱撒或克勞塞維茲在評估戰鬥中的紀律、士氣、地形、時機、變化、人才時，可能會考慮的要素。」[45]他贊同坦納的看法——關於毛澤東處理戰爭和政治的方法，西方的思想產生了很重要的影響，包括馬克思、列寧、克勞塞維茲的思維。馬克思讓毛澤東瞭解階級鬥爭、列寧讓他瞭解政黨組織如何在革命戰爭中獲勝、克勞塞維茲讓他瞭解政策和戰略之間的關係。或許，他從西方思想家那裡獲得的政治知識，對他的成功戰略有莫大的影響，甚至大過《孫子兵法》對他的作戰方式和戰術的貢獻。

VI

《孫子兵法》仍然是軍事理論家和戰略家必讀的著作，因為內文闡明了普遍適用的戰略原則，並強調在戰爭中保持理性的重要性，創造了精明戰略的機會。該書談論到戰前和戰時的非軍事手段，鼓勵讀者從廣泛且較高的層次來考量戰略。該書也說明了與克勞塞維茲提出的作戰方式不同且互補的方案，能擴展戰略家的分析視野。在資訊革命之後，該書變得更有意義，並引起越來越多人的共鳴。在冷戰後的和平時期，美國軍隊扮演著維護利益和安撫盟友的角色，這一點與《孫子》強調塑造情勢的觀點一致。該書幫助好幾代的西方學者探索中國戰略，以及推測中國的戰爭方式。書中的格言引發激烈的辯論，主題是關於中國對武力有效性的看法，以及中國使用武力的重複模式。這種對話方式迫使學界和政界深思中國戰略的議題。此外，中國戰略對區域安全和全球安全的潛在影響，已證實是正面大於負面。

另一方面，《孫子兵法》是難以理解、充滿各種問題的書。翻譯和詮釋方式各有不同。文本不斷更新，不像其他的軍事經典作品那樣穩定。其靈活性使歷史學家和分析師能夠針對《孫子兵法》的意義和影響，得出多元且經常有矛盾的結論。有些人認為，《孫子兵法》能證明中國的戰略文化貶低了武力的使用；有些人察覺到中國軍事的傳統崇尚暴力。還有些人認為，孫武提出勢的概念是一種獨特的中國戰略觀，對治國和開戰仍然有影響力；其他人則將勢視為簡單明瞭的普遍概念，而不是中國特有的戰略。即使有人承認勢在中國決策中的作用，他們仍質疑勢對當代中國戰略思想的影響，是否與西方思想的影響同等重要。總之，靠《孫子兵法》理解中國看待武力及其運用方式的文獻，各有不同的答案。

此外，人們很容易過度依賴《孫子兵法》及其所謂的準則。孫武式樂觀立場能賦予睿智的將領非凡的戰場控制能力，但這是不恰當的，因為用意可能是為了停止互動，扭曲戰爭的基本性質。關於中國軍事思想與西方十分不同的說法，是將中國或東方的戰略貶低為一種諷刺，或是差勁的刻板印象。有一部分原因是受到《孫子兵法》和其他軍事經典作品的影響。

文獻學的研究者太過關注作品是否與歷史背景有關，反而忽略了將《孫子》的準則實際應用於戰略問題的重要性。最後，這部作品的普遍性和特點之間存在固有的矛盾，似乎是中國傳統的特色。歷史學家反對不加批判的分析，因為這種分析是斷章取義，而戰略家對文本的解讀感到不滿，則是因為文本縮小了讀者對戰略的創造性思考空間。

這些分析的陷阱需要我們認真看待。有些陷阱可能會誤導戰略家，而有些陷阱可能會限制戰略家的想像力。但，這些陷阱也標誌著戰略家可以有效地評估古代文本的界限。西方學術界的辯論表明了戰略家應該避免將《孫子兵法》的戰略觀點或中國戰略概括成普遍的概念。戰略家也應該意識到《孫子兵法》會不斷受到歷史和文本重新詮釋的影響。因此，他們應該接受這部作品的彈性，遠離教條主義，並保持開放的心態。只要他們謹慎且謙虛地看待文本，就能善加利用。

Chapter

4

馬基維利與現代戰略的出現

馬修・克羅尼格（Matthew Kroenig）是喬治城大學的政府學教授，也是大西洋理事會的斯考克羅夫特戰略方案（Scowcroft Strategy Initiative）負責人。他精通義大利語，並且從二〇一三年開始在義大利的佛羅倫斯指導關於馬基維利的年度課程。他的最新著作是《強國競爭的回歸》（The Return of Great Power Rivalry）。

尼古洛．馬基維利（Niccolò Machiavelli）曾提出現代的政治思想，也由此創造了現代戰略。[1]他強調「有效真理」，也就是研究世界的本質，而不是世界應該變成什麼樣子。[2]他將道德規範和政治學區別開來，讓後來的戰略家能夠以有效性作為審視政治行為的標準，而非美德。他也在方法上有所創新，利用實證經驗制定普遍的法規，適用於可以跨越時空的有效政治行動。

馬基維利是現實主義者，也瞭解殘酷的政治現實面，以及武力在治國方面的重要性。他輕視傳統的道德規範，因為他認為道德會為政治帶來不良的後果。他還推翻了政治權威的神聖權力基礎，為後來的湯瑪斯．霍布斯（Thomas Hobbes）、約翰．洛克（John Locke）等繼任者奠定現代國家的新理論概念化的基礎。馬基維利是民族主義運動的早期代表，曾幻想建立強大的統一義大利國家。他也為許多政治辯論付出了基礎性的貢獻，包括國內的政治體制如何塑造國家實力和國家行為、軍事組織和軍民關係、如何明智地應用軍事力量。他甚至寫過歷史、戲劇和詩歌。

馬基維利是義大利文藝復興時期的政治天才。當我們回顧這段人才輩出的時期時，往往會想到雕刻家、科學家、畫家以及建築師，例如：米開朗基羅、達文西、拉斐爾、布魯內萊斯基。但，馬基維利猶如政治和戰略方面的米開朗基羅，他將自己的領域帶進了現代世界。

馬基維利的家鄉是佛羅倫斯，那裡有許多藝術家，與這些藝術家相似的是，他也回顧了古代世界的典範，尤其是古羅馬的例子，影響了他對政治的看法。

然而，從另一方面來看，馬基維利是有自我意識的革命家。他想脫離以前的政治思想體系（他覺得很幼稚），並確立理解政治生活的新方式和新秩序。[3]

在亨利・季辛吉（Henry Kissinger）之前的幾個世紀，馬基維利是強大的學術實踐者。在義大利戰爭期間，他擔任佛羅倫斯共和國的重要國家安全官員超過十年，負責指揮外交任務，監督佛羅倫斯的民兵組織，以及在成功的作戰行動中擔任軍事指揮官，重新占領佛羅倫斯的長期對手：比薩。悲慘的事件促使他離職，流亡國外，偶然成為學者。他在空閒時間寫下了內容深奧的書，五百年後，仍然有許多人閱讀這些書：《君王論》（The Prince）、《李維論》（The Discourses on Livy）以及《戰爭的藝術》（The Art of War）。馬基維利的經驗賦予這些著作獨特的權威，他不僅認識國王和教皇，也是內部的參與者。他曾經以居高臨下的口吻，寫了一本小冊子給新上任的麥地奇（Medici）王子，似乎在傳達：「我已經熬這麼多年了。你是新人，讓我指導你吧！」

馬基維利確實引導了後來的政治思想。在他的一生中，許多人將他寫的《戰爭的藝術》當成權威性的軍事手冊。在他去世後的不久，《君王論》就出版了，並引起廣泛的爭議。即使在現代，許多政治理論家還是稱讚《李維論》是其最偉大的作品。雖然莎士比亞提到「殘酷的馬基維利」後，天主教會就將這位義大利政治學家的著作列為禁書，時間長達兩個多世紀，[4]但這項禁令並沒有阻止他的思想影響政治思想家和實幹家；他的影響力持續五個世紀，這些人包括史賓諾莎（Spinoza）、盧梭（Rousseau）、腓特烈二世、美國的開國元勛、拿破崙、克勞塞維茲，以及現代的資深政府官員和政治哲學家。

很少有政治學家的名字被用作形容詞，但許多人都知道「Machiavellian」是什麼意思。至少，許多人都以為自己知道這個詞的含義。馬基維利有多麼狡猾呢？是什麼樣的戰略背景和個人傳記，塑造了他的世界觀和寫作內容？為什麼馬基維利是現代戰略的奠基者？關於這些疑問，本章有答案。

I

大多數關於馬基維利的學術研究，是由政治理論家進行。他們在過程中將關於馬基維利的研究與其他政治理論家連結起來，這是可以理解的。不過，若要瞭解他身為戰略家的資訊，就有必要研究他生活和寫作的地緣政治背景。那是快速變遷的時代，經歷了歐洲探險、文藝復興、文化進步、科學發現，以及歐洲主要強國和義大利半島上的小國之間的激烈地緣政治競爭。

馬基維利的一生恰逢歐洲探險和發現新世界的時代。一四八八年，葡萄牙航海家巴爾托洛梅烏．迪亞士（Bartolomeu Dias）繞著好望角航行；一四九二年，克里斯多福．哥倫布（Christopher Columbus）登陸美洲；一四九四年，西班牙和葡萄牙簽署《托德西利亞斯條約》（Treaty of Tordesillas），並同意瓜分歐洲以外的新世界。一五〇〇年代初期，開始出現非洲奴隸貿易；一五一三年，葡萄牙人登陸中國的澳門。從一五一九到一五二二年，斐迪南．麥哲倫（Ferdinand Magellan）指揮的西班牙探險隊首次環航地球；同年，埃爾南．科特斯（Hernán Cortés）率領西班牙征服墨西哥。這個充滿探索和開闢新世界的時代，對許多歐洲人產生了深遠的影響，馬基維利也是其中之一。他曾經明確地將自己比作這些探險家。[5]正如哥倫布發現了新的地理區域，馬基維利也希望發現和探索新的政治思想。

馬基維利也是生活在重要文化和技術進步的時代，也就是義大利文藝復興時期。他與米開朗基羅（Michelangelo，一四七五至一五六四年）、波提切利（Botticelli，一四四五至一五一〇年）、拉斐爾（Raphael，一四八三至一五二〇年）、提香（Titian，一四八八至一五七六年）以及達文西（Leonardo da Vinci，一四五二至一五一九年）都是同時代的人。馬基維利認識許多知識分子和藝術家，並受到他們的影響。他們分享從古代世界尋找靈感、突破各自領域的基本方法，甚至彼此合作過。

馬基維利和達文西曾共同策劃阿諾河（Arno River）在比薩附近改道的計畫，目的是在進入地中海貿易路線方面，讓佛羅倫斯不再那麼依賴主要競爭對手的港口，但該計畫沒有成功。這些文藝復興全盛時期的思想家受到前人的文化貢獻影響，馬基維利會說拉丁語，但他追隨但丁（Dante）、佩脫拉克（Petrarch）、薄伽丘（Bocaccio）等人的腳步後，開始使用自己的母語義大利文寫作。

馬基維利挑戰過基督教思想，但他在這方面並不是孤軍奮戰。一五一二年，哥白尼（Copernicus）主張太陽才是宇宙的中心；一五一七年，馬丁·路德（Martin Luther）挑戰了天主教神學，當時，他將自己的九十五條論綱貼在薩克森（Saxony）的教堂門上。

這也是充滿顛覆性軍事技術的時代。馬基維利經歷過重要的軍事革命初期：火藥革命。現代火砲的使用，讓法國在一四九四年能輕易地入侵義大利；一五〇三年，義大利南部發生切里尼奧拉戰役（Battle of Cerignola）時，槍砲第一次在戰場上發揮有效的功能。馬基維利仔細地研究了這些武器的進展。

然而，正是這個時代的地緣政治對馬基維利的思想產生了莫大的影響。在從中世紀轉移到現代世界的時期，較小的政治實體正整合為更大的國家單位。位於阿爾卑斯山脈附近的神聖羅馬帝國（HRE）在一四九五年透過沃爾姆斯議會（Diet of Worms）進行改革；一四六九年，斐迪南二世和伊莎貝拉一世的婚姻使阿拉貢（Aragon）和卡斯提爾（Castille）合併，建立統一的西班牙王國，一五一九年，查爾斯五世（Charles V）暫時將神聖羅馬帝國和西班牙王國結合成統一政權。玫瑰戰爭（War of Roses）在一四八五年結束後，亨利七世成為英格蘭毫無爭議的國王；鄂圖曼帝國逐漸在東南部崛起，並侵占歐洲領土。一四五三年，君士坦丁堡落入土耳其人之手；一五二一年，蘇萊曼一世占領貝爾格勒（Belgrade），並且於一五二九年在維也納的城門前被擊退。東方的俄羅斯也漸漸崛起，一四八〇年，烏格拉河（Ugra River）對峙戰結束後，俄羅斯從大帳汗國（Great Horde）贏得獨立。直到一四八五年，伊凡三世使俄羅斯的規模擴大了三倍。

這種影響深遠的國家合併在義大利半島發生，讓馬基維利幻想著新的君王可以建立統一的義大利國家，在歐洲大國之間維持地位，就像羅馬共和國曾經是古代世界中的主要義大利地緣政治力量。

然而，在馬基維利寫作的期間，義大利卻分裂成多極的權力平衡體系。這段時期的主要義大利城邦包括：威尼斯共和國、教宗國、佛羅倫斯、拿坡里王國、米蘭公國。還有一些次要的勢力，包括佛羅倫斯的長期競爭對手：比薩（直到現在，佛羅倫斯人還是會諷刺地說：「寧可家中有人去世，也不要在家門前看到比薩人。」）

義大利城邦陷入地緣政治的競爭關係。此外，因為缺乏防禦力，這些富裕的城邦對歐洲大國而言是容易攻克的目標。義大利城邦面臨的困境，往往是請求主要的歐洲大國來協助解決當地的爭端，但這麼做只是冒著失去自治權的風險，讓更強大的北方鄰國有機可乘。在馬基維利的一生中，法國和神聖羅馬帝國分別對義大利半島進行兩次重大入侵，而法國和西班牙則將義大利當成彼此互相對抗的戰場。在這個過程中，米蘭和那不勒斯都失去了獨立權。

II

在十六世紀上半葉，義大利戰爭可能是歐洲最重要的地緣政治發展。這些衝突的起源可追溯到倫巴底戰爭（一四二三至一四五四年），也就是威尼斯共和國和米蘭公國之間的一系列衝突，互相爭奪義大利北部的霸權。這些戰爭最終以一四五四年的《洛迪和約》（Treaty of Lodi）告終。該和約確立了義大利聯盟，也就是義大利五大強權共同合作，建立權力平衡，並且為義大利半島帶來長達四十年的和平與穩定。

《洛迪和約》在一四九四年失效。當時，米蘭的盧多維科．斯福爾扎（Ludovico Sforza）在尋找與威尼斯敵對的盟友，並鼓勵法國的查爾斯八世入侵義大利。查爾斯八世發現有機會爭奪那不勒斯的王位後，發動了第一次義大利戰爭。義大利又高又薄的中世紀城牆，無法與法國的現代火砲抗衡，因此法國輕易掠奪了義大利半島。一四九四年十一月八日，查爾斯八世以勝利者的姿態進入比薩，使該城市擺脫佛羅倫斯的統治。他在十一月十七日占領佛羅倫斯，導致麥地奇家族陷入危機，而馬基維利升上了掌權的職位。法國的入侵在一四九四年十二月三十一日繼續延伸到羅馬，然後在一四九五年二月占領那不勒斯。

不久，斯福爾扎很後悔說服法國入侵義大利，而權力平衡發揮了作用。威尼斯聯盟（由米蘭、威尼斯、西班牙以及神聖羅馬帝國組成）的存在，是為了應對法國在義大利半島的霸權威脅。飽受革命摧殘的佛羅倫斯一直處於觀望狀態。對威尼斯聯盟而言，福爾諾沃戰役（Battle of Fornovo）是一場勝利，但代價慘重。查爾斯八世撤退回法國，但他已經向繼任者和其他的大國曝露出了義大利脆弱的一面。

法軍撤離和國內的秩序恢復後，佛羅倫斯仍然無法面對失去比薩的事實，於是試圖重新奪回該城市。但比薩得到其他義大利城邦的援助，包括威尼斯和米蘭。

接下來，佛羅倫斯（和馬基維利）聯合威尼斯支持法國入侵。他們發現新的法國國王路易十二（Louis XII）有意重返義大利。威尼斯願意協助對抗米蘭，而佛羅倫斯提出與法國結盟的建議，交換條件是得到重新征服比薩的支援。第二次義大利戰爭（國王路易十二的戰爭）於一四九九年七月展開。當時，法國帶著二萬七千名士兵入侵義大利，一四九九年十月六日，路易十二征服了米蘭。除了短暫的幾年，該城市再也沒有恢復獨立，同時不斷在不同的帝國之間轉移（馬基維利注意到斯福爾扎的領導方式，並且將他列為因決策不當和軍事計畫不周而失去政府的無能君王）。[6]

法軍遵守承諾，於一五〇〇年夏季加入佛羅倫斯，圍攻比薩。在一天之內，法國的大砲在比薩的城牆上炸開了一個洞，但軍隊無法再度占領該城市。佛羅倫斯的傭兵軍隊頑強抵抗和缺乏行動力，妨礙了征服計畫。傭兵的上尉保羅・維泰利（Paolo Vitelli）遲遲沒有遵照命令進入該城市。佛羅倫斯懷疑有叛變，於是將維泰利處決了。在馬基維利的後期著作中，他曾引用這個事件說明自己為何不信任傭兵軍隊。

路易十二意識到反霸權聯盟在義大利挫敗了上一代的野心後，他與潛在的主要對手進行和平協商，包括神聖羅馬帝國和西班牙。在一五〇〇年的《格拉納達條約》中，法國同意與西班牙瓜分拿坡里王國。一五〇二年，法國和西班牙的聯合部隊控制了義大利南部。不久之後，這兩個大國為了瓜分那不勒斯而發生爭執，甚至相互攻擊。重要的切里尼奧拉戰役

（一五〇三年）可說是火器第一次發揮決定性作用的戰鬥。西班牙獲勝了，那不勒斯失去自主權後，在接下來的兩個世紀變成西班牙帝國的一部分，法國再次被迫從半島撤退。馬基維利批評路易十二決定讓西班牙進入那不勒斯，認為邀請競爭者進入法國本來可以控制的領土，是很愚蠢的行為。[7]

第二次義大利戰爭恰逢切薩雷·波吉亞（Cesare Borgia）征服羅馬涅（Romagna）的行動達到巔峰。若非馬基維利在《君王論》中的讚美，波吉亞很可能已經被世人遺忘了（或者充其量只是歷史上的簡短註解）。在戰爭期間，教皇亞歷山大六世試著從教宗國割出一小塊領土，變成兒子的世襲公國。波吉亞迅速地鞏固自己的統治地位，給馬基維利留下深刻的印象。但波吉亞的父親在一五〇三年去世後，他無法保住權力。幾年後，他在西班牙死於敵人之手，毫無尊嚴。

儘管如此，馬基維利認為波吉亞是理想的君王。如果情況有所不同，他本來有機會成功地統一整個義大利。馬基維利寫道：

> 波吉亞是傑出的君王。他對武裝方面興致勃勃，而他的矮小身材也不是什麼大不了的事。為了榮譽和領土，他可以不休息，也不在乎疲勞或危險。他總是先抵達現場，搞清楚比

賽的進行方式。他深得士兵的喜愛，也有許多上尉追隨他，可說是義大利最優秀的人。這些特質和好運氣讓波吉亞贏得勝利，令人敬畏。[8]

在相對寧靜的幾年過後，康布雷同盟戰爭（War of the League of Cambrai）在一五〇八年爆發，剛好發生於義大利戰爭時期。新教皇儒略二世（Julius II，被譽為戰士教皇）希望重新掌控之前由波吉亞持有的羅馬涅領土，但當地的君王向威尼斯求助並得到保護。威尼斯的侵犯激怒了儒略二世，其利用其他大國的貪婪心理，提出了結盟的建議——分割威尼斯，並分配領土。康布雷同盟聯合教宗國、法國、西班牙以及神聖羅馬帝國，共同對抗威尼斯。到了一五〇九年，他們成功地使威尼斯屈服，並且與儒略二世簽訂不公平的和平條約。

此時，儒略二世認為法國是更大的威脅，轉而與聯盟（包括威尼斯）共同對抗路易十二。一五一一年，儒略二世宣布新的神聖同盟要對抗法國，成員包括西班牙、神聖羅馬帝國、威尼斯、英格蘭（渴望收回位於亞奎丹的領土）。由於各方認為佛羅倫斯支持法國，儒略二世派遣軍隊推翻了共和國，並重新任命麥地奇家族。這對馬基維利來說是悲劇，因為他被撤職和流放，再也沒有重返江湖。

這場戰爭持續數年，法國在義大利和北歐遭受一連串的損失。然而，一五一三年儒略二世去世後，神聖同盟失去了領袖，繼任者里奧十世（Leo X）則對戰爭不太感興趣。他說過一句名言：「上帝賜予我們教皇的地位，我們不妨好好享受。」[9]一五一五年，路易十二也去世了。他的繼任者法蘭索瓦一世（Francis I）率領重新振作的軍隊進攻，設法收回法國喪失的大部分領土。法國和其他大國之間的不同和平協議，都在一五一五年使戰爭結束了。邊界基本上回到一五〇八年之前的狀態。

此時，雖然馬基維利已經遠離江湖，但他目睹了流亡期間仍在肆虐的戰爭。法國在義大利半島上的霸權受到壓制後，輪到神聖羅馬帝國爭奪主權。一五一九年，查爾斯五世統一西班牙和神聖羅馬帝國後，創建了自查理曼（Charlemagne）以來的歐洲最大強國。一五二一年，查爾斯五世將法國勢力趕出米蘭，並將米蘭的控制權歸還給斯福爾扎家族。法蘭索瓦一世為了奪回米蘭，親自帶領法國軍隊進入倫巴底。他的軍隊兵敗帕維亞之戰（Battle of Pavia）後，他被捕入獄。

法蘭索瓦家族出於絕望，開始與蘇萊曼一世（Suleiman the Magnificent）結盟。土耳其軍隊入侵匈牙利後，襲擊神聖羅馬帝國的東翼，但此舉不足以拯救法國的處境。在一五二六年的《馬德里條約》中，法國為了救出法蘭索瓦一世，便放棄對義大利、法蘭德斯（Flanders）以及勃艮第的所有主權。

法國保持中立，以及神聖羅馬帝國崛起後，形成新的權力平衡。一五二六年，教皇克萊孟七世（Clement VII）受到神聖羅馬帝國不斷壯大的威脅，於是組成干邑同盟（League of Cognac）。成員包括教宗國、法國（國王法蘭索瓦一世領導）、英格蘭（亨利八世領導）、威尼斯、佛羅倫斯、米蘭。他們打算在一五二六年初發動對抗神聖羅馬帝國的戰爭，但基於各種原因，他們無法果斷地行動。查爾斯五世率先發動攻擊，並且在一五二七年五月洗劫羅馬。帝國軍隊的這場行動標誌著義大利文藝復興的非正式結束。馬基維利於次月去世，義大利戰爭接著以這種方式持續了三十年，沒有明確的勝利者，但馬基維利已經無法見證勝負了。

III

馬基維利於一四六九年出生，在佛羅倫斯的聖神大殿附近成長，位於阿諾河以南。他的父親貝納多（Bernardo）是律師，讓他接受了良好的教育。他能讀和寫拉丁文，也很熟悉古代文獻，包括西塞羅（Cicero）和塞內卡（Seneca）的作品，以及但丁等人的較新義大利作品。至於馬基維利的早年生活，外界知之甚少。

馬基維利的童年和成年初期，都恰逢羅倫佐．麥地奇（Lorenzo de Medici，亦稱「華麗者羅倫佐」）的統治時期。他在二十五歲時，對法國入侵佛羅倫斯的行動感到震驚，因為這件事導致其長子和繼任者（皮耶羅，亦稱「不幸者」）失勢。在道明會修道士薩佛納羅拉（Savonarola）的影響下，新的佛羅倫斯共和國出現了。這位修道士主張宗教復興，並舉辦盛大的「虛榮之火」，鼓勵佛羅倫斯人焚燒世俗的物品。但，許多佛羅倫斯人對他的神權統治感到不滿。這個過程也使馬基維利終生鄙視基督教。此外，薩佛納羅拉過度抨擊教宗的腐敗，一四九七年，波吉亞家族中的教皇亞歷山大六世驅逐了他。佛羅倫斯人也集體霸凌他。最後，薩佛納羅拉被公開吊著，處以火刑。

如今輪到馬基維利統治了。一四九八年，皮耶羅．索德里尼（Piero Soderini）成為新的佛羅倫斯共和國的領袖。馬基維利被任命為第二大法官法庭（Second Chancery）的祕書，以及自由與和平十人委員會（Ten for Liberty and Peace）的祕書。前者處理正式的佛羅倫斯政府文件，而後者是負責軍事和外交事務的十人委員會。他在三十歲生日之前，就被任命擔任如此重要的職位，可見他以前有過行政經驗。許多有影響力的佛羅倫斯人都與馬基維利有往來，也很尊敬他，包括索德里尼。

馬基維利在就職期間，取得了許多成就。他在外交方面有重要的影響力，比方說四處奔走，代表其所屬的城邦與外國統治者談判。馬基維利也執行過許多拜訪領導者的任務，而這些人包括卡特琳娜．斯福爾扎（Caterina Sforza）、國王路易十二、切薩雷．波吉亞、西恩納的潘多爾福．佩特魯奇（Pandolfo Petrucci）、教皇儒略二世、皇帝馬克西米利安一世（Maximilian I）。若考慮到當時的旅程狀況，這些參訪行程經常使他待在外國宮廷很長的時間，因此他有機會觀察，並且與外國統治者互動。這些場合能影響馬基維利對領導力的看法。在他的著作中，這些大人物不像是疏遠的陌生人，比較像是一起工作的同事。

他還成功地成立佛羅倫斯的民兵組織。以前，佛羅倫斯很依賴傭兵，但傭兵屢次在代表佛羅倫斯的行動中無法有效地作戰，包括奪回比薩的行動。馬基維利相信，國民兵能形成更有效的戰鬥力。他對成立民兵組織很感興趣，並參與招募、培訓、設計制服等細節。他也是成功的軍事指揮官，曾在一五〇九年帶領佛羅倫斯的民兵組織進行奪回比薩的戰役。這些經歷塑造了馬基維利對傭兵、軍民關係以及戰爭的看法，並貫穿於其所有重要著作，尤其是《戰爭的藝術》。

在經歷了十四年的職業生涯後，馬基維利的高級公務員頭銜在一五一二年進入尾聲。在教皇儒略二世和西班牙的軍事支援下，共和國被推翻，而麥地奇家族重新掌權。新的王室統治者對前政府的留任人員很不友善，馬基維利的名字也被列入可能反抗麥地奇家族的黑名單。他被囚禁，並遭受酷刑，包括多次處以吊刑。因此，他親身體會到殘酷手段的作用。

或許，麥地奇家族認為馬基維利並不是太大的威脅，因為他們沒有殺死他。馬基維利被流放到家族的鄉村農場，位於佩庫西納（Percussina）的聖安德莉亞聖殿，大概是佛羅倫斯市中心東南方二十公里處。

馬基維利認為，這次的流放是他一生中最大的悲劇。他渴望重返城市享有權威，在天氣晴朗的時候從鄉村的莊園俯瞰城市。那是美麗的地方，如今已變成觀光勝地。但，當時失去權利的馬基維利並不快樂。從他的私人信件，我們可以知道的是他花了許多時間在農場工作、喝酒、玩紙牌、搞外遇。他與妻子瑪麗葉塔・科西尼（Marieta Corsini）、六個孩子同居，但他似乎不是忠實的丈夫或父親。事實上，馬基維利在私生活中是個不擇手段的人，比方說他會為了到街道對面的酒館，而悄悄利用地下室的隧道溜出去。

馬基維利在沒什麼事情可以做的時候，專注於研究和寫作。他曾經寫信給朋友弗朗切斯科・維托里（Francesco Vettori）：

> 夜幕降臨時，我回到家，走進書房。我一進房門，就脫下沾滿泥土和污垢的工作服，改穿上宮廷的衣服。我得體地裝扮後，走進莊嚴的古老宮庭，他們在那裡熱情地接待我。我品

嚐著專屬於我的食物，而這就是我降生之目的。我問心無愧地與他們交談，並詢問他們採取某些行動的動機。他們都友善地回答我。在長達四個小時的時間裡，我一點都不覺得無聊。我忘掉了所有的煩惱，我不擔心貧困，也不害怕死亡。我很專心與他們相處。但丁說過，除非人懂得應用知識，否則無法真正理解知識。從他們的談話內容中，我把自己得到的收穫寫下來，然後編寫篇幅不長的《君王論》。我在書中盡量深入探究相關主題的觀點，並探討君王頭銜的定義和類別，以及如何獲得和維護頭銜，還有解釋君王失去頭銜的原因。如果我以前有一些怪念頭讓你覺得很有趣，這次應該也一樣吧。君王會很喜歡，尤其是新上任的君王。因此，我要把《君王論》獻給朱利亞諾（Giuliano）。[10]

馬基維利利用流放期間的晚上，撰寫了一些偉大的西方作品。他於一五一三年完成《君王論》，該書是要獻給新上任的麥地奇君王的禮物，但也有點像失敗的求職方式。馬基維利希望新的統治者會發覺他的專業知識有用處，並讓他重新回到工作崗位，但他沒有如願以償。馬基維利在世時，《君王論》並沒有出版。但該書在他去世後不久發行，內文中的驚人論點引起了全球轟動。

馬基維利於一五一七年完成《李維論》，該書也是在他去世後出版；《戰爭的藝術》則是在一五二〇年完成和出版。由於馬基維利在這個主題有顯著的權威，《戰爭的藝術》受到許多人讚賞和閱讀。

這些還不是馬基維利所有的作品。他擔任政府官員時完成的許多著作，現代人還是可以讀得到。馬基維利寫的《比薩論》（Discourse on Pisa，一四九九年）、《皮斯托亞》（On Pistoian Matters，一五〇二年）以及《如何應對瓦爾迪基亞納人民的起義》（On How to Treat the Populace of Valdichiana after their Rebellion，一五〇三年）都是篇幅不長的分析性著作，清楚地提出關於佛羅倫斯應該如何處理各種情況的建議，很像《外交》（Foreign Affairs）期刊中的文章。馬基維利的喜劇作品《曼陀羅》（The Mandrake，一五二四年）間接批評了教會和麥地奇家族的統治方式，至今仍在佛羅倫斯上演。

麥地奇家族曾將馬基維利召回，讓他擔任短暫的官方職位，但是這與其原本的期望不太一樣。一五二〇年，克萊孟七世派他到盧卡（Lucca）說服當地的政府償還貸款。馬基維利受到這趟行程的啟發後，寫下了《盧卡：卡斯特魯喬．卡斯特拉卡尼的生活》（The Life of Castruccio Castracani of Lucca）。這部作品讓克萊孟七世留下深刻的印象，因此他任命馬基維利擔任佛羅倫斯大學的職位，成為該市的官方歷史學家。一五二六年，馬基維利完成了《佛羅倫斯史》（Florentine Histories）。他在次年去世，享年五十八歲。臨終前，馬基維利認為自從離開公職後，自己的職業生涯基本上是一敗塗地。

IV

在《當代戰略全書》初版的研究中，菲利克斯・吉爾伯特（Felix Gilbert）主要鑽研馬基維利的《戰爭的藝術》。這是很合理的選擇。有些早期的分析家認為，戰略是從軍事角度考慮的。例如，梅里安－韋伯斯特出版社的辭典如此定義戰略：「在有利的條件下，用於與敵人作戰的軍事指揮科學和藝術。」[11] 然而，戰略有更廣泛的定義。該出版社還將戰略定義為：「運用政治、經濟、心理學以及國家或多國軍事力量的科學和藝術，目的是在和平或戰爭時期大力支持所採取的政策。」[12] 我們接下來會瞭解，馬基維利對現代戰略的貢獻不侷限於他的軍事著作。此外，當今世界充滿了網路威脅、假消息、經濟制裁、貿易戰、大規模結盟以及競爭性的多邊主義，當代的戰略勢必比武力的議題更加來得重要。因此，本章將遵循更廣泛的戰略定義，並據此探討更廣泛的馬基維利作品。

當然，馬基維利最著名（也最臭名昭著）的著作是《君王論》。關於該書的核心問題是，新君王該如何維護國家？答案是，新君王只能利用美德維護國家，但這種美德與古典文獻和聖經文獻多年來所頌揚的美德不同。馬基維利的目標是，教導君王「不要太仁慈」。[13] 有影響力的君王都很會說謊、欺騙和謀殺，並且為了實現目標而運用殘酷的手段。[14] 麥地奇家族忽視了《君王論》。該書在馬基維利去世後的不久出版時，他們認為這是可恥的作品。但，後來的政治哲學家將該書視為政治理論（對我們而言是戰略）的第一部現代作品，因為內文聚焦於實際狀況，而非理想中的情境。

《君王論》是先獻給新的麥地奇統治者。馬基維利希望君王會發現這本書（以及他的見解）有所用處，並讓他回去從事一官半職。此舉很像美國有抱負的政策專家寫了一份政策備忘錄，並期待引起新政府的注意。

馬基維利在作品的開頭表明，政治體制只分為兩種：共和制與君主制。用現代的說法則是「民主政體」和「獨裁政體」。他解釋說，他曾經在別處詳盡地寫下關於共和制的內容，大概是指《李維論》。在他把注意力轉移到《君王論》之前，他就已經開始寫這本書了。因此，較晚出版的《君王論》多著墨在君主制。他還解釋說，君主制主要分為兩種：由資深君王管理，以及由新君王管理。

《君王論》探討的重點是新君王，以及他們如何管理國家，內容與馬基維利心中預期的讀者有關，即新上任的麥地奇統治者。但他也將書中的主題視為重要的現實問題。在馬基維利任官的十年中，他目睹了波吉亞、斯福爾扎家族、麥地奇家族、那不勒斯國王以及其他人失去統治權，當新的君王面臨陰謀、暗殺、入侵、內戰、政變等的持續威脅時，很難維持權勢。那麼，他們面對這些挑戰時，該如何維護國家呢？

根據馬基維利的看法，新君王必須具備美德。他制定了美德和運氣的著名二分法，也就是我們在現代所說的技能和幸運。他認為如果君王的運氣很好，機會就會不請自來，但如果君王缺乏技能，便很難把國家經營得好。此外，即使君王具備技能，但如果運氣不佳，好機會也會溜走。因此，關鍵在於君王要能夠利用技能去應對各種情況，最終達到目的。君王也要能夠創造好運氣，出色的君王都能看清當前的時局，並發現機會，勇於行動。馬基維利寫的這一段話可能會讓現今的人們感到不太舒服：

> 運氣是女人，衝動的男人能夠征服她，但行事謹慎的男人無法贏得芳心……她偏愛年輕的男人，因為他們……更大膽地指引她。[15]

馬基維利曾批評失去政府的義大利君王。他認為這些君王缺乏足夠的美德，例如斯福爾扎。他聲稱這些君王把命運歸咎於運氣太差，但他們失敗的真正原因是領導力很低落。

那麼，除了勇敢和發現機會，美德的關鍵特點是什麼？評論家認為「美德」這個詞從來都沒有明確的定義，甚至只是繞著同一件事打轉，比如：為了維護國家，君王需要具備美德，而美德是維護國家所需的特質。然而，他們的批評只有某部分合理。

在第十五章到第十九章中，讀者能瞭解馬基維利如何詮釋具備美德的君王。內文反映出他徹底顛覆傳統，直接抗拒過往的古典文獻和基督教文獻。幾個世紀以來，亞里斯多德、西塞羅、塞內卡、奧古斯丁、多瑪斯．阿奎那（Thomas Aquinas）等人一直把正義視為基本的政治美德。正義的核心概念是誠實。以前的學者認為，優秀的統治者需要具備的美德是慷慨和仁慈。他們主張，有道德的善行是應當嚴格遵循的義務，因為統治者是公眾人物。如果統治者希望贏得正義的美譽，他們的行為就必須公正。此外，上帝無處不在，基督教的統治者終究會面臨末日審判。實際上，馬基維利不是第一個寫建議書給君王的人。在他之前，早已有許多「獻策書」；這些作者能讓君王理解行事公正的理由和方式。馬基維利的《君王論》追隨這種長期存在的傳統，但也在此之上進行徹底的變革。在第十五章中，馬基維利告訴讀者：

> 我要尋求事情的本質，而非虛構的概念。許多人想像著從未見過或聽過的共和制和君主

制，因為現實生活和理想生活相去甚遠。那些摒棄實際作法、只追求理想作法的人，一定會自取滅亡……因此，君王有必要……學習不要變得太仁慈。[16]

馬基維利提出自己的觀點後，開始在第十六章批評君王的慷慨美德。他認為人們稱讚君王的慷慨（施予臣民利益）是一種浪費，過度的開銷會導致國家破產。此外，如果君王想要自由地花錢，就必須從某處取得資源，通常是透過掠奪性的稅收。然而，過度的稅收會使臣民憎恨君王。馬基維利認為，吝嗇才是君王更重要的美德。他讚美法國的路易十二很節儉，此特質使他能夠為龐大的軍隊籌措資金，不需要提高稅收。

在第十七章中，馬基維利反對君王具備仁慈的美德。他認為仁慈被高估了，有影響力的君王善於運用殘酷的手段，拘泥於慈悲的結果是，許多君王不慎引起混亂，最終陷入痛苦和折磨的境地。馬基維利指責羅馬的英雄西庇阿沒有懲罰軍隊中的叛亂行為，造成了另一場叛亂。他還批判自己效勞過的佛羅倫斯政府沒有干涉皮斯托亞（Pistoia，佛羅倫斯以西約三十六公里的小城市）的內戰。他在政府工作時，曾提議佛羅倫斯利用武力鎮壓暴動並殺死主謀。但，佛羅倫斯採取觀望的態度，任由內戰肆虐，許多人因而喪命。馬基維利寫道：

波吉亞被視為殘忍的人，但他的殘酷使羅馬涅願意調解和統一，並恢復和平與忠誠。如果這是正確的考量方式，他在世人的眼裡就會變得比佛羅倫斯人更加仁慈。佛羅倫斯人為了避開殘酷的壞名聲，反而任由皮斯托亞遭到摧毀。[17]

馬基維利認為，擁有仁慈的美譽可能是有利的，但在實務方面往往遭致危險。因此，他並不是有些人認為的「以惡為本」（evil for its own sake）支持者。他認為君王在運用武力的時候必須謹慎，以免招致憎恨。但，如果一定要選擇，他得出的結論是：「被人畏懼，比受人愛戴好的多。」[18]

在第十八章中，他大膽地探討正義。他主張：「如果所有人都很善良，君王可以做到公正；但，人性本惡，如果有人食言了，君王就不必信守承諾。」[19]為了成為有影響力的統治者，「仁慈、忠誠、有人情味、正直、細心」都是對君王有益的形象，但是「如果有需要，統治者要能夠捨棄這些特質，反其道而行」。[20]對西塞羅和傳統的政治理論家來說，公正的統治者應該要運用人類的理智去克服邪惡的情緒。但馬基維利認為，優秀的統治者有時候必須表現出野蠻的一面，並有效地效仿狡猾的狐狸和有力量的獅子。[21]

從《君王論》和其他的作品中，我們可以得知馬基維利是結果主義者。沒有絕對的好或壞，行動只能依據結果來判斷。不公正、殘酷以及吝嗇，經常能帶來滿意的結果。雖然馬基維利不曾明確地寫過「為了達成目的，可以不擇手段」，但這句話很符合他的倫理世界觀。如果君王能利用必要的手段去維護國家，那麼他將得到臣民和歷史的正面評價。

不過，維護國家並不是馬基維利心目中的終極目標。他認為君王的最終目標是獲得榮耀和永恆的名聲。為了做到這一點，君王必須做出「偉大的事」。[22]在《君王論》的最後一章，馬基維利表示希望強大的君王能統一整個義大利，並建立強大的民族國家，足以對抗歐洲的強權，最終占絕對優勢，就像羅馬共和國曾經在古代稱霸一樣。他還寫過關於他珍愛的家鄉：「我對祖國的愛，勝過自己的靈魂。」[23]

V

對於只透過《君王論》瞭解馬基維利的讀者而言，《李維論》顯得有點出乎意料。如果說《君王論》是專為獨裁者而寫的手冊，那麼《李維論》則是對民主的全面辯護。該如何整合這兩本書，並理解馬基維利真正的信念，是五百年以來困擾著政治哲學家的謎題。

《李維論》之所以如此命名，是因為該書很明顯是馬基維利對蒂托・李維（Titus Livius，英文名字是Livy）的不朽著作《羅馬史》（History of Rome）的評論。馬基維利鑽研李維寫的前十卷（或章節），包括羅馬的起源故事，以及羅馬在西元前二九三年的第三次薩莫奈戰爭中取得勝利。事實上，《李維論》是獨特的政治理論作品。馬基維利運用該書和羅馬的古代歷史，為當代的國際政治實務提供實用的概念。《李維論》是很零散的作品，一共分為一百四十二個章節，然後細分成三個部分。每一章都傳達了不同的教訓，而且多半不直接與前後的章節有關聯。書中沒有淺顯易懂的敘事或論點。然而，當讀完整本書後，讀者便能勾勒出一個更大的思想體系。

《李維論》與文藝復興時期的觀點一致。馬基維利回顧古代世界，是為了尋回遺失的智慧，並啟發新的真理。他明確地為這種方法提出有力的論據，並說明同時代的人有多麼重視古代藝術和傳統智慧，卻忽視了古代的政治教訓。

馬基維利寫這本書的動機，以及他試圖回答的核心問題都非常明確。他想瞭解羅馬如何從台伯河（Tiber River）的小城邦崛起，先成為義大利半島的主導力量，然後主宰整個地中海盆地。當時的義大利衰弱且分裂，不斷受到更強大的勢力掠奪。馬基維利感嘆道：「任何在義大利出生的人，都有指責所處的時代和讚美過去的充分理由。過去有許多值得讚揚的事物，而現在卻沒有任何事可以擺脫悲慘、惡名和羞恥……各種骯髒的事物。」[24]然而，義大利曾經風光一時。成功的祕訣是什麼呢？

馬基維利的答案很簡單。羅馬之所以獲得永恆的榮耀，是因為共和制得到羅馬的異教徒支持，並且以公民宗教（civic religion）為基礎。為了讓陷入低迷的義大利恢復生氣，有必要在新的共和制之下實現統一，並創造新的公民宗教。馬基維利認為，有時候需要強大的君王建立共和國，並偶爾振興共和國的精神。除了這些情況，馬基維利對歷史的回顧使他得出的結論是，共和制比君主制更可能培養國際實力和影響力。他追隨亞里斯多德、波利比烏斯、西塞羅以及其他的共和政體理論家的腳步，認為最佳的政體融合了君王制、貴族制以及民主制，因為各種要素能互相制衡。他引用羅馬的執政官、參議院、議會等作為混合憲政的貼切例子。

共和政體能更有效地利用社會各個階層的精力和野心，使國家變得更強大。馬基維利解釋：

> 我們可以從歷史得知，只有自由的國家才能擁有越來越多的土地和財富。雅典從庇西特拉圖的暴政中解放後，在一個世紀內取得驚人的偉大成就。羅馬擺脫國王的統治後，其豐功偉業更令人驚歎。這些城市之所以蓬勃發展，原因很容易理解——因為追求公共利益，而非

私人利益，才能使城市變得更好……君王的存在會產生相反的情況，因為他通常會為了自己的利益而損害城市的利益，而他為城市所做的事情也會傷害到自己的利益。[25]

從柏拉圖至今，獨裁政體的辯護者認為人民的心思不穩定，強大的獨裁者更有能力制定明確的戰略方針。他們還主張，公眾對國家事務缺乏足夠的知識背景和判斷力，最好交給明智的中央領導者處理。此外，民主政體很混亂，會導致派系之間的衝突，但強大的統治者能加強社會的穩定性。

馬基雅維利反駁了獨裁者的辯護者。他認為共和制的競爭性利益能使國家穩定地發展，但不受約束的獨裁者可能會帶領國家朝極端的方向前進，而當這些獨裁者改變主意時，又會回到原點。他寫道：「許多人認為平民掌權會變得不穩定、善變和不知感激，但我不贊同。」[26]相反的，他表示：「不受法律拘束的君王，比平民更容易忘恩負義、不穩定和魯莽。」[27]

他也相信，共和制的決策比君主制更明智。獨裁者可能採取大膽的行動，但他們也經常犯下重大的錯誤。共和制能平衡互相對立的觀點，預防考慮不周的政策。馬基維利表示：「平民的判斷力比君王更好。」他接著說：「人們會發現，平民犯的錯誤比君王更少，而且這些錯誤通常不嚴重，也更容易解決。」[28]

關於民主政體的混亂，他樂於看到社會衝突，因為這些衝突有助於提升國內的自由，並加強對外的影響力。他在探討羅馬共和國的貴族與平民之間的階級衝突時，寫道：「如果有人檢視這些衝突的結果，就會發現衝突並沒有導致流亡或暴力……而是促成了造福公民自由的法律和制度。」[29]羅馬本來可以建立更安寧的國內政治體制，就像斯巴達或威尼斯，但如果羅馬變得更和平，就會變得更脆弱，因為和平會阻礙羅馬通往榮耀之路。馬基維利建議：「如果君王創造共和國的目標是像羅馬一樣擴張領土和權勢，那麼他必須效仿羅馬的作法，並容許騷亂與民間的不和諧。」[30]

他的建議似乎與《君王論》的觀點相反，甚至建議君王利用短暫的權力建立共和國。他寫道：「儘管他們能夠為了永恆的榮譽創立共和國……他們卻轉向暴政，沒有意識到自己排除了聲望、榮耀、榮譽、安全、安寧以及心靈的寧靜，也沒有發現自己帶來了多少恥辱、辱罵、譴責、危險和不安全感。」[31]他斥責尤利烏斯．凱撒（Julius Caesar）本來可以重建並恢復共和國，卻摧毀了羅馬。

總結來說，當上天賜予統治國家的機會時，君王應該考慮兩條路：一條路是讓他一生平安，死後光榮；另一條路是讓他終生憂慮，死後留下永恆的恥辱。[32]

馬基維利認為：「共和國的安全不止於君王在世時的英明統治，他也要能夠建立一些制度，讓國家在其死後仍能繼續維持下去。」[33]

他也相信，宗教對於維繫共和國至關重要。他寫道：「在羅馬共和國，宗教被用來統御軍隊、鼓舞平民，使好人保持善良，並羞辱壞人。」他表示：「比起違反法律，羅馬公民更害怕違背誓言。」[34]

另一方面，他認為某些宗教比較好。羅馬的異教很重視世俗事物，因此使許多人熱愛自由、榮譽和榮耀。但，基督教鼓勵人們專注於來世，在此生要保持謙卑和軟弱。馬基維利得出的結論是，宗教的差異正是古代有更多共和國的原因。與他同時代的人不願意為自由而戰。馬基維利的競爭性道德體系概念，對社會造成不同的後果，並影響了弗里德里希·尼采（Friedrich Nietzsche）以及後來的道德相對主義者（moral relativist）。

在道德方面，《李維論》顯然偏向馬基維利主義，共和國與宗教的內在價值沒有受到讚揚。馬基維利並沒有主張民主政體之所以有益，是因為能保護人權和尊嚴。他並沒有依據道德準則或未被證實的假說，評估宗教信仰。相反的，馬基維利捍衛共和主義與公民宗教，因為有用處，尤其是對他非常重視的特定目標有幫助——協助國家（和他深愛的義大利）實現國際影響力和榮耀。

關於民主政體或獨裁政體，何者對國家的擴張更有利？他對此疑問的見解，在現代以及當初寫作的時期一樣有著重要意義。美國及其民主盟友正與獨裁對手（俄羅斯和中國）進入新的大國競爭時期。[35] 二〇二一年，美國總統約瑟夫・拜登（Joseph Biden）宣稱民主政體必須證明能在「轉折點」兌現承諾。雖然拜登政府可能沒有注意到這些理論的根源，但馬基維利啟發了新一代的戰略家，他們將美國的國內政治制度視為其國際實力和影響力的基本來源。[36]

VI

《戰爭的藝術》是馬基維利主要的政治著作中最不知名的一部，但是在他的一生中，這本書的讀者範圍卻最廣泛，並且在此後的幾個世紀影響了許多軍事思想家。腓特烈二世、拿破崙、克勞塞維茲以及湯瑪斯・傑佛遜（Thomas Jefferson）都對該書表示讚許。伏爾泰（Voltaire）甚至說過：「馬基維利使歐洲人認識戰爭的藝術。」[37]

《戰爭的藝術》以對話的形式呈現：著名的傭兵法布里齊奧・科隆（Fabrizio Collon）傳

授軍事知識給幾位年輕人。科隆顯然是作者的代言人。馬基維利運用修辭性的對話，宣揚其對戰爭的看法。

這種作法與馬基維利的其他主要作品（以及文藝復興風格）很相似，都是從古代世界中汲取靈感。羅馬共和國精通兵法，與馬基維利同時代的人，都可以從研究和模仿古羅馬的軍事，找到問題的答案。如同在羅馬共和國，馬基維利認為最優秀的軍隊應該由國民兵組成，而不是傭兵、外國軍隊，或者大規模的職業常備軍。他主張國民兵應當接受專業的訓練，並遵守紀律。裝備齊全的步兵，要像羅馬士兵一樣配備盔甲、盾牌和劍，並組成緊密的隊形，而這就是在戰場上打勝仗的關鍵。馬基維利對騎兵和火器抱持懷疑的態度。他在《戰爭的藝術》中還強調了先前作品中的論點：良好的法規和裝備能相輔相成；共和政體和強大的公民宗教有助於形成高效且忠誠的軍隊。

該書讀起來很難理解，大部分的內容涉及軍事組織、戰術以及訓練的細節，也許對當時的軍官來說很重要，但缺乏長期的價值。舉例來說，有好幾頁都是談論如何設置軍營？上尉的總部應該位於哪裡？有多少條道路穿越營地？道路之間有多寬的空間？馬基維利有答案。許多段落都讓人聯想到當代關於軍事採購的辯論，例如：美國該不該立即將儲備的武器現代化，還是把這項投資延遲到未來幾年？雖然現實世界中有很多重要的決定都需要參考此基礎，但未來五個世紀的讀者大概都不會對這個主題的研究報告感興趣。

或許，馬基維利對軍事抱持的堅定信念是，他鄙視傭兵和外援部隊（來自外國的勢力）。這個主題貫穿於他的三部主要作品中。考慮到佛羅倫斯在利用傭兵時遭遇的困境，以及他建立的佛羅倫斯民兵組織取得成功，他對此議題的投入程度並不難理解。馬基維利認為傭兵和外援部隊都不值得信賴，而且他們缺乏戰鬥的動力。最終，國家還是要依賴自己的武器。[38]

他也大力強調良好的訓練和紀律很重要。例如，他寫道：「在戰爭中，誰越是警惕地觀察敵人的陰謀，而且越是孜孜不倦地訓練自己的軍隊，他面臨的危險就越少，勝利的希望就越大。」他也表示：「天生勇敢的人並不多。勤奮和訓練能造就許多勇者。」[39]

有趣的疑問是，馬基維利比較適合東、西哪一方的戰爭傳統？有些學者指出，西方傳統的典範是約米尼和克勞塞維茲。在決定性的殲滅戰中，西方傳統強調對敵人最脆弱的部分施加壓倒性的力量。另一方面，東方傳統的典範是孫武，強調的是欺騙和不戰而勝。人們可以從馬基維利身上找到東、西兩方的元素，但他應該是傾向於東方傳統。佛羅倫斯人的看法是：「優秀的將領從不輕易參戰，除非有必要，或者有好機會出現。」他們也表示：「最佳的策略是，不讓敵人知道自己的行動，直到執行完畢。」[40]馬基維利建議欺騙敵軍的作法是，點燃大量的營火，加強小型部隊的威懾效果，同時點燃少量的營火，隱藏大規模部隊的位置。

有些作家批評《戰爭的藝術》，並指責馬基維利身為軍事戰略家，卻無法理解自己正處於歷史上最重要的軍事革命時期。從有記載的人類歷史開始，直到馬基維利的時代，人們都是用手持物件的方式互相打鬥（但這樣的陳述可能太過簡略）。這正是馬基維利在《戰爭的藝術》中推薦的作法。但是，從十五世紀後期開始，直到奧蘭治親王莫里斯（Maurice of Orang）在十七世紀的軍事改革達到巔峰，世界經歷了火藥革命。這個跡象在馬基維利的時代顯而易見，例如：法國使用現代火砲，西班牙成功地利用鉤銃（arquebus）。然而，即使在一五二〇年，馬基維利仍然貶低火器的價值。他承認火器在戰鬥剛開始時有幫助，發出的巨大聲響也可以嚇阻敵人，但是一旦戰鬥展開後，火器的用處就不大了。

馬基維利的擁護者認為，他是在革命有成效之前的一個世紀開始寫作，戰術概念包含了火器的獨特作用。此外，馬基維利回應熱衷於新技術、不重視戰爭基本原則的傳統觀點。這些擁護者也聲稱，《戰爭的藝術》探討了如何設計防禦現代火砲的要塞，並指點即將修建的義大利式要塞的設計方向。

VII

我們該如何理解馬基維利呢？他真的為獨裁者寫了一本指南，也寫過捍衛共和主義的長篇著作嗎？在探討這些問題之前，我們應該強調的是，有許多類似的主題貫穿於其三部作品。這些主題包括：結果主義者的道德觀；學習羅馬共和國範例的方法；強大的統治者用暴力實現目標的需求；鄙視基督教和傭兵；對統一義大利懷著強烈的野心。

不過，我們該如何理解《君王論》和《李維論》之間的矛盾呢？第一種可能的解釋是，《君王論》被貶低為諷刺作品或某種防衛性策略。換句話說，馬基維利並沒有認真看待《君王論》。史賓諾沙和盧梭認為，馬基維利是真正的共和主義者，而《君王論》警告著世人，讓世人知道君王們可能有多麼墮落。或許，馬基維利是提出一種具有重大缺陷的君王模板，一旦有任何君王愚蠢到去嘗試，結果肯定很悲慘。

第二種解釋是，這兩本書是針對不同的用途而寫。馬基維利是憤世嫉俗的人。他並不喜歡獨裁統治，但他瞭解當時的政治局勢，並認為書中的內容有幫助，也能讓他討好新的麥地奇統治者。此外，也許《君王論》主要是探討新獨裁者維護權力所需的條件，而《李維論》概括了馬基維利的全面政治世界觀。

最後，或許最有說服力的解釋是，我們可以認真看待馬基維利的所有言論。雖然他是學者，但他也是行動力很強的人。他希望仿效古羅馬的作法，建立統一的新義大利共和國，目標是對抗並主宰鄰國。馬基維利在《李維論》中清楚地解釋，新共和國最好由大膽的領導者創立。根據此解釋，讀者可以按照他寫書的順序，按部就班地閱讀。《君王論》是馬基維利寫給新君王的指南，有助於新君王在面對各種威脅時保住國家。一旦君王牢牢掌控了權力，《李維論》則可以引導君王如何建立擴大國家權勢的共和制度，統一義大利，並引導這位英勇的創始人獲得永恆的榮耀。

VIII

馬基維利制定了現代戰略，即便他的見解有其份量，但以下的陳述並非關於他對特定議題的見解：井然有序和訓練有素的軍隊能夠勝過對手。由共和政體統治的國家，在國際的強權政治中享有獨特的優勢。早期且明智的武力應用，可以防止後來的更大災難。

馬基維利對現代戰略的貢獻，更令人難以忘懷。政治哲學家認為他是現代政治思想的奠基人，而戰略只是更廣泛領域中的一小部分。戰略依據的概念是，有一些可以從經驗中學到的普遍準則，並且可應用於新的情境。戰略還需要針對如何有效地實現目標的實際評估，不受不切實際和理想的道德標準過度限制。馬基維利將政治與道德區別開來，為政治世界的非道德研究奠定基礎。他也在方法上有所創新，利用實際經驗制定出適用於跨越時空的普遍準則，解釋世界運作的方式，並且將這些準則應用到對自己有利的部分。

這些明智的舉措對於制定現代的戰略而言十分重要。如果沒有善加利用殘酷，「戰爭是政治的延伸手段」或「威脅中蘊藏著機遇」等觀點則無法成立。如果沒有馬基維利，就不會有克勞塞維茲或謝林。

Chapter

5

難以理解的意義與克勞塞維茲的重要性

休・斯特拉坎（Hew Strachan）在聖安德魯斯大學擔任國際關係系的華德洛主教講座教授（Wardlaw Professor），也在牛津大學的萬靈學院擔任名譽研究員。他曾經在二〇〇二年至二〇一五年擔任戰爭史的奇希切爾教授（Chichele Professor）。他的著作包括《第一次世界大戰》（The First World War）、《克勞塞維茲的戰爭論》（Clausewitz's On War）、《戰爭的方向》（The Direction of War）。

一九四三年一月二十九日，被包圍在史達林格勒（Stalingrad）的德國第六軍團指揮官弗里德里希・包路斯（Friedrich Paulus）向阿道夫・希特勒（Adolf Hitler）發出訊息：「願我們的鬥爭成為這個世代和未來世代的典範。即使在最絕望的困境中，也決不投降。德軍一定會獲勝。」隔天，也就是納粹黨在德國掌權的十週年紀念日，希特勒回覆：「克勞塞維茲的名言將會實現。德國民族現在才開始意識到這場鬥爭有多麼嚴肅，需要做出莫大的犧牲。」[1]

同時，在大西洋另一邊的普林斯頓高等研究院，愛德華・米德・厄爾正在監督《當代戰略全書：從馬基維利到希特勒的軍事思想》（Makers of Modern Strategy: Military Thought from Machiavelli to Hitler）的最後階段。當美國在三十年內第二次面對現代戰爭時，厄爾決定解釋其發展過程，以便更適用於制定戰略。結果，該書在英語國家中變成當代戰略研究的奠基文獻。其中，有將近一半的章節提到了克勞塞維茲（一七八〇年至一八三一年），使他初次讓美國人留下印象。[2]

同一位戰略思想家是怎麼同時啟發極權主義國家（藉著發動生存之戰，定義自己）及其主要敵人（世界上的頂尖民主政體，喜歡把戰爭視為非理性行為）呢？有一部分的原因是，希特勒和厄爾都受到了克勞塞維茲在不同人生階段撰寫的文本所啟發，而這些文本有不同的用途。《當代戰略全書》的靈感來自實用的戰爭觀：克勞塞維茲寫的《戰爭論》（Vom

Kriege，在他逝世後，於一八三二到一八三四年間以三卷的形式出版）。一八七三年，格林漢（J.J. Graham）將該書翻譯成第一本英譯版，但直到馬蒂厄斯．喬勒斯（O.J. Matthijs Jolles）在一九四三年進行二度翻譯後（在三種英譯版中，最偏向直譯的版本），該書才被引進美國。這是一部由普魯士人撰寫的理論著作，恰逢法蘭西帝國最終在一八一五年潰敗後的和平時期。書中最著名的準則是：戰爭是政策的另一種延續手段。

然而，這並不是希特勒向包路斯發送訊息時所指的重點。受到希特勒和黨羽崇敬的克勞塞維茲與其說是理論家，不如說是軍人，或是激進的民族主義者——他參與戰爭的目標不純粹是為了外交政策，也是一場生存之戰。克勞塞維茲認為，戰爭是改革普魯士和創造德國認同感的手段。一七九二至一七九五年，他首次在第一次反法同盟戰爭中，以青少年的年紀面臨革命中的法國。在此後的十多年內，克勞塞維茲沒有再次參與戰爭，而是進行和平時期的軍事訓練，接受年輕軍官的專業指導。他也展開對瑪麗．布爾（Marie von Bruhl）的追求，並於一八一〇年結婚。布爾的智識與其不相上下，還激發了他的政治意識，最終在他去世後促成《戰爭論》的出版。一八〇五年，普魯士在反法同盟組成之初並沒有加入，直到一八〇六年為時已晚。普魯士獨自面對拿破崙，並且在十月十四日的耶拿—奧厄施泰特戰役（Jena and Auerstedt）中被徹底擊潰。一八〇七年七月九日，普魯士簽訂提爾西特條約（Treaties of

Tilsit），因而喪失一半的領土，並接受法軍的占領，同時須支付占領費用。一年後，法國限制普魯士軍隊的規模不得超過四萬二千人。克勞塞維茲在一八〇七年的頭十個月被囚禁，漸漸對法國人產生厭惡的情緒。

他為普魯士國王腓特烈．威廉三世（Friedrich Wilhelm III）效勞，比較希望能安撫拿破崙，而不是與之對抗，因此他只能無奈地關注別處發生的事件。在西班牙、瑞士以及義大利，叛軍都在抵制法軍占領。一八〇九年，奧地利重新與法國交戰。有些普魯士人（不包括克勞塞維茲）在此時團結一致。一八一二年，拿破崙要求普魯士提供軍隊支援，幫助他入侵俄羅斯。普魯士國王對這種屈辱的默許，終於讓克勞塞維茲看不下去了。他決定改變立場，加入俄羅斯的陣營，並寫下包含三部分的備忘錄，不顧普魯士國王是否同意，便直接向整體德國民族呼籲：

我相信並承認，一個民族具有的最高價值莫過於其存在的尊嚴和自由。民族必須捍衛這些價值，直到流盡最後一滴鮮血。沒有任何事情比這項義務更重要，也沒有任何法規比這項義務更需要被遵從。懦弱屈服的可恥污點，永遠都無法消除。民族血液中的毒素會傳遞給後代，削弱並侵蝕未來世代的力量。[3]

一九二四年，希特勒在啤酒地窖叛亂後的審判中，引用了這段話作為辯護。他在《我的奮鬥》（Mein Kampf）中也再次引用克勞塞維茲的話。雖然希特勒被關押在蘭茨貝格（Landsberg）監獄時收到了《戰爭論》，置於他的書架上，並且本書名列納粹黨書店的百大書目，但比起「戰爭理論家」克勞塞維茲，希特勒更欣賞「德國民族主義者」克勞塞維茲。一九三四年十一月九日，在紀念叛亂十週年的演講中，希特勒說：「克勞塞維茲寫過，在艱苦卓絕的潰敗後，東山再起依然有可能……與其永無止盡地忍受恐懼，還不如帶著恐懼感去迎接結局。」[4]當德國（不只有第六軍團）在二戰中面臨失敗時，這則訊息變得更堅定了。希特勒在一九四四年發表除夕夜演說之前，德國電臺廣播了克勞塞維茲在一八一二年發布的宣言；一九四五年的柏林防禦計畫又稱作「克勞塞維茲行動」。

矛盾的是（若要理解克勞塞維茲的生平和作品，悖論很重要），納粹黨神化的英勇、自我犧牲的戰士，與冷戰思想中的強大戰略理論家之間的對照，有共同的起源。一九一八年一月，在一戰中受到重傷的漢斯．羅斯費爾斯（Hans Rothfels）提交了論文〈克勞塞維茲。政治和戰爭。思想史的研究〉（Carl von Clausewitz. Politik und Krieg. EineIdeengeschichtliche Studie）。該論文將克勞塞維茲的理論發展與他在一七九二至一八一五年之間的經歷背景相互連結，因而結合了思想家和軍人的身分，進而連結他的軍事和政治觀點。一九一八年十一月，羅斯費爾斯震驚地面對德國戰敗的事實後，對克勞塞維茲在一八一二年的處境產生共鳴。當時的克勞塞維茲灰心喪志，無法相信自己為俄羅斯而戰的決定能因最終的勝利而得到證實。羅斯費爾斯的論文提供了能激勵國家復甦的歷史例子，但復甦時機來臨時，他卻沒有容身之地。雖然他是德國民族主義者，卻也是猶太人。從一九三三年開始，羅斯費爾斯被剝奪了學術職位後，便動身前往美國。當另一位德國流亡者赫伯特．羅辛斯基（Herbert Rosinski，為《當代戰略全書》撰寫關於克勞塞維茲的章節的第一人選）無法完成交稿的任務時，厄爾選擇讓羅斯費爾斯填補空缺。

在克勞塞維茲生活的時代，戰爭不是因為技術變革而轉變，而是因為政治和社會變革而轉變。他意識到自己無法預測這些變化是否持久，但他猜想能持續下去。因此，他不敢預料戰爭的未來。相反的，他的目標是將戰爭當成一種現象。克勞塞維茲在書的一開頭就以簡單的詞語描述戰爭，不把戰爭視為政策的另一種延續手段，而是視為不同意志之間的衝突。他希望教育讀者，幫助他們培養判斷力，能辨識戰爭中的非理性和理性要素，並思考戰略，更理解戰略，甚至應用戰略。在這些方面，《戰爭論》仍然很卓越，但讀者閱讀和詮釋內文的方式，就像戰爭本身——會隨著時間而改變。

I

二戰使美國的戰略研究建立在新的基礎上，並具有歐洲特色。這要歸功於從《當代戰略全書》受益的學究派難民湧入。一九四五年之後，美國無法像一九一九年後那樣退出國際戰事。美國面臨著以大戰略鞏固霸權的需求，不得不應對戰爭的問題，即便美國向來不願意這樣做。《戰爭論》變成克勞塞維茲的戰略論述一部分，最終取代與他差不多時代、對拿破崙戰爭更有影響力的評論家約米尼的影響力。

美國在和平時期讓軍隊保持在戰時的水準，威脅到憲法建立的軍民關係平衡。一九五七年，薩謬爾·杭亭頓（Samuel P. Huntington）在《軍人與國家》（The Soldier and the State）中提到這項挑戰。他的論點仰賴於對軍事專業的理解，其根源可追溯到十九世紀初的普魯士。按照杭亭頓的說法，克勞塞維茲的《戰爭論》提供了理論上的依據。杭亭頓的解釋是，克勞塞維茲認為戰爭是獨立的科學（明確的專業範疇），也領悟到戰爭是「最終目標來自外部的次級科學」。這些目標是由政治家按照國家政策設定。因此，杭亭頓宣稱：「克勞塞維茲也提出了文官控制的第一個理論依據。」[5]

雖然克勞塞維茲觀察到了戰爭的雙重性（我們稍後會提到），但這並非是杭亭頓所指稱的那種雙重性。克勞塞維茲把政策當成與戰爭無關的要素，政策能調整戰爭的進行方式，也能與戰爭的激烈程度保持一致。[6]然而，他反對將戰略與設定戰爭最終目標的政策區分開來的觀點（他一貫將戰略定義為「利用戰鬥，達到戰爭目的」）。一八二七年十二月二十二日，他寫信給普魯士參謀部的少校卡爾・羅伊德（Carl von Roeder）：「每一項重要戰略計畫的主要方針幾乎都涉及政治。隨著計畫應用於整體戰役和整個國家，政治特性就變得越來越明顯。」[7]正因為克勞塞維茲反對「可以對重大戰略問題進行純粹的軍事評估」的觀點，他不曾發展出一套遵循杭亭頓提出嚴格界限的軍民關係理論。美國人將克勞塞維茲的話解讀為「軍人必須永遠服從政治家」；[8]但實際上，他的想法正好相反。

> 我們都說將軍會變成政治家，但他不能放棄身為將軍的職責。一方面，他必須快速瞭解所有的政治情境；另一方面，他要清楚地知道自己可以運用手段做什麼事。[9]

韓戰促使杭亭頓利用克勞塞維茲，支持「軍隊服從文官控制」的論點。一九五一年，麥克阿瑟將軍挑戰總統的主導地位，他聲稱有權為了追求勝利而使衝突加劇，甚至跨越核戰鬥檻。如此一來，他超越杭亭頓後來界定的專業範疇。因此，當哈利．杜魯門（Harry S. Truman）解雇麥克阿瑟時，他所做的不只是將利用克勞塞維茲的手法神聖化，以維護文官對軍隊的控制，還確保了韓戰不會引發許多人擔憂的民主政體和共產主義之間爆發更廣泛的衝突。在面臨全面戰爭威脅的時代，韓戰為有限戰爭的發展概念提供了依據。

雖然全面戰爭和有限戰爭都是克勞塞維茲所不熟悉的二十世紀概念，但還有另一種方法可以使《戰爭論》適用於一九四五年之後的美國安全困境。不過，在這種情況下，這些概念是基於他對戰爭雙重性的認知。一八二七年七月十日，克勞塞維茲在《戰爭論》的序言中表示，戰爭分為兩種類型：第一種是為了消滅敵人，迫使敵人簽署我方提出的和平協議；另一種是為了占領敵人的一些邊境地區，以便我方併吞，或者在和平談判中利用這些地區進行交易。[10]這個差異讓克勞塞維茲意識到，並不是歷史上的所有戰爭目標都像拿破崙那麼廣泛，尤其是十八世紀的戰爭。這一點巧妙地平衡了他遇過的存亡衝突經驗，以及他對「戰爭可能只是手段」的渴望——辨識兩者的共同特色：「戰爭只不過是國家政策的另一種延續手段。」[11]這種雙重性為戰爭創造了一種理論概念，既可以是擴張性的目標，也可以是有限性的目標，而不影響戰爭現象具有一元化性質的觀點。這種概念並沒有具體說明如何實現上述的第二種目標，因此仍然考量到「軍事目標是消滅敵人」的可能性，即便最終目標是達成妥協性和平。

在一八二七年的序言中，這種雙重性啟發了一九一四年之前的兩位重要戰爭思想家。在德國，德布呂克確定指揮官追求偏向有限目標的戰略類型後，強化了克勞塞維茲的解釋。他舉出的主要例子（影響到克勞塞維茲在《戰爭論》第六卷中討論的防守策略）是七年戰爭中的腓特烈二世。他認為腓特烈二世面對更強大的聯盟，並且致力於保住先前戰爭中贏得的利益時，運用機動策略去消耗更強大的軍事對手，只有在可以單獨與對方戰鬥的情況下才開戰。他將克勞塞維茲的這種延伸思維稱作「消耗戰略」，即便一戰中的消耗應用（與德布呂克的版本不同）是能夠提升戰鬥力的主要方法，而不是機動作戰。此外，七年戰爭使普魯士投降；換句話說，有限的目標仍然需要莫大的軍事努力。

第二位思想家是科貝特。他希望以較少的努力取得重大的成果。在《海上戰略原則》（Some Principles of Maritime Strategy，一九一一年）中，他運用克勞塞維茲提出的雙重性，說明英國如何在主要的大陸戰爭中發揮有限的作用，並利用海軍實力在自己選擇的地點發動兩棲遠征，或透過封鎖進行經濟戰。[12] 此外，一戰的實務與理論相悖。英國採取海事的兩種選項，但也動員大規模的陸軍參與重大的陸地戰爭。一戰的損失促使許多思考戰爭的人試圖透過威懾手段防止交戰，而不是發起有限戰爭。為了做到這一點，他們強調未來的戰爭將是「全面性」的。然而，支持法西斯主義的國家都認為這就是他們期望的戰爭方式，而不是預防戰爭。全面戰爭也變成了「極權主義戰爭」的同義詞，[13] 一九三九年，沃爾特・舍林（Walther Malmsten Schering，哲學家、納粹黨員兼《克勞塞維茲的戰爭哲學》〔Die Kriegsphilosophie von Clausewitz〕作者）斷定，未來只會有一種戰爭——全面戰爭。[14]

韓戰結束後，有限戰爭的思維之所以復興，並非受到戰爭目標雙重性的驅使，而是基於進行方式的初期全面性（totality），這種全面性是針對核武可能造成的大規模破壞做出回應，並非以一九三九年之前德國思維所支持的術語來表達。一九五七年，羅伯特・奧斯古德（Robert Osgood）在《有限戰爭》（Limited War）中提到：「從片面的觀點來看，克勞塞維茲相信政策是理解所有戰爭複雜性和矛盾性的基礎。一旦沒有政策，就無法形成前後一致的判斷。」[15] 奧斯古德沒有將克勞塞維茲視為全面戰爭的策劃者（李德哈特在一九三三年對他的詮釋），而是視為「希望利用政策，遏制戰爭的失控暴力」的理論家。[16] 他認為美國有義務拋棄對戰爭的厭惡感，並且將克勞塞維茲的名言付諸實行，藉此把戰爭當作合理的權力工具。

奧斯古德如此描述有限戰爭：「為具體且明確的目標而戰，不需要付出太多的軍事努力。」相比之下，大規模戰爭除了要消滅敵人之外，並沒有明確的目標。[17] 儘管他公開支持過克勞塞維茲，依然將焦點從「受目標限制的戰爭」轉移到「受手段限制的戰爭」。由於戰爭必須以保持低於核戰門檻的方式進行，目標也必須受到限制。在某種程度上，奧斯古德別無選擇，只能低估政治目標的作用。冷戰是不容許妥協的意識形態之爭，克勞塞維茲針對政治目標的討論，已肯認其使戰爭加劇的能力，但他將戰爭的暴力視為戰爭固有的部分，而且適用於上述的兩種戰爭。在《戰爭論》（第八卷，第三A章）的簡短戰爭史回顧中，提到一七八九年法國大革命後的戰爭擴大現象時，沒有歸因於法國追求意識形態的開放性目標，例如自由、平等、友愛，而是歸因於國家政治和社會的轉型，也沒有將拿破崙的征服欲視為極權主義。相反的，克勞塞維茲認為拿破崙的權勢建立在戰爭的成就，因此他的統治取決於下一次的勝利，也導致他陷入「雙倍下注或加倍付錢」的賭局，無法脫身。[18] 儘管一七九〇年代充斥著革命的口號，他當時所處的戰爭極端情況，並不是因為二戰中的法西斯主義和共產主義之間的衝突所具有的政權類型不相容而引起，也與共產主義與自由民主政體在冷戰時期的競爭不同。

在這些情況下，美國在有限戰爭方面的應用，已證實比理論所建議的更難管理，尤其是在越南問題上更是如此。在一九五七年出版的《核武與外交政策》（Nuclear Weapons and Foreign Policy）中，季辛吉讚揚了奧斯古德的書，並與他同樣主張：「只根據軍事考量而進行的全面戰爭，對克勞塞維茲而言是一種矛盾。」[19] 季辛吉利用克勞塞維茲在第一卷的第一章中針對絕對戰爭（absolute war）的討論——將這種戰爭視為無法在現實中實現的哲學概念。這也是克勞塞維茲大力主張政治目標至高無上的部分。因此，季辛吉批評道：「我們的戰略教條與外交分離了。勝利的概念就是使敵人毫無抵抗力，藉此達成目的。」他認為：「有限戰爭應該防止暴力的極端狀況，並放慢現代戰爭的節奏，以免作戰的速度太急促，使政治和軍事目標之間建立關係的過程受阻。」[20] 這大致上是季辛吉在越南戰爭期間試圖去做的事情。在一九六九至一九七五年間，他先擔任國家安全顧問，接著擔任國務卿。但他的方法沒有奏效。雖然他認為這場衝突對美國的利益而言並非首要考量，但美國失敗的後果使衝突的重要性提升。

除了一八二七年的序言，克勞塞維茲的《戰爭論》其實很少提到有限戰爭，尤其是美國處理越南問題的態度。在第二則沒有標示日期的序言中，克勞塞維茲的原稿寫著：「這些資料摘自大規模戰爭理論的精華。」[21] 這句話可能意味著他原本打算在寫完《戰爭論》後，另外寫一本關於有限戰爭的書，但大多數評論家認為這句話是指關於「小型戰爭」的書。一八一〇至一八一一年，克勞塞維茲在軍事學院授課的主題就是小型戰爭。他鑽研十八世紀所謂的「小規模戰爭」——在主要戰場之外作戰，目的是干擾通訊線路，並進行突襲和偵察。他在一七九二至一七九五年也有相關的經歷。[22] 但與此同時，他與奧古斯特・奈德哈特・格奈森瑙（August Neidhart von Gneisenau，曾在一七八二至一七八三年的美國獨立戰爭中服役的年輕軍官）互相勾結，私下策劃對抗法國占領的全國性叛亂。這種鬥爭利用恐懼和無差別的暴力，在調動人力的過程中模糊平民和士兵之間的分界。小規模戰爭的戰術也能應用於大規模戰爭中，這一點反駁了那些批評克勞塞維茲的人；他們認為克勞塞維茲只研究大型國際戰爭，一點都不瞭解游擊戰。西比勒・謝普斯（Sibylle Scheipers）認為，克勞塞維茲參與黨派和人民的戰爭後，才能夠發揮《戰爭論》的主題。全國性的起義是一場「絕對戰爭」，比其他的戰爭更容易受到政策的影響。[23]

如果是這樣的話，《戰爭論》的第六卷（關於防禦）則是暗示了克勞塞維茲遵循的方向。根據他的描述，防禦目標是消極的，但防禦手段比進攻手段更有效。游擊隊可以騷擾前進中的軍隊的通訊線路，並將防禦轉變為人民起義。第六卷的第二十六章提到，在萬不得已的情況下，人民動員武裝以及他們戰鬥到底的決心，這種表態方式讓人想起一八一二年的宣言，將使戰爭擴大與加劇，而無法限制戰爭。如果越南戰爭是克勞塞維茲說的第二類戰爭，比起在華盛頓構思的戰爭概念（關於手段的辯論，造成目標的不確定性），北越的回應更清楚地說明了他的想法。

奧斯古德和季辛吉都強調，克勞塞維茲讓馬克思、恩格斯以及列寧留下了深刻的印象。

許多馬克思主義者都喜歡《戰爭論》中所描述的戰爭與政策之間的關係。在辨識這一點的同時，奧斯古德和季辛吉都向有疑慮的美國人強調本書的智慧。此外，當西方共同面對所謂的「革命戰爭」時，是以毛澤東的軍事著作作為叛亂理論的基礎。毛澤東也讀過《戰爭論》，並且像布爾什維克一樣受到書中對戰爭和政策的討論啟發。用奧斯古德的話來說，則是：「革命暴力的整體目的是政治。革命暴力的整體戰術從屬於政治目標，並且在預期的政治後果中形成。」[24]但，他和其他人都誇大了克勞塞維茲對毛澤東的影響力。其實，毛澤東的軍事思想借鑑於廣泛的資料來源，他設想的戰爭也不受時間或參與度的限制，即民眾的持久戰（動員人民）。

關於共產黨對《戰爭論》的詮釋，美國的理解忽略了其中與蘇聯軍隊的相關性。托洛斯基（Trotsky）是紅軍的主要建立者；他對《戰爭論》的回應比起政治驅力更多元且務實。這些回應包括強調戰爭固有的暴力。雖然《戰爭論》最早於一九〇二年被翻譯成俄文，但最完整的版本是直到一九三一至一九三二年才出版，並且由一九二〇年代初期的重要蘇聯戰略思想家亞歷山大・斯維欽（Aleksandr Andreevich Svechin）監督。身為前沙皇軍官，斯維欽在一九三一年被剝奪了主要職權。從那時起，直到他在一九三八年被處決之前，他都在專心研究克勞塞維茲。到了一九四一年，蘇聯已經有五萬五千冊《戰爭論》在流傳。[25]斯維欽對戰略的研究，證實了《戰爭論》強調的強大防禦力。他也受到德布呂克的影響，主張蘇聯應該採取消耗戰略。這兩項建議都遭到強烈的批評，因為批評者認為這種戰略不適合革命軍隊，主張呼籲進攻和殲滅戰略的米哈伊爾．圖哈切夫斯基（Mikhail N. Tukhachevsky）反對尤甚。斯維欽支持克勞塞維茲提出的兩種戰爭，區別方式在於不同的目標，同時不迴避戰爭的真實本質。在這方面，斯維欽以毫不含糊的措辭支持克勞塞維茲：

> 我們認為自己受限於克勞塞維茲賦予「毀滅」的炫目定義，但以純粹的摧毀行動在現代已不再適用為藉口，將他生動、豐富的定義替換為含糊其辭、不帶任何推論或推斷的「半毀滅」概念並不可取。[26]

在蘇聯於一九四一至一九四五年間進行防禦戰，遭受慘重的損失之前，斯維欽早已開始寫作。克勞塞維茲在俄羅斯的聲譽因此受到了影響，他被指控採用德國軍事意識形態盲目採納的「抵制變革的理想主義信條」。雖然蘇聯占領者開始清理德國圖書館中宣揚納粹黨或軍國主義觀點的書籍，但他們只禁止那些與克勞塞維茲有關、並於一九三三至一九四五年出版的作品。在史達林（Stalin）於一九五六年逝世之前，《戰爭論》開始在東德重新受到讀者的關注。一八〇七至一八一一年的普魯士改革運動與克勞塞維茲的關聯，以及他在一八一二年表現出的激進主義，都強化了他的革命資歷。一九五二年，俄羅斯人紀念戰勝法國的一百四十周年。由於克勞塞維茲在公約中（效忠拿破崙的普魯士分遣隊改變了立場）有重要的作用，他被塑造成俄德情誼的代表。根據東德國家人民軍（National Volksarmee）的軍官報告，儘管他們在自己的學院很少遇到克勞塞維茲，但他們在蘇聯完成軍事教育後，都會深深受到他的思想影響。一九七一年，在克勞塞維茲於弗羅次瓦夫（Breslau）逝世後的一百四十年，他的遺體被人挖掘出來，在他的家鄉布爾格（Burg）進行盛大的重新安葬儀式。一九八〇年，在克勞塞維茲的誕辰二百週年紀念日，世人歌頌他是愛國者、改革家以及理論家。[27]

儘管蘇聯軍事思想家拒絕任何關於遏制戰爭固有暴力的建議，但他們接受了戰爭可分為兩種類型的想法，因為——就像克勞塞維茲，他們是從目標的角度來看待這種差異，而不是手段。目標的價值能決定戰爭的進行方式，列寧和史達林都曾經容許在必要的情況下撤退。列寧也明確地引用克勞塞維茲的話，支持此觀點。[28] 如果預期收益與所需的努力不相稱，即使失敗也是可以接受的。不過，重點在於戰爭的動機並非物質利益，而是仇恨之戰。也就是說，如果戰爭的政治目標是由一方消滅另一方，那麼這場戰爭將是生死戰。[29]

如同在美國，問題在於核武出現後，這種衝突是否能以其他的方式延續政策。在一九八六年的東德，統一社會黨（Socialist Unity Party）的總書記埃里希・何內克（Erich Hönecker）堅稱這是不可能的事。沃爾夫岡・舍勒（Wolfgang Scheler）在人民軍的軍事學院擔任哲學教授，他的回應是，至少在區域戰爭和地方戰爭中有可能實現。他認為使用核武並不是真正的戰爭，因為戰爭的結果不可能是和平，而是趕盡殺絕。[30] 一九八七年，蘇聯的領袖暨經濟改革者米哈伊爾・戈巴契夫（Mikhail Gorbachev）表態支持何內克的觀點。雖然有些蘇聯軍事思想家有不同的意見，但也有人利用了戈巴契夫的言論，允許在追求有限目標的情況下進行正規戰爭。一九九二至一九九七年，安德烈・科科申（Andrei A. Kokoshin）擔任俄羅斯的國防部第一副部長，帶領斯維欽恢復名譽，進而使克勞塞維茲捲入辯論。科科申參考了《戰爭論》的第六卷，並引用一九四三年的庫斯克會戰（battle of Kursk）當作例子，說明運用消耗手段的戰術和戰略防禦可以迎向勝利。他還主張，戰爭不只是軍隊之間的衝突，而是國家在爭奪權力的戰鬥中所擁有的理智、政治和經濟手段的總和。他強調防禦性威懾主義中國內政策的作用，藉此為當代的背景重新定義克勞塞維茲的名言，主因是他和其他人都看透了戰爭本身固有的暴力。[31] 俄羅斯的思想家更開放地看待存亡戰爭的可能性，也更有彈性地思考解決問題的方法（美國主張有限核戰爭的論點，再次優先考慮手段，其次才是目的，但沒有得到充分的支持），並且比戰後的美國更能理解克勞塞維茲的親身經驗帶來的影響。[32]

在西德，納粹的歷史遺緒對克勞塞維茲的研究而言是一種障礙，比在東方的影響力更深遠。矛盾的是，這種遺緒卻變成克勞塞維茲的思想在美國被廣泛接受的基礎，與羅特費爾斯的處境很相似。一九六一年，一群退休軍官成立無黨派的克勞塞維茲協會（Clausewitz-Gesellschaft），但該協會經常針對當前的問題發表評論，不常利用《戰爭論》促進戰略思想。只有明斯特大學擁有軍事科學的大學教授職位（因此防務研究的納粹名稱得以延續）。二〇一二年，擔任該職位的維爾納·哈爾韋格（Werner Hahlweg，在三十年前已退休）在過世後被揭露為前納粹分子；然而，他在戰後時代是克勞塞維茲研究領域中的卓越學者。一九五二年，當他編輯第十六版的《戰爭論》時，回歸一八三二至一八三四年的原始文本，放棄在一八五三年被貼上普魯士軍國主義標籤的第二版。他也曾經編輯克勞塞維茲尚未出版的手稿，揭露該書的起源和進展。如果說厄爾、杭亭頓、奧斯古德以及其他人是為了英語系國家更懂得欣賞《戰爭論》，那麼哈爾韋格則是為該書奠定了學術基礎。

III

一九七六年，霍華德和彼得·帕雷特（Peter Paret）為《戰爭論》製作了第三版的英譯本，他們利用哈爾韋格的版本，獲得不錯的成效。這個版本的《戰爭論》推翻人們覺得文本難以理解、充滿矛盾又冗長的成見。提及克勞塞維茲的英文參考資料，在一九八〇年代初期變成一種流行。在英國，引用《戰爭論》的頻率比前幾次的峰值高了兩倍（在兩次世界大戰中都發生過）。在美國，這是前所未有的現象，引用頻率是英國的五倍。[33]克勞塞維茲的大多數當代戰略評論，在英語系國家中主要是依據霍華德和帕雷特的說明，而不是克勞塞維茲本人。

普林斯頓大學出版社簡化了內容，捨棄原始德文版的三卷結構，也捨棄格林漢的翻譯，改成僅有一卷，篇幅也大幅縮短。在一八三二年版本的序言中，布爾發表了沒有標明日期的筆記，她的丈夫認為只有《戰爭論》的第一卷第一章才算是完成。哈爾韋格毫不猶豫地將這份筆記的日期歸於一八二七年，克勞塞維茲在那一年經歷了個人和思想層面的危機，[34]可能是他在第六卷寫下關於防禦的主題時導致。防禦主題迫使克勞塞維茲探討拿破崙之外的其他戰爭形式，他在未解決的緊張關係部分著墨較多，使第六卷成為《戰爭論》中最厚的一卷。其他人甚至將克勞塞維茲的重要思想發展階段，追溯到更早的一八二五年。帕雷特意識到克勞塞維茲受到了格哈德·馮·沙恩霍斯特（Gerhard von Scharnhorst）的影響，於是透過戰爭學院以及由年輕軍官組成的軍事討論小組，準確地將重要思想的起源追溯到一八〇二年至一八〇五年。然而，帕雷特和霍華德將該筆記歸於一八三〇年，並認為克勞塞維茲是在返回波蘭服役前整理文件時所寫的，他在隔年去世前，並沒有再度翻閱筆記。霍華德和帕雷特都認為，第一卷的第一章是他針對戰爭觀的最終總結，既簡潔又簡短，有許多一針見血的格言。如果他們和其他人的認知都錯了，那麼《戰爭論》中的大部分內容可能是一種有定論性質的陳述，甚至是最終的聲明，超越了一般觀點所容許的範疇。[35]

霍華德和帕雷特的《戰爭論》在另一方面也更具可讀性。他們都曾經在二戰中服役，尤其是霍華德希望創造的文本是由士兵依據親身經歷撰寫，而讀者是其他的士兵。他們引入原著中不曾出現的詞彙和片語（對關注二十世紀後期戰爭的人來說很重要），在概念方面跟上了時代。全面戰爭只是其中一部分。克勞塞維茲談到了絕對戰爭和全面戰爭，意味著戰爭的純粹形式，但他不曾提到現代人所理解的全面戰爭。另一個新詞是軍事行動。到了一九七六年，作戰藝術在軍事理論中被視為獨特的戰爭層次。霍華德和帕雷特偶爾將「戰爭」和更常出現的「交易」翻譯成軍事行動，藉此暗示作戰的藝術起源於一八二〇年代的普魯士，而非一個世紀後的俄羅斯。[36]

霍華德和帕雷特有四個環環相扣的主題，可用來塑造他們的詮釋。首先，戰略應該依據目標、途徑和手段的條件來理解。克勞塞維茲將這種三分法應用於戰爭的各個層面，包括戰術、政治以及戰略，但是與霍華德和帕雷特所暗示的相比，他為這三個術語加上的德語詞彙比較鬆散，也更不一致。與他的譯者相比，他在處理術語時沒有那麼明確的等級概念。其中一個原因是，他們專注於第二個主題：戰爭是政策的另一種延續手段，也就是只有在《戰爭論》第一卷和第八卷中直接探討的觀點。但他們暗示此觀點貫穿全文。原文偶爾也會出現「政治」一詞，政策則是出現於《戰爭論》的精采部分，包括方法論和戰爭的目標。然而，克勞塞維茲不曾明確地定義過政策，卻不斷努力定義戰爭。有時，某些評論家似乎忘了該書的主題是戰爭——正如書名清楚表明的，而非戰爭的原因。第三，霍華德和帕雷特都強調政府製造了戰爭。值得注意的是，帕雷特將自己出版的克勞塞維茲傳記命名為《克勞塞維茲與政府》（Clausewitz and the State，與譯本在同一年出版）。然而，在第六卷的第二十六章中，克勞塞維茲坦白說人民或國家也發動過戰爭，並且比政府的決心更堅定。儘管他不願意武斷地評論未來的戰爭形式，卻認為全民皆參戰可能會導致戰爭擴大，而不是回歸十八世紀有限的戰爭形式，原因是遵循了革命戰爭和拿破崙戰爭的先例。霍華德和帕雷特下定決心要遏制戰爭，並且將絕對戰爭視為抽象概念，如同季辛吉所做的一樣，將克勞塞維茲納入他們的陣營。他們的第四個主題是：即使克勞塞維茲寫的書起源於三十年戰爭（Thirty Years' War）以來，歐洲最廣泛和最具破壞性的戰爭經驗，但仍然可以被解讀為支持嚇阻戰略、由政府控制的有限戰爭的觀點。一九七七年，也就是他們的譯本出版後的一年，國際法回應了叛亂和內戰，並承認在民族解放戰爭中的參戰者擁有交戰地位。霍華德認為《日內瓦公約》（Geneva Convention）的附加協議是通往「公正、和平、有序的社會」發展過程中的倒退步驟。他宣稱：「戰爭是工具，不是要素。」[37]

霍華德和帕雷特的翻譯受到冷戰風潮的影響，並引起人們對核戰的恐懼。雷蒙・阿隆（Raymond Aron）寫的《思考戰爭：克勞塞維茲》（Penser la Guerre, Clausewitz）在同一年出版，直接將《戰爭論》應用到當代的問題，並得出結論：如果克勞塞維茲還在世，他應該會制定一套解決衝突的理論。[38] 阿隆的關注點與霍華德和帕雷特相同：該如何使阿隆所說的公式（戰爭是政策的另一種延續手段）與阿隆所謂的「全球變革時代」有所連結？

若將範圍縮小，更確切的說法則是，霍華德和帕雷特的版本吸引了正在對抗越戰遺留問題的美國人。一九八一年，參與過越戰的老兵哈利・薩默斯（Harry Summers）上校曾撰寫《戰略論：對越南戰爭的批判性分析》（On Strategy: A Critical Analysis of the Vietnam War）。事實證明，該書在軍事界大受歡迎。這一點不足為奇，因為該書描繪了在越南憑著成功的戰術打仗、卻在戰略方面失敗的軍隊。「身為軍事專業人員，」薩默斯寫道：「我們的職責是判斷越南戰爭的本質，將事實傳達給文官決策者，並提出適當的戰略建議。」他利用《戰爭論》（霍華德和帕雷特的譯本）作為模板，並引用克勞塞維茲的支持論點：「政治家和指揮官必須執行首要、且影響深遠的裁斷行為是確立……他們正在進行的戰爭類型。」[39]美國沒有做到這一點。薩默斯對有限戰爭的觀點並不反感，但他不相信手段（而非目的）可以遏制戰爭。出於類似的原因，他厭惡對反叛軍作戰的過度重視。將戰爭視為「典型的革命戰爭」是錯誤的，因為游擊隊無法單獨取得決定性的結果。[40]在這方面，薩默斯遵循霍華德和帕雷特對《戰爭論》的解釋，而非克勞塞維茲在一八一二年的爭論情境中、以及在第六卷第二十六章的理性分析中提出的解釋。

關於克勞塞維茲的三位一體理論，薩默斯的分析特別具有啟示性。在第一卷的第一章中，克勞塞維茲提出有必要準確地辨別進行中的戰爭類型後，繼續說明這麼做有多麼困難。在《戰爭論》中最具提示性的段落中，他將戰爭比喻成變色龍，因為「在某些方面，戰爭會在各種具體情況下改變性質」。但他也將戰爭比喻成奇怪的三位一體，包括：第一，「戰爭固有的原始暴力，仇恨和敵意被視為盲目的自然衝動」；第二，「機率和偶然性的遊戲，變成情感的自由活動」；第三，「政治工具的附屬特色，屬於純粹的智力範疇」。[41]這就是所謂的「主要」三位一體。接著，克勞塞維茲提出這三種屬性都更常（但不是專屬）與人民、指揮官及其軍隊和政府有關聯，共同構成「次要」三位一體。所謂的主要三位一體具有神祕的特質，就像基督教的三位一體；考慮到克勞塞維茲的一些祖先曾經是教士，這是很重要的考量因素。戰爭將這三種屬性結合在一起，但這裡的戰爭不是前述的兩種，而是單一的現象：對抗性的事務，其結果取決於雙方的互惠和敵對行動，因此可以往多個方向發展，並產生指數級成長的效應。在第一卷的第一章開頭，克勞塞維茲首先將戰爭定義為不同意志的衝突。他將這些要素與次要的三位一體連結起來，形成國家內部的參與者，並構成國家在戰爭中應用的戰略，但無法涵蓋整體戰爭，因為還必須包括敵人的行為和兩個對手之間的互動。整個概念將工具性與存在性結合起來，具有許多可調動的部分。任何理論都不能忽略其中任何一部分，也不能確定各部分之間的關係，因為它們會不斷地變化。

然而，霍華德和帕雷特在翻譯中並沒有以這種方式呈現三位一體。為了使三位一體符合「戰爭是政策的另一種延續手段」和「戰爭是一種政治手段，從屬於政策」等觀點，他們強調政策和理性之間的關聯，以及人民和政策之間的落差。他們沒有提到理性的大眾或熱情的政府，並偏好將「Politik」翻譯成政策，而非政治。他們優先考慮克勞塞維茲所謂的國家政策，即便他只在一八二七年七月十日的序言中提過這個詞，並沒有在《戰爭論》的正文中提及。[42]這種方法既忽略了政治辯論的對抗性層面，也忽略克勞塞維茲在第八卷中對「Politik」的定義，即「群體利益的代表」。[43]因此，薩默斯完全排除《戰爭論》的主要三位一體，因而也忽略了克勞塞維茲對戰爭的深刻描述。相反的，他專注於次要的三位一體，視之為制定國家戰略的工具。他的書在一開頭就聲明，克勞塞維茲將軍事理論的任務描述成「維持人民、政府以及軍隊之間的平衡」，然後以這些術語應用三位一體。[44]

美國戰略產生的影響很深遠，尤其是當美國軍隊相信在國內輸掉了對越戰的支持，是因為政府無法讓民眾理解戰爭的本質。另一位參與過越戰的老兵科林・鮑威爾（Colin Powell）讀到《戰爭論》時，也強調了次要三位一體的重要性。一九八四年，鮑威爾擔任國防部長卡斯帕・溫伯格（Caspar Weinberger）的軍事助手時，確保克勞塞維茲的原則塑造了溫伯格式方針。當他成為參謀長聯席會議（Joint Chiefs of Staff）的主席後，相同的原則也影響了他自己的方針。美國不應該在沒有清晰目標、或缺乏實現辦法的情況下開戰。政府要負責解決目標設定的問題，而軍隊要負責實現目標。為了做到這一點，鮑威爾在一九九二年說過，他們一開始就需要用足夠的資源去取得成果。[45]

這一切的本質都符合克勞塞維茲的理論。薩默斯和鮑威爾可以引用章節和段落支持觀點。問題分為兩方面：首先是如何管理目的、途徑和手段之間的關係，以及在各個匯合點之間發生的事情，尤其是在龐大的官僚體系中，在理論上受制於軍民從屬的原則，但是在戰爭期間的實際應用充滿了不確定性。其次是選擇性的引用和自由翻譯遺漏了哪些部分。

隨著冷戰的結束，核戰對「戰爭是政策的另一種延續手段」這個主張構成的核心挑戰，變得沒那麼緊迫了，不過，內戰和所謂的新型態戰爭在此時逐漸受到關注。霍華德和帕雷特對《戰爭論》的詮釋，與克勞塞維茲的批評者在當時所稱的「舊戰爭」密切相關。當主要參與者與政府無關時，這種相關性就降低了。克勞塞維茲被描繪成西發里亞體制之後的產物，當時的秩序是於一六四八年的三十年戰爭結束時確立，但後來隨著政府喪失武力壟斷而瓦解。「新戰爭」的支持者認為戰爭不再是一種政治工具，原因並不是核武使戰爭變成無意義的命題，而是因為由軍閥發動戰爭的目標是經濟和社會。他們利用武裝衝突，謀取利潤或助長犯罪。為了實現目標，他們不要求交戰，因此使得游擊戰和叛軍的技巧變成現代以及未來戰爭的核心。戰爭的目標不再是勝利與和平，而是為了追求永久的利潤。

在一九九〇年代，克勞塞維茲的作品經過了批判者的反覆分析，主要歸功於霍華德和帕雷特的觀點，而不是對《戰爭論》的仔細研讀。他們的翻譯受到冷戰的確定性影響，隨著武裝衝突的情境變化而看似逐漸過時。這不只是軍事界以外的人得出的結論，有些軍人的想法也是如此。在一九九〇年代，新技術的美國倡導者提出「軍事革命的祕訣是，在短期戰爭中運用壓倒性的軍事力量，達成決定性的效果」。二〇〇一年，九一一襲擊事件結束後，這一點從阿富汗和伊拉克的初步成效似乎得到了證實。由於資訊情報和衛星導航實現了精確引導和鎖定目標的效果，他們認為克勞塞維茲太過重視戰爭迷霧和過程中的摩擦。比起目的，他們更重視手段。二〇〇五至二〇〇六年，不斷加劇的叛亂助長了內戰，重新引起有關游擊戰的辯論，導致美國參戰的目標變得不明確。然而，克勞塞維茲不一定能證實自己的見解。薩默斯拒絕鎮壓叛亂，是以克勞塞維茲的觀點作為理由。根據普遍的看法，《戰爭論》並沒有提到小規模戰爭，更別說恐怖主義了。拜杭亭頓之賜，克勞塞維茲對「軍隊服從文官權力」的問題也負有責任，導致雙方追求的方向如同平行線，而非匯於一處。有人引用了克勞塞維茲的言論——他勸告政治家和指揮官都要先確定自己即將參與的戰爭屬於哪一種類型，但沒有人聽得進去，因為雙方都沒有聽取彼此的意見。如果他們真的有閱讀《戰爭論》，應該是選擇性地翻閱吧。

從一九四三年開始，不同人以不同的方式閱讀克勞塞維茲的書，包括馬克思主義者、法西斯主義者、自由主義者、民主主義者，全都像是「盲人摸象」般無法縱觀全局。一八一五年之後，克勞塞維茲開始寫《戰爭論》。他描寫自己瞭解的戰爭，光是這部分就占了第二卷至第五卷的大部分正文。最遲在一八二七年，克勞塞維茲意識到自己的經驗不足以形成普遍的戰爭理論。大概是出於緩解他的政治激進主義的實際需求，他改變了寫作方向，尤其是在第一卷和第八卷中最明顯。因此，克勞塞維茲並沒有將戰爭視為是純存在性或純工具性，而是兩者兼而有之。此外，存在性定義在他的職涯發展階段產生很大的影響，而工具性定義在晚期漸漸造成更大的影響力。在和平時期，他努力從更高層次的視角，書寫自己在底層經歷到和感受到的事情，最終用政策的概念為整體事物賦予一致性。[46]

IV

戰略研究不斷出現新的定義，主要原因是涉及了許多其他的研究領域。人類學、歷史、經濟學、政治學、國際關係、心理學以及社會學，都提供了關於戰爭的不同觀點，但是有兩位政治學家寫過：「傳統上，軍事歷史是唯一由戰爭和鬥爭的實際研究來定義的學科視角。」[47]

克勞塞維茲分享了這個觀點，也在運用學科方面不拘一格。數學和機械學在很大的程度上塑造了他的思維，而「摩擦」和「重心」賦予他隱喻的靈感。這些隱喻有很大的影響力，因此我們可能會過度高估隱喻，忽略其根據的現實。他對戰爭的研究，最初是源於他的親身經驗。他在寫完一八一二年的備忘錄之後，便參加俄羅斯戰役、一八一三至一八一四年的德國解放戰爭，以及滑鐵盧戰役。整體而言，克勞塞維茲在一七九二至一八一五年間參與了九年的戰爭，但只有經驗是不夠的。克勞塞維茲將沙恩霍斯特視為義父，這位義父曾建議他運用軍事歷史，將經驗置入文章的脈絡。

克勞塞維茲照做了，不只寫下他參與過的所有戰爭紀錄（除了一七九二至一七九五年之外），還記下一七九六至一七九九年在義大利發生的法國戰爭。克勞塞維茲在寫《戰爭論》的第六卷時，特別關注腓特烈二世的戰爭，因為他的父親曾經參與過。總而言之，他研究超過一百三十場戰爭，最早可追溯到十六世紀末。[48] 軍事歷史是克勞塞維茲建構戰爭思想的基石，他用現實檢驗自己的思想，並納入既能證明規則、又能破壞規則的例外。

因此，從定量的角度來看，克勞塞維茲寫的軍事歷史與戰略理論一樣多。但就像他的草稿、改寫後的稿子，以及無法在有生之年發表的情況，他對戰略理論進行的自我批判，比軍事歷史更多。克勞塞維茲對軍事歷史的深入研究，並不是為了鑽研目的，而是為了鑽研手段，並用於測試和改善假設。因此，他更深入地研究現代所謂的戰略研究領域，其次才是《戰爭論》。十八世紀末，戰略只被視為軍事思想的獨特層面。一八一二年，備忘錄中的激進民族主義詞彙是直接引用了（沒有提及原作者）雅克・安托萬・伊波利特（Jacques Antoine-Hippolyte de Guibert）於一七七〇年首次出版的《戰術概論》（Essai Général de Tactique）。許多人認為，這部作品預測出法國大革命和拿破崙對帶兵打仗造成的影響。[49] 兩者的影響力以及解釋原因的需求，促使作為分析工具的戰略逐漸發展，即便與一九四五年之後的情況相比，戰略的構想更狹隘。克勞塞維茲的《戰爭論》並不是孤立的現象，而是「站在巨人的肩膀上」，但克勞塞維茲不常認可這些巨人的存在。

普魯士對腓特烈統治時期之後的戰爭進行研究時，受到了格奧爾格·貝倫霍斯特（Georg Heinrich von Berenhorst，一七三三至一八一四年）的影響。貝倫霍斯特一如克勞塞維茲，強調戰爭中的機遇作用，以及道德和心理方面的因素。普魯士的戰爭研究也受到亞當·畢羅（Adam Heinrich Dietrich von Bülow，一七六三至一八〇七年）的影響。與克勞塞維茲相似的是，畢羅也受到牛頓物理學的影響，克勞塞維茲在第七卷（關於進攻，《戰爭論》中最缺乏深入探討的一卷）中仿效畢羅的作法，採納能量守恆的概念，並宣稱在前進的過程中，進攻行動會消耗動力，以至於使優勢轉向防守。他直接引用了畢羅的勝利高潮（culminating point of victory）概念，並得出結論：防守是更強大的戰爭形式。他沒有考慮到透過道德效應、對領土的控制以及資源的利用，或者軍隊在撤退中瓦解時，進攻的力量會逐漸增強。[50]

與貝倫霍斯特不同的是，克勞塞維茲提及畢羅，只是為了讓他與約米尼（一七七九至一八六九年）並列。克勞塞維茲批評過他們過度重視地理學和幾何學，但他還是繼續在解釋基地和通訊線路的重要性時，依賴這兩個人提出的制度。他的實用主義觀點是，軍隊需要積極的信條，才能以一致的方式提升凝聚力。[51]我們可以說《戰爭論》是一本關於思考戰爭的書，但克勞塞維茲與約米尼一樣，都試圖告訴讀者戰爭應該如何進行，目的是嘗試確立引導指揮官做決策的準則。[52]

克勞塞維茲和約米尼之間的差異，分為兩個方面：首先，克勞塞維茲更樂意承認一般情況下的例外，並意識到需要接受而非排斥這些例外，因為它們能提供獨特的見解。其次，克勞塞維茲在有生之年沒什麼名氣。到了一八二〇年代，約米尼成為該領域的主要國際人物，憑著《大規模軍事行動論》（Traité des Grandes Opérations Militaires）而聞名。這部多卷的作品於一八〇五年開始出現，並經歷多次增補和修訂。內文分析了腓特烈二世的戰爭、法國大革命以及拿破崙的戰爭，其將理論作為結論，而非以理論作為分析的出發點。直到一八三〇年，也就是克勞塞維茲停止寫作的那一年，約米尼才優先考慮理論。直到克勞塞維茲去世七年後，約米尼的《兵法概要》（Précis de l'Art de la Guerre）才出現。他在前言中堅決地回應了克勞塞維茲的抨擊。與他們同時代的人是透過約米尼的視角去審視克勞塞維茲，但如今卻相反。

早期的文本顯示了克勞塞維茲的著名格言有多麼普遍。一八〇六年，畢羅寫道：「戰爭只不過是達到外交目的之手段。」[53]有兩位與克勞塞維茲同時代的人——康斯坦丁・

洛索（Constantin von Lossau，一七六七至一八四八年）和呂勒・里里恩斯特（Rühle von Lilienstern，一七八〇至一八四七年）都寫過關於戰爭的書，但篇幅比較短；兩人都更早關注戰爭中的道德因素，也相信戰爭是一種政治工具。[54] 約米尼的《兵法概要》明確地包含了《戰爭論》所缺少的部分，即講述可能指引戰爭的各種政治目標。

政治哲學是第三個影響克勞塞維茲寫作的學科。畢羅和約米尼可被視為啟蒙運動尾聲階段的代表，試圖將理性強加於戰爭；克勞塞維茲則處於浪漫主義的交匯點，推崇戰爭中的英雄和天才，並且將戰爭視為兩者都可以成功發展的媒介。一七九五年，他在和平時期抓住機會，探索附近的圖書館，以便延續他接受的有限教育。克勞塞維茲在一八〇四年寫下有關馬基維利的文章，然後在一八一八年引用孟德斯鳩（Montesquieu）的《論法的精神》（De l'Esprit des Lois）。他提到自己受到該書中的「簡潔、有許多格言的章節……透過建議和措辭，吸引聰明的讀者」這句話的啟發。[55] 第一卷的第一章反映出了這種抱負，馬基維利的現實主義則貫穿了整部《戰爭論》。在沒有任何證據的情況下，我們不禁想知道克勞塞維茲是否也讀過湯瑪斯・霍布斯的《利維坦》（Leviathan，一六五一年）？雖然克勞塞維茲的立場沒有像霍布斯那麼明確，但他暗示歐洲政府在利用戰爭（包含衝突）方面創造了壟斷，尤其是運用戰略去定義戰爭的進行方式。對霍布斯而言，在確立政府之前，世界充滿無休止的戰爭。克勞塞維茲認為，這種「另類觀點」在亞洲體現了，那裡的戰爭永無止盡，人民都是傑出的戰士，但他們缺乏戰略思維。[56]

一八〇七年，克勞塞維茲脫離法國的監禁後，與斯塔爾夫人（Madame de Staël）待在瑞士。他在那裡參訪了教育家約翰・海因里希・裴斯泰洛齊（Johann Heinrich Pestalozzi）的學校，讓他瞭解到蘇格拉底的問答法是哲學探索（philosophical enquiry）的基礎。[57] 倫納特・蘇霍恩（Lennart Souchon）認為「主要三位一體」的主題受到了柏拉圖的《理想國》（Republic）影響。[58] 當然，《戰爭論》的方法屬於柏拉圖式哲學，也就是嘗試透過持續的對話幫助理解。在這種對話中，克勞塞維茲利用軍事歷史來挑戰理論，並指出事實並非總是如此，然後說明將軍帶著理論上戰場有多麼危險。[59] 他的某些傳記作者將他的哲學方法與同時代的格奧爾格・黑格爾（Georg Wilhelm Friedrich Hegel）相提並論。黑格爾與克勞塞維茲一樣都深深受到一八〇六年的事件和拿破崙的影響，兩人都住在柏林，外人很難相信他們不曾在路上相遇。克勞塞維茲的三位一體屬於黑格爾式哲學，結合了理性面和非理性面，並且將戰爭視為整體的概念。[60] 三種要素都是以歷史作為論點基礎，只不過方式不同。黑格爾的方法是用反命題回應一個命題，然後透過合題尋求解決辨法。讓許多讀者失望的是，這並不是克勞塞維茲的作法——這就是為什麼他可以輕易且有選擇性地引用，並提出看似矛盾的想法。

黑格爾式合題往往只能經由理想主義解決。克勞塞維茲則試圖創造實用的結果，與哲學無關，畢竟他不是哲學家。他對照了不一致的觀點，顯示出真正的差異，以便作為更準確的判斷基礎，而不是作為通往合題的途徑。

與黑格爾相比，康德（Immanuel Kant）對克勞茲維茲的影響更大。他在軍事學校參加過約翰·奇斯威特（Johann Gottfried Kiesewetter）的講座，奇斯威特曾經為康德的哲學寫過大綱。《戰爭論》對偉大指揮官的描寫偏向軍事天才的類型，尤其是拿破崙。這一點主要歸因於康德寫過關於《評判》（Critical Judgement）和藝術的文章；他需要瞭解規則，並知道何時能打破規則，才有辦法寫出那些文章。克勞茲維茲區分了邏輯真理（logical truth）和實際真相，並試圖確保前者與後者一致，而不是陷入自我參照的爭論中。他利用辯證法尋求平衡的方式，已經支持了畢羅對戰爭的看法。在某種程度上，沙恩霍斯特的追隨者試圖反駁康德對戰爭的看法，而克勞塞維茲對強權關係的思考反映了這一點。他將權力平衡視為一種自我校正的機制，因此拿破崙逐漸變大的野心和權力，最終促成了足以打敗他的聯盟。[61]《戰爭論》不要求合題或解決辦法，就連「戰爭是政策的另一種延續手段」這個想法也是規範性的，不是永恆的事實。克勞塞維茲認為最終的戰爭目標是和平，而不是引發更多的戰爭；這個想法應該是偏向康德哲學（康德在一七九五年寫過關於《永久和平論》〔Perpetual Peace〕的文章）。但很顯然克勞塞維茲意識到這項事實並不完整，因為戰爭留下的仇恨有可能導致另一場戰爭。[62]

V

克勞塞維茲提供了有關理論應用與濫用的實例，既不是解決方法，也不是強制性或排除證據的解釋，但實例的價值毋庸置疑。他表示：「理論變成了任何想要從書中瞭解戰爭的人的指南。理論能指引他們前行、促使他們進步、訓練他們的判斷力，並幫助他們避開陷阱。」[63] 換句話說，理論是一種捷徑，因為能消除「每次都要重新開始」的需求，還能闡明已變得混亂的概念和想法。[64]

另一方面，理論不該變得武斷或不切實際。理論並不是一種目的，而是工具。理論能幫助指揮官辨別「所有線路匯聚的點」，並且為思考家提供「展開行動前，接受培訓所需的參考框架」。[65] 因此，理論符合現實的時候才有用，因為「即使沒有制度，也沒有辨識真理的機械式方法，真理確實存在」。[66] 真理的意義是，當一些理論不只遵循本身的邏輯，而且與實務面保持一致時，不同的理論都能互相證實。[67]

除了戰爭之外，《戰爭論》所涉及的主要概念是戰略。克勞塞維茲始終強調，現實中的戰略比理論更重要，戰爭中的意外事件需要憑直覺做出決策，因為決策者必須對眼前的情況做出回應。理論的功能是，提醒他們注意決策可能帶來的後果，因為過去會影響現在，並塑造未來。對克勞塞維茲的世代而言，戰略是用來審視戰爭的新方法；對現代的戰略家而言，克勞塞維茲對戰略的理解，是為了戰爭目的而決定戰鬥，現在看來太過狹隘了，甚至操作過度，但這種理解方式將戰略牢牢地定位在戰爭的範圍內，而非凌駕於戰爭之上或外部。

克勞塞維茲在職涯的早期就得出這個定義，不曾改變。一八〇五年，他反對畢羅的想法，即「戰略是在敵人的視野之外進行的交戰科學」。[68] 克勞塞維茲相信戰略能透過戰鬥來取得成果，因此無法與戰術分離。他在第三卷（主題是戰略）中寫道：「戰略能決定交戰的時間、地點和軍隊，這三方面的活動對結果有相當大的影響。」[69]

有些《戰爭論》的現代書迷，似乎很希望克勞塞維茲將戰略定義為「政策的另一種延續手段」，而非用來定義戰爭。但他們忽略了克勞塞維茲認定的戰爭核心，他在第四卷（關於交戰）中描寫得栩栩如生。在冷戰時期，戰略的目標是經由威懾作用，使和平得以延續；換句話說，是為了避免戰爭，而不是發動戰爭。在一九四五年之後，戰略家漸漸忽視了戰爭的最大特色：採用暴力。克勞塞維茲提出的辯證法並不是涉及戰爭與政策之間的關係，而是戰爭與和平之間的關係，且由政策支配兩者。自二〇〇一年以來，世界秩序的問題使克勞塞維茲提出的相關性重新受到重視。在核武威懾力逐漸喪失的世界中，實際戰爭的重要性以及西方的干預和內戰的盛行，都強調了戰略根植於戰爭的本質。

這種作法也需要重新審視克勞塞維茲最著名的陳腐格言，即「戰爭是政策的另一種延續手段」。如果「Politik」被狹義地翻譯為外交或政策，並且與國家的涵義連結在一起，那麼也可以更廣泛地理解為：涵蓋政府以外的政治界。[70] 克勞塞維茲承認有必要在全國性的自衛戰爭中動員人民，這表明了他對「Politik」的理解是兼容並蓄，而非具有排他性。他致力於普魯士的改革，包括農奴制度的終結、教育的變革，以及大規模軍事參與的有效計畫，都足以使他被普魯士宮廷視為激進分子。「三位一體」顯示出克勞塞維茲有多麼重視戰爭中的輿論，他在第一卷的第一章中寫道：「當整個群體參與戰爭——全體人民，尤其是有教養的人民，理由總是源自某種政治局勢。」因此，只要敵人的意志沒有被擊潰，戰爭就不能被視為已經結束。換句話說，敵方的政府及其盟友沒有被迫尋求和平，或者他們沒有屈服。[71]

克勞塞維茲生活在獨裁政權中，但也受到法國大革命的民主化影響。奇怪的是，現代民主國家在討論克勞塞維茲的中心主題（戰爭與政策之間的關係）時，解讀結果是政策的功用比他建議的更受限。當然，他們有充分的理由。克勞塞維茲一貫主張，限制和遏制戰爭的方法是限定目標範圍。以務實的角度看待戰爭可實現的目標，是設定有限目標的方法，並包含指定執行的手段。克勞塞維茲認同軍事目標經常把徹底擊敗敵人視為和平的先決條件，但他明確地反對將這種觀點提升到「法律的層次」，並表示萬一這樣的結果發生，就連僅有微弱可能性的戰敗前景都足以讓其中一方屈服。[72]

這些考量涉及政治和軍事，從戰略的角度來看，則是適合將軍和政治家討論的主題。「如果我們謹記戰爭源自於某種政治目的，那麼戰爭存在的主要原因，當然是進行戰爭的首要考慮因素。」克勞塞維茲在第一卷的第一章中寫道：「然而，這不代表政治目標是專制。目標必須符合指定的手段，而這個過程可能會發生徹底的改變。」[73]

因此，政策和戰略之間的界限，如同戰略與戰術之間的界限一樣具有滲透性。戰爭可以改變政策，尤其是出於偶然性、摩擦和可能性的因素。也許政治家會明確地設定目標，但有時候可能缺乏軍方需要的清晰度或戰略意識。不過，他們可以改變目標，或者讓目標被民主政治的運作改變。對克勞塞維茲而言，戰略是指揮官的事務，但這種責任需要具備政治意識。指揮官能夠根據政治目標，調整或充分利用手段，或者在戰爭期間利用偶然的機會。

一八二七年，克勞塞維茲在寫給羅伊德的信中，以客觀的否定態度表達想法：

> 因此，與政策有關的戰爭權利，是為了防止政策出現違背戰爭本質的要求，以免濫用軍事手段，導致無法理解其實際功用的挫敗。[74]

《戰爭論》的創作距今已過了兩個世紀。在這段期間，有許多事情發生了變化。當代的戰略研究試圖強調的重點是，儘管戰爭的特性會變化，本質卻不會改變。《戰爭論》中的基本連續性假設，無法完全說服那些認為技術創新對現代戰爭產生莫大且深遠影響的人。擁護者也強調第一卷和第八卷的重要性，因為戰爭的本質和特性之間的對比非常明顯。他們在這樣做的過程中，貶低了中間幾頁的見解，結果可能變得荒謬。根據克里斯多福·科克爾（Christopher Coker）的說法，我們應該要相信：「戰爭的特性難以定義，因為經常有變化；戰爭的本質可以被定義，因為一成不變。」「每場戰爭在改變特性的時候，也改變了過去，並將過去占為己有。」科克爾得出結論：「因此戰爭的本質會隨著時間顯現出來。」[75] 克勞塞維茲應該會認同這一點。他相信只有在特定的條件下，我們才能發現所有的戰爭都具有相同的性質。政策和戰爭都必須變得更宏大且積極，直到戰爭達到極致的境界。[76] 這正是當代的戰略力求避免的情況。

Chapter

6

約米尼、現代戰爭以及戰略：勝利的本質

安圖里奧·約瑟夫·埃切瓦里亞（Antulio J. Echevarria II）是美國陸軍戰爭學院的教授，並擁有普林斯頓大學的博士學位。他寫過許多關於戰略思維的書籍，包括《戰爭的邏輯：戰略思維與美國的戰鬥之道》（War's Logic: Strategic Thought and the American Way of War，劍橋大學出版社，二〇二一年）。

在一九八六年出版的《當代戰略全書》中，歷史學家約翰・夏伊（John Shy）認為瑞士的軍事作家約米尼應該被稱為「現代戰略奠基者」，而不是普魯士的軍事理論家克勞塞維茲。[1]從那時起，夏伊的主張讓許多認為克勞塞維茲才有資格冠上此頭銜的研究者感到失望。雖然克勞塞維茲的傑作《戰爭論》沒有完成，也經常被誤解，卻在武裝衝突的論述方面勝過約米尼的兩部主要著作——《大軍作戰論》（Treatise on Grand Military Operations）和《兵法概要》。[2]事實上，批評者甚至輕蔑地將約米尼的作品比喻為「入門指南」。但，夏伊的文章也傳達了他對自己下的結論有多麼失望，他似乎更希望歷史的證據能指向克勞塞維茲，而不是約米尼。

從一九七〇年代中期以來，約米尼遭受的敵意隨著「克勞塞維茲復興」而逐漸加深，主要是霍華德和帕雷特翻譯的《戰爭論》英文版所引起[3]。這場復興將約米尼描述成克勞塞維茲的競爭對手和陪襯者；前者被視為愛說教的教條主義者，後者被視為追根究柢的開明者。舉例來說，針對這兩位作家進行較客觀的其中一種比較是，將約米尼比喻成狐狸，而將克勞塞維茲比喻成刺蝟。[4]作者解釋：「狐狸瞭解許多事情，而刺蝟瞭解重要的事情。」克勞塞維茲的主要觀點涉及政策和政治在塑造戰爭本質中的重要作用，而約米尼的許多觀點都與指揮作戰的概念有關。簡而言之，對這位瑞士軍事作家來說，因為知道很多事情而受到讚揚是很值得的事。

雖然夏伊的文章已過時，但至少在兩方面對二十一世紀的讀者而言仍具有重要性。首先，「現代戰略的奠基者」這個稱號有爭議，因此他不提。其次，克勞塞維茲的理論更受歡迎，因為富含豐富的思想，但約米尼的核心思想更深入地滲透到現代的軍事思維和官方原則之中，至今仍受到採用。矛盾的是，普魯士人的複雜軍事理論阻礙了他的核心思想被完全採納。相反的，他的簡單概念比較實用，但這位瑞士軍事作家到底是不是這些概念唯一的作者，仍然令人生疑。約米尼的盛行概念至今依然流傳。此外，幾十年來，軍事和政策的實踐者都很鄙視約米尼，還將他的著作視為未深思戰爭的產物。因此，約米尼的成功故事讓人感到熟悉又遺憾。他的基本概念勝過複雜度，簡單的部分勝過崇高的理念。

I

當夏伊於一九八〇年代撰寫關於約米尼的文章時，幾乎沒有這位軍事作家的重要傳記可參考。[5]大多數的約米尼生平記載是引用他的個人回憶，包括他從莫斯科撤退時，拯救了大部分軍團的故事。他很欣賞傳記作者費迪南．勒孔特（Ferdinand Lecomte），勒孔特設法引用了法國君主拿破崙的讚美詞。例如，拿破崙讀完約米尼的《大軍作戰論》（一八〇五年）

第一卷後，曾說過：「這位年輕的指揮官是瑞士人。他傳授的都是教授沒跟我說過的內容，能夠理解的將軍並不多。富歇（Fouché）怎麼會讓這種書出版呢？這本書把我的整個戰爭體系透露給了敵人！」[6]約米尼期待讀者透過勒孔特相信這番讚美說詞，足以證明他有多麼自戀。約米尼也對自己的智慧和能力充滿自信，因而捲入與其他參謀軍官的許多衝突，包括拿破崙的優秀參謀長路易斯—亞歷山大・貝爾蒂埃（Louis-Alexandre Berthier）。後來，約米尼屢次試圖使貝爾蒂埃的名譽受損。他甚至不只一次抨擊以前的贊助人：法國元帥米歇爾・內伊（Michel Ney）。例如，一八一三年八月，約米尼離開內伊後，轉而投靠盟軍，沙皇的首席軍需官——俄羅斯將軍卡爾・托爾（Karl Fedorovich Toll）因此發現他不值得信賴，也不適合在戰爭中服役。[7]

克勞塞維茲說過，渴望追求榮譽和聲望是傑出指揮官的必備特質。或許事實真是如此。[8]但，在約米尼的案例中，這種特質反而引起了與他同時代的人的憤恨和不信任，因而阻礙他取得渴求的高級管理職位和榮耀。[9]實際上，約米尼身為軍事作家所獲得的聲望，主要歸因於他抄襲別人的著作，即便這種作法在當時很普遍。難怪滑鐵盧戰役的勝利者（威靈頓公爵）敏銳地將約米尼稱為「自負的騙子」。[10]

約米尼於一七七九年出生，比克勞塞維茲早一年，比拿破崙晚十年。他出生於瑞士佛德州的法語行政區帕耶訥（Payerne）村莊的中產階級家庭。屬於瑞士的中產階級，意味著他擁有不錯的理財機會和光明的前程。家人期望約米尼成為銀行家或商業股票經紀人，其職涯能從父親和祖父（都擔任過帕耶訥的市長）建立的當地政治人脈受益。約米尼會說流利的法語後，在瑞士的阿勞市（Aarau）擔任學徒，並且在十五歲時學會說德語。後來，他開始閱讀威爾海姆·畢羅（Wilhelm Dietrich von B low）、格奧爾格·坦佩爾霍夫（Georg von Templehoff）、查爾斯大公（Archduke Charles）以及克勞塞維茲的軍事著作，因此他可以應用自己的外語能力。從一七九五到一七九七年，約米尼都在銀行當學徒：先是在巴塞爾的豪斯普萊斯銀行（Hause Preiswerk），然後在巴黎的莫瑟曼銀行（Mosselmann）。[11]當他聽說拿破崙在義大利戰勝奧地利人（一七九六至一七九七年）的消息後，他聲稱自己嚮往榮耀的憧憬，然後離開了銀行業，展開軍事生涯。[12]當時，有消息說拿破崙的勝利激發許多希望從社會和政治改革中受益的人的渴望，這一點不足為奇。舉個例子，德國哲學家黑格爾和文學天才歌德都很欣賞這位科西嘉人，並希望拿破崙能在一八〇六年摧毀普魯士君主制，消滅其嚴格的法律體系，然後替換為更平等的體系。[13]但，他們後來都失望了。

一七九八年，約米尼設法贏得了瑞士軍政大臣的青睞，成為他身邊的副官，並且在瑞士的海爾維第共和國軍隊（Army of the Helvetic Republic）獲得官職。他在一七九九年晉升為上尉，接著在一八〇〇年晉升為少校和營長。約米尼沒有參與過一七九九年和一八〇〇年的戰役，卻成功阻止了俄奧聯軍的入侵。同時，他經常在同胞之間引起衝突而聲名狼藉。此外，約米尼在這段時期累積了龐大的賭債，導致法律調查，人格也受到質疑。在調查結果出爐之前，他於一八〇一年二月離開瑞士，前往法國，並且在一家叫德龐（Delpont）的軍事承包公司找到了工作。在這段期間，約米尼讀過威爾斯軍事評論家亨利·洛依德（Henry Humphrey Evans Lloyd）的《普魯士國王與德國皇后及其盟友之間的最後一場戰爭歷史》（History of the Late War between the King of Prussia and the Empress of Germany and her Allies，法語譯本）以及普魯士軍事理論家畢羅的《新戰爭體制的精神》（Geist des Neueren Kriegssystems）。[14]這兩本書奠定了約米尼的晚期理論概念基礎。後來，他聲稱自己讀完這些書後，燒掉了一些他以前寫過的軍事準則手稿。然而，這件事與「柏拉圖在聽完蘇格拉底的講座後，燒毀卷軸」的故事太過相似，可疑地令人難以相信。[15]到了一八〇四年，約米尼起草了另一篇手稿《大戰術論》；該手稿借鑒（甚至批判）前述的作品。他還參考了夏斯泰內（Jacques-Francois de Chastenet de Puységur）的《戰爭的藝術》以及伊波利特（吉貝爾伯爵）的《戰術概論》。約米尼設法將《大軍作戰論》的第一卷送到法國元帥內伊的眼前，並順利地獻給他。內伊並非才智過人，但第一卷讓他印象深刻，因此同意資助該書的出版（一八〇四年後期，但出版商將部分的內容延後到一八〇五年才出版）。[16] 內伊也於一八〇五年三月讓這位年僅二十六歲的作者加入幕僚，擔任無薪的副官。雖然約米尼後來回想起關於這個職務的許多回憶，但實際上只是為這位法國元帥傳遞公文和辦理差事。

約米尼再次以志願者的身分擔任內伊的幕僚。在烏姆戰役（Ulm Campaign，一八〇五年十月）期間，拿破崙的大軍團採取廣泛的包圍機動作戰，徹底摧毀卡爾・萊貝里希（Karl Freiherr Mack von Leiberich）的奧地利軍隊。奧斯特里茲戰役（Battle of Austerlitz，一八〇五年十二月）應該是拿破崙取得過的最大勝利；戰後，大軍團擊敗俄奧聯軍，而約米尼成功地將《大軍作戰論》的第一卷和第二卷交到君主的手中。最終，拿破崙讀完後留下了好印象，讓他在法軍勝利後的晉升和獎勵中獲得副司令（參謀級別的上校，不是指揮級別）的職位。接著，拿破崙讓這位瑞士人加入帝國參謀部，但這次也是信使的工作。大軍團在耶拿－奧厄施泰特戰役（一八〇六年十月）和埃勞戰役（Eylau，一八〇七年二月）戰勝普魯士人期間，約米尼持續擔任信使。一八〇六年十二月，也就是在這兩場戰役之間，約米尼抽空發表了有關戰略基本原則的小冊子：《兵法概要》。在埃勞戰役期間，這位瑞士軍官也引發了醜聞。當時，他聲稱如果他能接替俄羅斯指揮官的職位，就能扭轉戰局。結果，他為了平息局勢，請了四個月的病假，還因此錯過了弗里德蘭戰役（Battle of Friedland，一八〇七年六月），導致法軍擊敗俄軍。在一八〇六年和一八〇七年的法國勝利氛圍中，約米尼被授予榮譽軍團勳章，並於一八〇八年七月二十七日獲得法蘭西帝國男爵的頭銜。

一八〇七年夏末，君主任命約米尼擔任元帥內伊的第六軍團參謀長。從一八〇八年九月到一八〇九年七月，當法軍為了控制伊比利亞半島而進行注定失敗的嘗試時，約米尼在西班牙的加利西亞（Galicia）與內伊的軍團一起行動。[17] 這次的經歷使約米尼接觸到他後來形容的「危險又可悲」的戰爭，充滿了暴行。這種戰爭考驗著這位瑞士軍事作家的戰略基本原則：集中（concentration，後文會提及）。例如，西班牙的游擊隊似乎無處不在，同時又沒有明確的存在感，並無法集中力量進行戰術部署。然而，約米尼和內伊在此期間發生了爭執，細節並不清楚。其中一個原因是約米尼指示內伊的部屬要向他稟報所有的重要決策，但這樣做是在挑戰內伊的權威。無論如何，法國元帥再也無法忍受這位瑞士軍官，因此請求拿破崙將約米尼調到其他地方。拿破崙同意了，並且在調動的過程中溫和地譴責約米尼。然後，約米尼被調到法國巴黎的軍務部，負責撰寫法國革命戰爭和義大利戰役的歷史。[18] 根據某些學者的說法，約米尼在這段期間寫的歷史著作是他的最佳作品，主要原因是包含了詳細的資訊。但他心懷不滿，於是在一八一〇年夏季開始積極地尋找俄羅斯軍隊中的職位。不過，約米尼想離開的計畫沒有實現，反而在一八一〇年十二月七日晉升為准將，繼續在法國工作。

約米尼在一八一二年參與拿破崙入侵俄羅斯的戰役，但他是以後方區域分遣隊和占領區域的行政長官身分參與。一八一二年八月，他先被派往維爾納（Vilna），並在那裡與立陶宛的總督霍根多普（Hogendorp）起衝突。為了避免進一步的摩擦，他不久就被調到斯摩倫斯克（Smolensk）。在這次的任務中，約米尼很難取得榮耀，但任務對大軍團的後勤保障十分重要，而這是他應該要明白的事實。不過，在這段期間，這位瑞士軍官寫給拿破崙的信件充滿抱怨和藉口，不知感恩，因此約米尼再次遭到君主溫和地斥責。儘管歷史神話的說法與此不同，但他們在入侵前的幾個月，已經累積了足夠的物資，能夠餵養和重整大軍團，並迎接俄羅斯戰役。對拿破崙來說，不幸的是，在長途運輸中，梯隊式補給列車的分配方式出現了問題。[19] 除此之外，當他們從莫斯科撤退，並傳出災難性的謠言後，由約米尼等梯隊管理者負責的後方區域紀律就瓦解了。搶劫變得猖獗，原本供應前線的物資也被掠奪。約米尼在這段時期的疏忽和一意孤行，使他在後勤制度的瓦解中變成共犯。當然，這場災難並不是約米尼一人的錯，因為有些法國指揮官做出了糟糕的決定，導致部隊浪費不少時間。他們本來可以將這些時間運用在斯摩倫斯克及其周邊地區，保護物資儲藏庫。[20] 相比之下，約米尼對這次撤退的描述猶如史詩般的故事。在這則故事中，他向拿破崙說明了別列津納河（Berezina River）對岸可以涉水而過，並英勇地帶領大批法軍，從斯摩倫斯克安全抵達奧爾沙

（Orsha）。[21]然而，其他關於渡河的傳說都沒有提到約米尼。

一八一三年春季，約米尼回到內伊的參謀部（他們的分歧暫時解決了），並參與呂岑會戰（五月二日）和包岑會戰（五月二十日至二十一日）。兩者都以法軍勝利告終。不過，拿破崙的勝利沒有完全消滅俄羅斯和普魯士的軍隊，部分原因是內伊無法執行阻擋盟軍撤退路線的側翼進攻。根據約米尼的說法，內伊無法看清情勢，也沒有採納自己的精明作戰建議。自大軍團從俄羅斯撤退以來，內伊身為軍團指揮官的管理能力已經下降了。戰後不久，貝爾蒂埃拘留了約米尼，因為他在提交單位狀況的報告進度方面嚴重落後。後來，約米尼的追隨者聲稱貝爾蒂埃只是在騷擾他。但，單位狀況的報告包括了拿破崙制訂計畫所需的寶貴資訊，遲交就相當於違抗命令。

一八一三年夏季，約米尼在短暫的休戰期間投靠盟軍，並聲稱他已經受夠了「屈辱」。他加入俄羅斯軍隊，擔任少將，最後晉升為中將。[22]儘管其他人有不同的說法，約米尼的背叛似乎是向俄羅斯傳達拿破崙打算在一八一三年八月二十二日左右襲擊瑞典王儲伯納多特（Jean-Baptiste Bernadotte，拿破崙的連襟）的軍隊。這項情報以信件的形式傳給了普魯士元帥格布哈德．布呂歇爾（Gebhard von Bl cher）。然後，他將情報傳給了伯納多特。這位王儲不但相信了消息，還將情報納入盟軍的決策考量內。[23]讀者應該都記得，克勞塞維茲和他的一些同僚都在一八一二年辭去普魯士軍隊的職務，並順利叛逃到俄羅斯軍隊中任職。他們背叛後，有可能會與以前的同僚交戰。然而，約米尼的叛逃與克勞塞維茲有很大的不同，因為克勞塞維茲並沒有向敵軍提供有用的情報。法國的法院在約米尼缺席的情況下，進行叛國罪的審判，裁定他有罪並判處死刑。當然，約米尼的背叛引起了法國軍官的譴責，也損害到他的名聲，即便他的家人和追隨者一再試著為他辯護。拿破崙在當時已遇過不少叛國案例，包括他的連襟伯納多特。顯然，他對約米尼的事件並沒有感到很驚訝。這位君主解釋，約米尼是瑞士人，不是法國人；他似乎是在說這位軍事作家沒有虧欠他。無論如何，拿破崙大概不知道約米尼背叛的來龍去脈吧。

約米尼參與過俄羅斯軍隊的作戰計畫：德勒斯登戰役（八月二十六日至二十七日，法軍勝利）和萊比錫戰役（十月十六日至十九日，反法同盟勝利，迫使拿破崙開始從德國撤軍）。當同盟國看起來要從瑞士進攻法國時，約米尼辭去了在俄羅斯軍隊的職務。他在一八一九年重新加入俄羅斯軍隊，成為俄羅斯王儲（沙皇尼古拉一世）的軍師，然後於一八二三年晉升為將軍。一八二八年，約米尼因在俄土戰爭（一八二八年至一八二九年，俄羅斯獲勝）期間對沙皇提出建議，而被授予亞歷山大勳章（Grand Cordon of the Alexander Order）。他還協助建立位於聖彼得堡的俄羅斯帝國軍事學院（後來的參謀學院）。一八二九年，約米尼再次退出俄羅斯軍隊，並搬到布魯塞爾，一直居住到一八四九年。一八三八年，約米尼發表了具有深遠影響力的軍事著作：《兵法概要》。後來，他被重新召回俄羅斯，為克里米亞戰爭（一八五三至一八五六年）擬定戰役計畫的建議，但這場戰爭以失敗告終，迫使俄羅斯放棄擴張到鄂圖曼帝國的計畫。然後，約米尼返回法國，在巴黎附近的富饒城鎮帕西（Passy）定居下來。一八五九年，他被傳喚，並針對義大利戰爭（一八五九年，法國實現了有限目標）向法國君主拿破崙三世提供建議。一八六九年，約米尼在帕西去世，享壽九十歲。

雖然在法國大革命的熱潮席捲歐洲時，約米尼的思想已經成熟，但他加入法軍並不是為了傳播自由、平等和博愛的理念，而是為了滿足個人野心以及對軍事榮譽的渴望。他身為作家和理論家，主要受到啟蒙運動強調科學原理重要性的影響，其次才是受到啟蒙時代之後的浪漫主義者重新發現人類熱情力量的影響。啟蒙運動的傳統觀念是，相信大多數人類事務都適用於積極的信條，包括戰爭。因此，對約米尼來說，軍事天才並不像克勞塞維茲那樣是新穎的特質；相反的，這種特質來自掌握帶兵打仗的永恆原則。約米尼接受了啟蒙時代後期的愛國主義理念，但前提是不妨礙他的機會主義。他身為瑞士公民，先與法國人結盟，後來與俄羅斯人結盟，而且他在職業生涯的大部分期間持續為俄國效勞，並不覺得與自己的愛國心有所衝突。

約米尼身為機會主義者，確保了《大軍作戰論》能證明他對戰爭科學原理的理解，並證明自己有資格擔任高階指揮官，以及該書送到了內伊和拿破崙的手中——顯然，這兩個人有辦法幫助他的職業生涯。因此，該書以及他寫的其他著作不只具有歷史學家認為的教導意義；實際上，約米尼的作品代表了天才的樣本。但諷刺的是，他展現的天賦幾乎都是借用自其他人的作品。雖然約米尼很想相信內伊和拿破崙都欣賞自己的天資，以及只有可惡的貝爾蒂埃阻礙他的晉升之路，但事實上，善於任用人才的君主隨時都可以輕易地讓他失去參謀長的地位。但他不曾遇到此事。拿破崙應該有察覺到這位瑞士人的自戀性格，以及自以為是地把武裝衝突簡化為幾個簡單的原則，表明了其在戰爭的激烈氛圍中只能發揮有限的指揮能力。同時，拿破崙一定是從約米尼身上看到了屬於自己的機會：這位野心勃勃的歷史學家和軍事評論家，可能會為自己付出諸多貢獻，讓自己成為歷史上最偉大的長官和戰略家之一。

約米尼應該有意識到，他聲稱自己實現了偉大的成就，以及他對別人的讚揚之詞只不過是他虛構的。因此，基本上他是個騙子，既不是軍事天才，也不是傑出的指揮官，更不是他希望別人相信的優秀參謀軍官。有些專家指出，約米尼的晚期肖像畫露出了痛苦又沮喪的臉部表情，其中一幅看起來就像個氣惱的江湖術士，無法接受自己的騙術失敗那般。

II

雖然約米尼的終生欺騙手法不算成功，卻為他帶來了聲譽。許多卓越的學者都認為他的不朽名聲是「拿破崙時代的主要詮釋者，以及十九世紀期間最具有影響力的戰略理論家」。[24]有一位歷史學家對拿破崙戰役研究的貢獻至今無人能及，他如此評價約米尼和克勞塞維茲：「當時，只有這兩位評論家能夠理解拿破崙的軍事才智。」[25]其他的學者將約米尼歸類為整合者，因為他能將流行的作戰概念整理成一套系統。具體而言，他是先從亨利・洛依德那裡借用了作戰路線的概念，然後結合了他所謂的戰爭集中原則，接著加入從畢羅那裡借用的兩種互補概念，也就是作戰基地（儲備敵方軍事力量的地方）和決勝點。[26]讀者之後會注意到，這些概念都不是約米尼所創。

此外，許多歷史學家一致認為，拿破崙在戰略或作戰方面缺乏明確的準則讓約米尼理解。相反的，他採用了早期軍事改革者留下的戰術和組織方式，尤其是吉貝爾強調的更小且更靈活的單位，以及利用公民軍，而非傭兵。拿破崙還多次利用大規模徵兵的軍事政策以填補軍團。當然，他也操縱了部隊的愛國動機，而這種動機正是來自法國大革命。憑著這樣的戰鬥手段，拿破崙可以發揮更具侵略性的戰爭風格，非常適合臨時的戰略、迅速的作戰行動以及殲滅戰。在實務方面，拿破崙通常遵循集中原則，以最強的力量集中對付敵方最脆弱的部分。但歷史上有許多指揮官都是這樣做，並非拿破崙獨有。

因此，儘管約米尼聲稱已領悟了拿破崙的成功法則，其實根本沒有這種法則。拿破崙的每一場戰役都符合或利用了當時的軍事、政治、地理以及後勤的條件。當然，在一八一二年入侵俄羅斯的失敗事件是例外，部分原因是拿破崙沒有讓自己的政治目標和軍事目標順應情勢。事實上，拿破崙缺乏具體的方法是一種優勢，因為對手很難預測到他的下一步。更確切地說，約米尼將這位科西嘉人的方法塑造成既有的十八世紀結構，並標榜為現代方法。如果有人仔細檢視，就會發現使這套體系現代化的要素是拿破崙的技巧，尤其是與腓特烈二世的十八世紀理論相比。拿破崙擁有更出色的洞察力，能快速地調動軍隊，並不懈地透過戰鬥做出決策。對腓特烈二世來說，這些概念並不陌生；他是十八世紀的指揮官典範，但約米尼一再批評他。約米尼說過：「在腓特烈二世的指揮下，兵法幾乎沒什麼進步。這位普魯士國王之所以能夠成功，只是因為他犯的錯誤比對手少。」[27]

雖然約米尼的整體十八世紀作戰概念不是出自原創，卻推動了軍事思維的發展，明確地說明了在漢尼拔和凱撒之後的優秀軍事指揮官自然而然地實踐了哪些事。約米尼結合作戰和戰略的方法，也說明了他是「體制建構者」，即便他否認這一點。當然，約米尼不像畢羅那樣建構了一套基於神聖幾何原則的死板體系。眾所周知，克勞塞維茲厭惡一般的體制建構者，因為他們的建構方式太過僵化和不自然，很少符合戰爭的現實狀況。不過，克勞塞維茲也嘗試過依據自己的重心概念，將一些原則整理成某種體系。創建體系可說是軍事理論化的必然結果，只有在體系被視為帶有約束力的指導方針時，才會對軍事戰略產生負面的影響。

雖然作戰路線的概念通常歸功於洛依德，卻早已出現在十八世紀的軍事文獻中，尤其是在七年戰爭之後，而且有許多相關的作者。從常識的意義來看，作戰路線是由一條行軍路線組成——從通訊與補給的基地通往目的地。然而，作戰路線不只是地圖上的地理界線，還身兼高效應用武力的正當理由或規劃依據。此外，作戰路線更短的一端比更長的一端較有優勢。更短的路線可以更快地傳遞報告、指令和補給品，也不太需要部隊保護，這種現象後來被稱為「戰略性消耗」。因此，作戰路線應該盡量短又安全。在理論和實務上，這些術語可以相互替換。不足為奇的是，應用武力的最佳理由通常與通訊和補給的最佳路線保持一致。

約米尼從洛依德那裡理解到了戰爭原則，並且沒什麼異議地接受這位威爾斯人的定義。一七八一年，洛依德提到：「軍事藝術就像其他的藝術，都是建立於某些明確的固定原則之上，而這些原則的性質永恆不變，只有應用方式會改變。」[28] 約米尼一再強調相同的特點：「成功的戰爭組合條件所依據的基本原則，一直都存在……而且不變。這些原則與應用武器的性質、時機和地點都無關。」[29]讀者接下來會發現，不變的性質本身也帶來了問題，但約米尼和洛依德都沒有積極處理。

約米尼認為決勝點是憑著地理位置而具有優勢，可以是具體的位置或特徵，能對戰役的結果或單一事件產生顯著的影響。他將決勝點分為三種：戰略（或功能性）、作戰（在戰區內），以及戰術（在戰場上）。機動性的戰略位置具有天然或人工的優勢，有利於進攻或防守，能促進或阻礙部隊針對決勝點或戰略目標的移動和集中原則。作戰的決勝點位於戰區內，可以是地理特色（例如：因地形結構而永久存在的重要山口）或偶然特性（戰局的演變取決於雙方部隊的相對機動和隨後的部署）。戰場或戰術的決勝點分為三種：（一）地形，由地面的特徵決定；（二）相對關係，由當地特徵與最終戰略目標的關係決定；（三）偶然性，由不同軍隊占據的位置決定。[30]約米尼認為，決勝點明顯適用於軍事人員目前認定的作戰和戰術層面，但他主要將決勝點視為功能或責任，而不是表面的層次。

由於約米尼的著作跨足了二十一世紀的作戰概念和軍事戰略，因此簡短地討論這位瑞士軍事思想家對戰略的看法很值得。約米尼主要從功能性的角度看待戰略，也就是在探討「如何」擊敗對手，而不是為什麼要擊敗對手。他將戰略定義為「在戰區適當地引導大批部隊，無論是為了防禦或入侵」以及「根據地圖進行戰爭的藝術，包含整個戰區」。[31]但他也提到與克勞塞維茲相似的定義：「戰略能決定行動的地點」，也就是決勝點的位置。[32]後勤能把軍隊帶到決勝點，而大戰術能決定軍隊在做決策的時刻如何部署。相比之下，克勞塞維茲將戰略視為「利用戰鬥實現戰爭目的」，這與他的導師沙恩霍斯特的看法相似。

確切來說，這兩種戰略的定義都著重在陸戰，但兩者都不受限於陸軍的應用。例如，美國的海權理論家馬漢成功地將約米尼的戰略定義應用到海戰。克勞塞維茲明確地指出，戰略的作用是將軍事行動與戰爭目的連結在一起。但約米尼頂多隱含地涵蓋了這種作用。他們兩人都認為，戰略積極地涉及部隊行進的方向，以及設定成功的條件。實際上，約米尼更強調控制決勝點，並操縱對手移動至不利的位置，讓戰略發揮塑造戰鬥結果的力量。因此，約米尼更注重地形，但他顯然沒有忽視戰鬥的重要性，因為那是「機動點」。克勞塞維茲比較注重兵力，但不排斥決勝點或良好的作戰路線優勢，因為這些要素能讓友軍處於有利的戰鬥位置。讀者應該還記得，克勞塞維茲直接反駁了畢羅聲稱戰鬥在新的制度下變得多餘的定義。即使沒有發生戰鬥，戰鬥依然象徵著謝林描述的潛在兵力形式，可能會在達成目標方面產生重要的影響力。

III

約米尼認為，在戰略和作戰行動中已證實的應用方式，能以三種組合呈現：（一）以最有利的方式，調整作戰路線；（二）戰略，或者在最短的時間內將大批軍隊調動到原本作戰路線的決勝點；（三）戰術，或者在戰場的重要位置集中大量的兵力。[33] 從二十一世紀的角度來看，第二種組合具有戰略與作戰結合的性質，而第三種組合具有作戰與戰術結合的性質。

約米尼在《兵法概要》中簡明扼要地闡述了現代的戰爭體系，並以一連串有條理的順序呈現。他主張遵循這套體系，比制定全面的作戰計畫更重要，因為經過衝突的第一階段後，不可能預測到友軍和敵軍的行動。在這方面，他的言論呼應了普魯士總參謀長毛奇在一八七〇年代提過的類似觀點。約米尼解釋，現代的作戰體系必須考量到戰爭目標、敵軍的勢力、國家的性質和資源、交戰方的國家特色以及領導者的性格、各自採用的攻擊與防禦手段和心理層面，以及在衝突期間形成聯盟、合作或互相援助的可能性。[34] 所有的考量因素如下：

一、選擇戰區後，討論適合戰區的不同組合。

二、確定這些組合中的決勝點以及作戰方向。

三、選擇並確立固定基地和作戰區域。
四、選擇進攻或防守的目標點。
五、識別戰略前線、防線以及作戰前線。
六、選擇通往目標點或戰略前線的作戰路線。
七、辨別應對可能情況的最佳戰略路線和機動策略。
八、找出最終作戰基地和戰略性儲備的位置。
九、決定軍隊的行軍路線，這些路線可被視為機動策略。
十、考慮補給站的位置與軍隊行軍之間的關係。
十一、辨識哪些要塞可作為軍隊的避難所、障礙物，或提供可能需要的圍攻行動之用。
十二、確認適合設立壕溝陣地的地點。
十三、確認需要進行的誘敵行動以及必要的分遣隊。35

《兵法概要》中列出此清單，其簡單且直接的特色，無疑對十九世紀的軍事人員有很大的吸引力，尤其是當軍事組織開始創造現代的專業分工，而這種體系經由科學方法的可重複性，得以在文化之間轉移。換句話說，如果約米尼設想的體系適用於法國大軍團的軍官，那麼軍事科學應該也適用於美國波多馬克軍團（Army of the Potomac）的軍官。

其他值得注意的清單，還包括約米尼對戰爭類型和分支的描述。前者是簡短的分類，卻揭露了約米尼的主要思維方向和範圍。不幸的是，約米尼錯過了討論如何修改戰略與作戰結合的體系，藉此適應非常規或非傳統類型的衝突，因此他沒有對兵法做出原創性的貢獻。例如，約米尼在第七條至第九條描述了「輿論戰」、「國家戰爭」以及「內戰和宗教戰爭」，但他否認這些戰爭對軍事行動的潛在影響。相反的，他得出的結論是，在這些戰爭中尋找行事準則是荒謬的行為。[36] 這位直言不諱的軍事評論家聲稱，他發現拿破崙成功的祕訣，但他竟然無法為當時很普遍的戰爭類型提出準則。相反的，他回顧過去王朝戰爭的騎士時代，並傾向於將這些戰爭應用到自己的理論。儘管約米尼在西班牙有豐富的經驗，但他提出的準則無法與十九世紀的英國軍事作家卡爾維爾（C. E. Callwell）於一八九六年為小規模戰爭提出的準則媲美，也不像克勞塞維茲在早年描述鎮壓叛亂的重心。因此，約米尼提出戰略與作戰結合的體系，仍然偏向於傳統戰爭或正規戰爭，但他清楚地意識到這兩者之間的性質差異。約米尼認同克勞塞維茲的觀點，即政治目標能影響軍事目標。然而，他刻意不討論對戰爭的永恆原則產生影響的性質或限制，或者哪些要素能構成適當的修改。最終，約米尼的論點在這方面與克勞塞維茲一樣模糊，但他的重點在於優先考慮戰爭的基本原理、規則以及準則，其次才是政策的邏輯。

幸運的是，約米尼對戰爭不同面向的描述沒那麼令人失望。他討論了六大部分：（一）與戰爭有關的政治家風範；（二）戰略；（三）大戰術；（四）後勤；（五）工程學；（六）小戰術。與克勞塞維茲的討論水準相比，約米尼只提供了政治目的清單，也只有大致勾勒政治（politique）的功用——這個單字通常在英文中被翻譯成外交或政治家的才幹，但或許在武裝衝突中等同於德文中的「Politik」。與普遍觀點相反的是，約米尼看待政治的觀點於一八二九至一八三〇年發表，比克勞塞維茲的《戰爭論》早了一年左右，因此他的看法並沒有直接受到克勞塞維茲的影響。[37] 約米尼表示，政治相當於戰爭的重要分支，因此對軍隊指揮官和高階參謀軍官而言很重要，但對下級指揮官則較沒有用處。但可以肯定的是，下級指揮官需要瞭解政治，才能夠取代在行動中突然被殺害或受傷的高階指揮官。最終，約米尼將政治視為國家元首的責任，而非軍事指揮官的責任。這表明了奧斯古德在《有限戰爭》（一九五七年）中描述的權力與政治之間的分界，而不只是美國的觀點。約米尼提出戰略與作戰結合的體系，至少有兩個重大缺陷對現代讀者來說必須格外留意。他寫的〈辨識戰爭全局的方法〉（Note upon the Means of Acquiring a Good Strategic Coup-d'oeil）很像是他的作品縮影，且揭露了其中一個缺陷。[38] 這篇文章向實踐者說明可以如何劃分作戰區域，並反覆執行同樣的步驟，培養更敏銳的直覺式洞察力，或一眼看出軍事形勢的能力。不幸的是，該文章缺乏深度和闡釋力，比方說沒有解釋為什麼只有左區、中區、右區三個作戰區域。此外，約米尼提出的各區域規模相等，不是採用與戰區的主要地理特色一致的務實方法。沿著河流、道路或山脈劃分戰區，能為每支軍隊的作戰方式提供清晰的界線，進而減少混亂。另外，約米尼談到軍隊如何採取某些行動互相對抗，但是只包含一種戰略性決勝點：河流。其他的決勝點可能會產生重要的抵消影響，迫使軍事規劃者必須做出選擇，因此值得他們納入考量，例如城市、要塞。總而言之，對實踐者來說，該文章說明了很嚴重的問題：武斷性。具武斷性的體系將理論置於實務的對立面，而不是使兩者互補。換句話說，約米尼的方法與科學的關係太過緊密，卻缺乏科學的穩固基礎。

這種武斷性揭露了第二個缺陷——在原則不變性與可以迅速適應情況的假設之間，進行優劣比較。在決勝點集中兵力的作法，顯然很合理。但，約米尼不曾討論戰略、作戰、甚或戰術層面上，在特定的區域集中兵力時可能需要考慮的因素，例如該地區可以容納的軍隊數量。一八一二年的法國大軍團，是現代歐洲曾經組建的最大軍隊之一。然而，軍隊必須行經的許多地區都不夠富饒，無法提供足夠的糧食補給。當然，拿破崙增強了軍隊的補給系統，但沒有針對俄羅斯的遙遠距離進行過測試。由於英國皇家海軍在波羅的海（Baltic Sea）巡邏，軍隊也無法透過海上獲得充足的補給。因此，比大軍團的六十五萬人軍隊規模更小的兵力，可能更適應戰略性的情境，並且有可能在後勤需求較低的情況下提供更高的機動性。簡而言之，約米尼忽略了可能使系統奏效的次要問題和三級問題。

儘管有缺陷，我們不應該完全捨棄約米尼提出的體系。他擬定陸戰的方式有優點（他寫過〈海上遠征的概要〉〔Sketch of the Principal Maritime Expeditions〕，但該文章沒有直接探討海權，而且缺乏深入的分析，他的分析顯然以陸地為主）。無論是在古代或現代，行進中的軍隊通常會促成符合實際狀況的作戰路線，需要具備遠見和協調能力，還需要可靠的補給供應線，尤其是食物和彈藥。有時，這種後勤的支持必須經過或繞過決勝點，例如通過山口或跨越河流，控管方式可能會促進或阻礙後勤的供應。即使是法國軍隊，也無法完全靠沿路搜刮食物或自耕自食生存，總是需要確保通訊和補給的路線是否可靠。有朝一日，當軍隊占據外太空時，他們也會需要補給線。儘管有缺點，但這種架構也許會在未來存在一段時間。

IV

約米尼在拿破崙時代的初期整合和修改後的一些概念和原則，已經流傳到二十一世紀，包括決勝點、作戰路線、內線、外線、集中兵力的核心原則、進攻行動以及透過戰鬥做決策。其中，有許多概念和原則已被納入現代的西方軍事學說，變成「作戰藝術的要素」。約米尼提出這些要素的版本與現代版本之間的相似之處，為基本原則的典範提供了有效的證據。

從約米尼的時代開始，決勝點的定義就逐漸擴大，現在能順應不斷發展的軍事領域和功能修正，但基本概念依然不變。例如，西方的軍事學說在二〇二〇年將決勝點描述為：「採取行動時，關鍵的地形、事件、因素或功能，使指揮官能夠取得比敵人更大的優勢，或者為了成功而付出重大的貢獻，比如：創造預期的效果、實現目標等。」[39]相比之下，約米尼將決勝點定義為「能夠對戰役的結果或單一行動產生顯著的影響」。因此，兩者的相似度很明顯。

二〇一九年，西方的軍事學說將作戰路線描述為「在時間和空間方面，確定部隊相對於敵人的方向定位，並且將部隊與作戰基地和目標連結起來」。[40]約米尼教導讀者：「將軍會制定第一個目標點：選擇通往目標點的作戰路線，可以是臨時或長久的路線，並賦予最有利的方向，也就是確保在風險最低的情況下擁有最多的有利機會。」[41]此外，現代的定義與約米尼的概念非常相似，尤其是關於作戰基地和目標之間的關連。

約米尼的內線概念與二十一世紀的定義之間，也有明顯的相似性。現代的定義是：「內線是指部隊的行動偏離中心點後的路線。內線通常代表中心位置，友軍在那裡可以比敵軍變換陣地時，更快地加強或集中兵力。」[42]約米尼將內線定義為：「一、兩支軍隊用來對抗多個敵對實體的路線，其方向使將軍可以在比敵人所需的更短時間內，集中龐大的兵力並操縱整體的力量。」後來，他反駁內線需要中心位置的想法。「軍隊可以在敵方的兩批大軍面前占據中心位置，」他寫道：「而且不具備作戰的內線。兩者不能混為一談。」相反的，約米尼認為外線是指：「一支軍隊同時在敵方的兩翼作戰，或者對抗敵方的幾批大軍。」[43]這些敘述證明約米尼有時候會避免使用基於幾何學術語的定義。他認為這種定義太有約束性，也容易混淆。物理關係（一支軍隊相對於另一支軍隊的位置）逐漸取代了抽象的幾何學描述。

然而，現代學說將相對於外線的內線優勢（友軍的行動聚焦在敵軍時）視為兵力和空間、時間等因素的比率。二十世紀期間的圍堵和殲滅戰，提高了許多人對外線優勢的意識，尤其許多這類的戰役在二戰期間是歐洲戰區的特色。另一方面，約米尼起初認為內線的優勢就代表一切，因為只有在內線才能應用「基本原則」。[44]但他的觀念錯了，因為即使是在外線，仍然可以採取機動作戰，將更強大的戰鬥力應用於對抗對手陣線的薄弱點。最後，約米尼具體說明了自己的觀點，並指出：如果一方的兵力很明顯比對手弱，中心位置可能會防守不住。

即使是在約米尼的時代，作戰路線通常與通訊和補給的路線保持一致。例如，占領城市、港口或道路網的原因，往往與可能驅使對手防守的理由相同。這些地點有助於通訊和後勤保持暢通，因此對成功的作戰行動來說非常重要。然而，約米尼有時候會指出，他對作戰路線的概念——將決勝點連接到目標的路線，可能不只侷限於通訊和補給的路線，顯然只有在達到目標後才發揮作用，也就是在事件發生後才採取行動。不過，約米尼的解釋也透露了他無法充分理解後勤的價值。他認為後勤是調動軍隊的藝術，在他的時代，後勤領域涵蓋的範圍不只是為軍隊供應補給品、彈藥、糧食等方面的技巧和科學，還包含諸如為士兵安排住宿、尋找營地、建立和勘查行軍路線，以及安排行軍隊形等活動。整體而言，他對後勤的討論是暫時且充滿不確定的。或許，這是《大軍作戰論》中最薄弱的部分，反映出針對戰鬥的普遍偏見，甚至是執念。或者，讓約米尼尷尬的是，他的大部分成就是在擔任行政職務期間取得的。

在二十一世紀的軍事學說中，作戰路線的概念是以「努力方向」的形式經歷了重要的演變過程。作戰路線仍然與具體的物理性有關，比如占領和保護城鎮，而努力方向則是與邏輯性有關，比如確立某個省的法規所需的措施，或者建立區域性和地方治理方式所需的步驟。例如，確立法規的步驟可能包括以下的決勝點：（一）確立警力的訓練；（二）使訓練有素的警察融入作戰行動；（三）打擊有組織的罪犯；（四）建立司法體系；（五）轉換到東道國的警察部隊。同理，確立地方治理的努力方向可能包括以下的決定性步驟：（一）尋找並招募領導者；（二）確立區域性的代表人；（三）設立社區委員會；（四）設立區域委員會；（五）支持和維護競選活動。[45] 這種努力方向清楚地呈現了在武力干預期間，實現政策目標所需的任務，通常會超出戰時軍事專業知識的範疇。即使軍事指揮官不一定會帶頭行動，可能還是需要協調和支援作戰行動。

約米尼的集中原則也應該被列為貫穿歷史的基本原則。例如，馬漢制定海軍戰略的原則時，準確地將集中視為約米尼的基本原則。但他也正確地辨識另外兩種原則——進攻行動和透過戰鬥做決策，也就是約米尼分析拿破崙的核心，並補充集中原則的內容。有些歷史學家說馬漢是個有原則的人，他幫自己的狗取名為「約米尼」，似乎顯得很極端。然而，馬漢的時代是充滿原則的時代——包括實現大規模生產的泰勒主義（Taylorism）和福特主義（Fordism），以及使家庭變成有序的「國家單位」的良好家務管理原則。實證主義為約米尼的作戰體系奠定了基礎，也構成馬漢時代的許多科學基礎，尤其是經濟學、社會學和心理學。此外，這些基礎延續到二十世紀中葉。當時，卡爾・波普（Karl Popper）可驗證的假設概念——透過否定來獲取知識，開始取代社會科學中的實證主義方法。

但，約米尼的核心原則也影響到了空軍力量理論，尤其是這些原則由美國空軍力量的傳播者威廉．米切爾（William Mitchell）所傳達。不過，米切爾所做的只是陳述許多軍事人員對交戰的看法（無論他們屬於哪個部門）。一方必須猛擊、迅速打擊，並持續進攻，直到對手放棄抵抗。約米尼的信條促成二十世紀指揮官的思維，例如歐尼斯特．金（Ernest King）、喬治．巴頓三世（George S. Patton III）、柯蒂斯．李梅（Curtis LeMay）。

核子武器在二十世紀中葉出現後，這種信條變得危險。陸地、海洋或空軍力量的集中原則，變成了核武攻擊的有利目標。進攻行動（不是使對手處於不利的局面）可能會因為反核攻擊而導致兩敗俱傷。因此，透過戰鬥做決策毫無意義。布羅迪、奧斯古德以及其他有限戰爭的理論家，也很排斥約米尼的核心原則——集中、進攻行動以及透過戰鬥做決策。但許多西方的軍事領袖已經將這些原則牢記在心。

即使是在核武升級風險較低的環境中，例如越戰，遵循約米尼的核心原則頂多只能取得戰術上的成功，而非戰略上的成功。美軍可以集中壓倒性的戰鬥力，對越共和北越軍隊進行進攻性的「搜索與殲滅」行動，並且在戰鬥中擊敗大多數軍隊。然而，戰略上的勝利仍然難以實現。一般而言，鎮壓叛亂反而需要相當長的實踐時間，而且與美國的國內政治鬥爭和經濟挑戰的現況抵觸，對長期且開放式的承諾很不利，就像在韓戰時一樣。關於這種缺陷，美軍並不是唯一的例子。其他的軍隊也在努力面對戰爭的雙重性。在二十一世紀，滿足每種任務的要求仍然是一大挑戰。

鎮壓叛亂以及其他的信條，似乎都違背了約米尼的核心原則。不過，打擊叛亂所需的行動是否真的違背集中原則、進攻行動以及經由戰鬥做決策呢？在不同的思維方式下，這些核心原則是否仍然適用，西方的軍隊對此仍未曾研究。例如，集中原則不應該只是指引軍事力量打擊敵人的弱點，還可以利用適合解決特定問題的資源。同理，進攻行動可被視為採取積極的行動，及時制止潛在的叛亂，而不是利用常規部隊進行攻擊。同樣的，經由戰鬥做決策也可以意味著在外交、情報以及衝突的經濟層面，獲得和保持決定性的優勢。與其說這些變化能維護核心原則，不如說是幫助現代的軍隊修正方向，更有效地應對非傳統的挑戰。

V

本章間接地向軍事人員、政策實踐者以及克勞塞維茲的學生說明了約米尼遭到鄙視的更多理由，但他們不應該盲目地鄙視約米尼或他的作品。從現代的評價來看，約米尼是稱職的軍事歷史學家，即便他的理論作品缺乏獨創性，以及自戀性格使許多認識他的人很反感。不過，關於決勝點、作戰路線、內線、外線以及戰爭的原則，約米尼的看法值得後人仔細研究——表明了軍事科學和軍事藝術都是軍事實務的一部分。與其他的知名作者一樣，約米尼的作品也需要受到讀者的關注，並得出自己的感想。實踐者可能更願意透過克勞塞維茲的視角看待戰爭，把自己視為其追隨者。然而，他們在某些方面也受到了約米尼的觀點影響。

夏伊在文章中提到，「現代戰略的奠基者」終究只是個爭議性的稱號。嘗試確定哪一位軍事作家最符合現代戰略奠基者的稱號，是一種徒勞的作為。幾個世紀以來，戰略思想在許多作家的腦海中經過。如本章說明的，約米尼的核心觀點仍然存在，但他比較像是統合者和完善者，而不是創作者。約米尼應該要感謝他的前輩和評論家，甚至要感謝他的崇拜者，因為他們為他創造了響亮的聲譽。如前文所述，他的前輩為他提供了制定戰略和作戰體系的基本框架。同時，這些前輩的思想也是受到了前人的影響，尤其是洛依德和畢羅。

或許，二十一世紀的讀者會發現，約米尼的名字幾乎從現代軍事學說的頁面上消失了，似乎是報應。他宣揚的許多概念確實是抄襲而來。但在他的時代，抄襲的行為並不罕見，部分原因是當時對資料來源進行的確認程序還不完善。約米尼抄襲洛依德的內容很廣泛，甚至有時候到了逐字逐句的地步，不只包括洛依德的想法，還包括他撰寫七年戰爭的歷史敘述。

另一方面，在約米尼寫作的那個時代，許多軍事作家都會為了尋求正當性而參考科學方法論，但此舉反而招致模仿。當時，科學仰賴的假設是：透過歸納法、演繹法以及各種形式的辯證法，可以得出不容置疑的真理。軍事科學提供了事實的基礎，即便在某些情況下令人生疑，但宗旨是讓個人能運用創造力解決更複雜的問題，也就是實現軍事藝術中的「藝術」。武器在二十世紀變得越來越具毀滅性，科學也漸漸減少人為疏失的機會。這種發展的其中一個例子是，與軍事決策有關的制度或程序增多了。

因此，我們不應該忘記約米尼提供了軍事和政策實踐者歷來要求的各種指導方針。當然，克勞塞維茲的《戰爭論》讓讀者能理解比約米尼的論述更複雜的武裝衝突。不幸的是，如夏伊提醒過的，軍事和政策實踐者似乎都渴求簡易——能促成更佳決策的核心要素。在某些方面，他們的期望沒有錯。但，人們追求的勝利要素並不會無窮盡地保持下去。如果崇高的理念無法偶爾戰勝簡單的部分，那麼未來的實踐者將難以應對戰爭的複雜性。

Chapter

7

阿爾弗雷德．賽耶．馬漢與海權戰略

約翰．毛雷爾（John H. Maurer）是海權和大戰略方面的阿爾弗雷德．賽耶．馬漢特聘教授（Alfred Thayer Mahan Distinguished Professor）。他曾經在美國海軍戰爭學院擔任戰略與政策學系的系主任。

「海權史主要是敘述國家之間經常引發戰爭的爭奪、競爭以及暴力。」[1] 因此，馬漢開始撰寫他最著名的著作：《海權對歷史的影響》（The Influence of Sea Power Upon History）。該書於一八九〇年出版，書中的歷史探討了西班牙、荷蘭、法國、英國等歐洲大國在十七世紀和十八世紀，互相爭奪海上的主宰權和國際體系的領導地位。馬漢呈現戲劇性的歷史觀，並描述大國之間的激烈鬥爭、海外擴張、帝國興衰，以及爭取海上勝利的戰鬥。馬漢的歷史變成時下的經典作品，讓他獲得世界海上戰爭和海軍戰略的權威名聲。馬漢描述的帝國競賽和海權爭霸，似乎不只侷限於遙遠的過去，也包括他所處時代的一大部分。他對大國衝突的描述引起了將國際政治視為達爾文主義鬥爭的時代產生共鳴；該時代的普遍見解是：只有適合的人可以享有安全和繁榮。《海權對歷史的影響》聲名遠播，因此許多人認為該書是美國作家在十九世紀寫過最具影響力的非小說類書籍。

接著，馬漢在一八九二年發表了兩卷《海權對法國革命和帝國的影響，一七九三至一八一二年》（The Influence of Sea Power Upon the French Revolution and Empire, 1793–1812）。[2] 這些歷史鞏固了他身為嚴肅歷史學家的聲望。馬漢曾擔任美國歷史學會（American Historical Association）的會長，並取得牛津大學、劍橋大學、哈佛大學、耶魯大學以及哥倫比亞大學的名譽學位。他在作品中努力將海軍的行動與歷史上的大勝利連結起來，指出：「海軍歷史學家很少提到通史與特定主題之間的關連，通常只注意海軍事件的簡易編年史。」[3]馬漢探討世界政治中的戰爭和變革，以及大國在國際舞台上追求安全、福祉和領導地位的過程。他聲稱，商業航海大國在世界政治中發揮了主導作用，因為他們從國際貿易中創造財富，並獲得全球各地的資源。控制海上的主要貿易路線（馬漢稱之為寬闊的通道），是海軍在戰爭中的使命。

馬漢在寫歷史的時候，曾試著應用歷史研究，解釋美國在十九世紀結束時面臨的戰略困境和外交政策選擇。雖然他寫書的內容都是先在海軍戰爭學院的講座中傳授，但他決定觸及比課堂上的學生更廣泛的受眾。馬漢認為戰略研究對自由國家的所有公民都有寶貴的益處，尤其是那些負責外交和軍事關係的人更是如此。[4]他是作品豐富的作家，一生發表過二十本書和一百三十七篇文章。[5]馬漢身為戰略思想家的地位很高，因此儘管他已經退休，不再執行職務，海軍部長還是要求他加入特別委員會，在西班牙與美國交戰期間指導海軍戰略。

馬漢想提醒他那一代的美國人，要注意美國這個崛起的世界大國將面臨的危險。他預測到激烈的地緣政治競爭，以及歷史學家范恩·伍德沃德（C. Vann Woodward）所謂的美國自由安全時代的結束。[6]美國確保安全的方式不能再像十九世紀那樣，主要依賴英國的海上主宰權，或者依靠美國潛在的軍事力量，由大西洋、太平洋以及北極的冰封荒地形成的天然護城河鞏固。相反的，未來的國際挑戰需要美國在世界政治中扮演更積極的角色。馬漢宣稱：「我其實是帝國主義者，意思就是我相信沒有任何國家——尤其是今後沒有大國應該維持適合我國早期歷史的孤立政策。」[7] 為了應對未來的實力考驗，馬漢呼籲增進海軍實力，作為美國的首要防線。他表示：

美國面臨的所有軍事危險，最好是發生在領土之外——海上。為海軍戰爭做好準備，也就是準備好海軍的攻擊和防禦措施，相當於可以應對可能發生的任何事件。[8]

雖然馬漢的觀點吸引了像西奧多・羅斯福（Theodore Roosevelt）這樣的讚賞者，卻也吸引了刻薄的批評者。批評者抨擊他鮮明地描述國際環境，以及他提倡海外擴張、外交糾紛和增強美國武力。《錯覺》（Great Illusion）的作者諾曼・安吉爾（Norman Angell）批評馬漢的國際政治觀點：「無論他再怎麼詭辯，都是一種野蠻的學說。」[9] 另一位有敵意的後代評論家是著名的歷史學家查爾斯・比爾德（Charles Beard），他批評馬漢既是拙劣的歷史學家，也是宣揚帝國主義的傳教士。比爾德說：「馬漢利用歷史、經濟以及宗教，是為了捍衛並向美國證明自己的新信條。我是指古時候的美國大陸。現在，他卻被帝國主義的新信徒輕蔑地對待，這些信徒都沉醉在權力的欲望中。」他批評馬漢呼籲加強海軍的主張不只被美國接納，還被其他國家仿效。他也認為，馬漢的著作在德國反而幫助了德皇和海軍上將阿爾弗雷德·鐵必制（Alfred von Tirpitz），使他們建立強大的戰鬥艦隊。馬漢的觀點傳播後，導致大國之間不斷有加劇的海軍軍備競賽。「年復一年，有越來越多的十幾億美元投入到軍備，」比爾德寫道：「權力、領土、貿易、殖民地以及海上基地的競爭，變得越來越激烈，直到一九一四年爆發了世界大戰。」儘管比爾德輕視馬漢及其觀點，但他依然認為馬漢是「美國有史以來最成功的宣傳家」。[10] 對崇拜者和批評者而言，在世界大戰的動盪時期，馬漢在美國外交政策和戰略的辯論中是不可忽視的代言人。

I

一八四〇年九月二十七日，馬漢在西點出生。在軍事學院教職員當中，他的父親丹尼斯·馬漢（以下簡稱老馬漢）是資深的知名成員。老馬漢主要擔任工程指導者，同時也教導學生有關兵法的知識，在教學中大量引用了約米尼（十九世紀初的知名軍事作家，專攻戰略和作戰行動）的著作。他對兒子的教育很盡責，包括在哥倫比亞學院度過的兩年青少年學習時期。兒子考慮職業選項後，決定投身軍旅，進入美國海軍學院就讀。但，老馬漢質疑兒子加入海軍的決定。馬漢曾在自傳中寫道：「爸爸認為我不適合加入軍隊，比較適合從事文職工作。」雖然老馬漢很擔憂，卻還是利用自己的人脈關係，幫兒子爭取到就讀海軍學院的機會。他的其中一位學生叫傑佛遜．戴維斯（Jefferson Davis），曾經幫他的兒子遊說。馬漢後來回憶道：「我之所以能夠加入美國海軍，要歸功於南部聯盟（Southern Confederacy）的第一位且唯一的總統介入。」[11]

在內戰爆發的前夕，馬漢被任命為海軍軍官，既在海軍中負責船上職務，也參與對抗南部聯盟的陸上戰鬥。在戰爭期間，他的任務包括在臨時搬遷到羅德島新港（Newport）的海軍學院擔任教官。戰爭結束後，馬漢繼續在海軍中服役，最後晉升為上校。然而，他在海軍內部主要是贏得了思想家和作家的聲譽，其次才是船艦管理者。當他試圖在軍旅生涯的末期避開指揮船艦，寧可將時間用在研究和寫作時，負責人事調動的長官拒絕了他的請求。馬漢被派去執行海上任務時，長官嚴厲地對他說：「海軍軍官的職責並不是寫書。」[12]他最後一次在海上指揮時，是擔任巡洋艦芝加哥號（Chicago）的艦長。這艘造訪歐洲水域的旗艦屬於美國戰艦的分艦隊。資深長官刻薄地批評他，並譏諷道：「馬漢上校的興趣竟然是文學創作，完全跟服役扯不上邊。」[13]

馬漢年過四十時，生活的方向突然轉向文學創作。當時，海軍少將史蒂芬・盧斯（Stephen Bleecker Luce）邀請他加入羅德島新港剛成立的海軍戰爭學院的教職員。盧斯是海軍中的傑出人物，經歷過大約四十年的全職軍人生涯。在內戰結束後的時代（海軍的黑暗時代），他對美國海軍的不足之處感到震驚。不只艦隊的物質狀況惡劣，服役過程也有行政管理的缺失和領導力的問題。盧斯抨擊海軍軍官愚昧無知，既不瞭解海軍歷史，也缺乏作戰經驗和戰略性思維。為了讓兵役脫離黑暗，他期望海軍戰爭學院能夠發展一門海戰科學課程，成為重建海軍的指路明燈。「重大的任務是，」他告訴海軍部長：「將現代的科學方法應用到海戰研究中，將海戰從注重實際經驗的階段提升為一門科學。」他在軍中的崇高地位和魄力，說服了原本不情願的海軍領導階層設立海軍戰爭學院。身為該學院的第一任院長，他宣稱：「這項任務是，研究戰爭和所有與防止戰爭相關的疑問。」[14]

盧斯滿懷信心地期待海軍戰爭學院培養人才，為海軍科學奠定基礎，就像約米尼為軍事科學所做的那樣。他認為，理性的馬漢很適合擔任執行該學院任務的軍官。馬漢已經在海軍中建立身為歷史學家和專業軍事教育倡導者的聲譽，也寫過一本內容詳盡且評價不錯的書《海灣和內陸水域》（The Gulf and Inland Waters），[15] 內容有關南北戰爭的西部戰區沿海和河流的海軍作戰歷史。他還發表關於海軍教育的研究報告，展現出他為海軍軍官和入伍軍人制定培訓課程的能力。[16]盧斯委託他制定海上戰爭的作戰原則和戰略準則後，他的成效超出了盧斯的預期。當馬漢接任盧斯的職位，擔任該學院的院長後，他的聲望挽救了這間學院免於倒閉（海軍領導階層質疑過該學院的價值）。從那時到現在，該學院的聲譽一直與馬漢的名聲有著不可分割的關連。

II

馬漢一接到加入海軍戰爭學院教職員的命令時，回想起在軍事學院任教的父親曾經推出戰略和大戰術的課程，並受到評論員的認可。因此，他說：「我相信遺傳對我有幫助。」[17]經過盧斯的允許後，馬漢在接下來的十個月到紐約市進行研究和寫作。他為海軍歷史準備的講座，變成了《海權對歷史的影響》的素材基礎。他欣喜地表示：「我講課給學生聽的時候，感受到驚喜般的成就感，現在對我來說還是有點誇張。」學生的反應，以及妻子艾莉（Elly）和盧斯的鼓勵，都促使馬漢開始為自己的研究尋找出版社。不過，他尋找出版社的過程很艱難，因為很多家出版社都拒絕了他的原稿。馬漢嘗試了一年多後，在一八八九年九月沮喪地寫信給盧斯：

> 我已經盡力了，準備打算放棄……我相信這本書稱得上是實用的好書。因此，如果有出版社願意接受我的原稿，我一定會努力呈現這本書的價值……但我不願意繼續請求出版社。這樣做不但讓我分心和煩惱，也妨礙到了其他的工作。[18]

波士頓的利特爾布朗（Little, Brown）出版社接受原稿時，他的毅力終於得到了回報。《海權對歷史的影響》在美國的第一版於一八九〇年五月問世，獲得超出預期的暢銷成果。該書的出版可說是應運而生。自從羅伯特·李（Robert Lee）將軍在阿波麥托克斯（Appomattox）投降以來，已經過了一個世代。當時，美國取得了顯著的經濟進展，鐵路建設和電纜網絡的龐大基礎設施，使國家各地緊密相連，並促進商品和資訊的流通。南北戰爭結束後，馬漢觀察到政府的政策只集中在所謂的海權鏈條第一環節。他說：「內部發展、大規模生產都伴隨著自我滿足的目標和浮誇的言論。」[19] 到了一八九〇年，美國已超越英國，成為世界領先的工業強國。在二十世紀初，工業、能源和農業生產的持續成長，逐漸使美國轉變為經濟超級大國。一八九三年，芝加哥的哥倫比亞世界博覽會在馬漢的歷史著作發表後不久舉行，展示了崛起的大國所具備的工業和技術實力。

馬漢的著作出版，也預示著弗雷德里克·傑克遜·特納（Frederick Jackson Turner）的著名文章〈邊疆在美國歷史上的重要性〉（The Significance of the Frontier in American History）於一八九三年的哥倫比亞世界博覽會上發表。特納主張：「從美洲被發現後的四個世紀以來，百年憲法的歷史結束時，邊疆已經消失了，而美國歷史的第一個時期也跟著結束了。」然而，邊疆的消失並不代表歷史結束，也不代表美國生活的擴張特性戛然而止。相反的，特納預測：「美國的活力會持續需要更廣泛的發揮領域。」[20]馬漢的作品為美國歷史的下一個時期提供契機，讓我們瞭解到在邊疆消失後，美國越來越常參與全球經濟，成為在更廣闊的領域中運作的新興大國，並捲入世界政治舞台的鬥爭，經常充滿暴力。「無論美國人是否願意，」馬漢主張：「他們現在要開始關注外部的世界。這個國家不斷提升的生產力需要如此。」[21]

《海權對歷史的影響》出版後，引起世界各國精英讀者的熱烈迴響。老羅斯福給予很高的評價。「馬漢上校寫了一本獨特又重要的書。這是多年來最有趣的海軍歷史書。」羅斯福接著說：「他清楚地說明海軍歷史的研究對那些希望準確評估和運用海軍的人而言有多麼重要。」他發現到馬漢的著作特色：歷史研究的宗旨是指引海軍發展，以及應用海軍力量的戰略。老羅斯福和馬漢建立了密切的關係，在接下來的二十五年會面和互相通信，即便他們的意見不一定一致。

馬漢以巡洋艦芝加哥號的上校身分造訪英國時，受到重要人物的歡迎——維多利亞女王、她的兒子威爾斯親王（未來的愛德華七世）、羅斯伯里（Rosebery）勳爵、首相以及其他的英國領導者，都想見到這位知名的美國作者。從馬漢的歷史著作中，英國人看到了對他們的國家成功地建立世界最大帝國，並且在競爭中贏得海上霸權的認可。馬漢也在英國見到了德皇威廉二世；當時，威廉二世正在拜訪祖母維多利亞女王。德皇很欣賞馬漢的作品。「我現在不只是在閱讀馬漢上校寫的書，也是在如飢似渴地汲取內容的精華。我在嘗試背誦內文，」他寫信給一位美國朋友：「這是一流的作品，在各方面都稱得上是經典。」[22] 柏林的美國記者說：「我好幾次聽說過君主引用馬漢的學說，他對馬漢寫的所有內容都很熟悉。」[23] 德皇翻譯了馬漢的作品，然後分發到德國各地。日本的海軍領袖也對馬漢的著作很感興趣。日本正在增強海軍力量，並且在戰爭中擊敗了中國和俄羅斯，建立了日本帝國。海軍上將東鄉平八郎曾經在戰勝俄羅斯的對馬海戰中擔任日本艦隊的指揮官，他對馬漢的淵博知識和敏銳的判斷力表示深切又誠摯的敬意。日本的海軍英雄宣稱：「各國的海軍戰略家普遍認為，海軍上將馬漢的作品會永遠在軍事科學的研究中占據世界級的權威地位。」[24]

另一位熱情的崇拜者是富蘭克林·羅斯福（Franklin D. Roosevelt）。他在年幼的時候收到了馬漢的作品，然後深深受到吸引。他是伍德羅·威爾遜（Woodrow Wilson）政府的海軍助理祕書，曾要求馬漢寫一些文章，目的是影響大眾對某些主題的看法：海軍戰略，以及在和平時期與戰爭期間維持戰鬥艦隊集中力量的必要性。他說服馬漢寫文章時，曾表示：「人們可以透過教育理解概念，前提是我們要先一起嘗試向一般人說明維持艦隊完好無損的軍事必要性。」他寫信給馬漢時，提到：「你的言論比其他人更有說服力。」那時，年輕的羅斯福認為馬漢在海軍中，是個能夠向美國人民宣傳服役目的和戰略用途的人才。馬漢後來為羅斯福寫了文章，而且是在他去世前的最後一篇文章。[25] 歐洲爆發戰爭時，馬漢的生命即將走到盡頭；他急著勸羅斯福：「應立即讓艦隊備戰，才能迅速集中兵力。」[26]

另一位受到馬漢的著作吸引的年輕政治領袖是溫斯頓．邱吉爾（Winston Churchill）。在一戰之前，這位海軍大臣是負責英國海軍防禦的文職內閣部長，他利用馬漢的著作，指導英國應對德國海軍建設所帶來的挑戰。邱吉爾斷言：「海權的經典作品是由美國海軍上將所撰寫的。」[27] 當馬漢於一九一二年造訪英國時，他在英國海軍部見到了邱吉爾。前一年，馬漢寫的《海軍戰略》（Naval Strategy）已經出版。[28] 他曾欣喜地向出版社表示：「你們可能會想知道，我待在英格蘭的時候，海軍部長邱吉爾先生告訴我，海務大臣建議他讀我寫的書，而他正打算開始讀。」[29] 後來，邱吉爾說：「在海軍事務的寫作領域，沒有任何人比馬漢更有名氣了。」[30]

III

馬漢強調戰略的重要性——軍事科學的精髓，能決定大國之間的戰爭結果。「戰略對每一場戰役的命運有重大影響，」他寫道：「如果戰略不正確，將軍在戰場上運用的技巧、士兵的勇氣、勝利的光輝等，無論有多麼重要，都無法發揮作用。」[31]戰略不只侷限於指導陸軍和海軍的作戰行動。馬漢認為，戰略性的考量應該在和平時期與戰爭期間指引國家的行動。他在考察俄羅斯於一九〇四至一九〇五年的日俄戰爭中失敗的原因時，批評俄羅斯的高級指揮官在和平時期面對戰爭威脅時，犯下了戰略錯誤。實際上，常見的情況是，戰爭來臨的時候已經太遲了，無法充分彌補和平時期的錯誤或闕漏。[32]馬漢認為戰略涵蓋文職和軍事領袖的行動，無論是在和平時期或戰爭期間，都能夠建立、支持並增強國家的海軍實力。[33]

馬漢想要展現海權對於在競爭中獲得優勢的重要性。他曾在著名的段落中提到：

> 從政治和社會的角度來看，海洋呈現給人們的顯著特色是重要的大道；更確切地說，是廣闊的公共用地，人們可以在海上四處移動。但，有些人氣高的路徑顯示出存在某些因素促使人們選擇特定的旅行路線，而不是其他的路線。這些旅行路線被稱為貿易路線。[34]

長期以來，美國人習慣把海洋當作保護新世界不受舊世界侵犯的護城河，但馬漢將海洋視為促進美國經濟成長、獲得外交影響力以及提高安全性的途徑。

在馬漢尋找戰略原則的過程中，他求助於歷史。與盧斯相似的是，他也相信戰爭有支配作戰行動的原則。馬漢說：「這些原則的存在可透過研究過去而發現，在成功和失敗的案例中揭露它們。」他對歷史的研究涉及到古代希臘和羅馬的戰爭，以及歐洲大國在航海時代的競爭，還有他所處時代的衝突。[35]

在技術迅速變化的時代，馬漢意識到一些海軍軍官有「考慮不周的偏見」，他們不明白歷史的研究如何有助於理解現代的戰爭。[36] 技術逐漸改變海上戰爭的性質後，他說：「因此，與海上事務有關的許多人自然而然地認為，從先前的經驗中學到的東西毫無價值，時間都浪費了。」然而，馬漢反駁研究歷史毫無價值的觀點。他主張：「過去的戰鬥是否成功或失敗，取決於是否符合戰爭的原則。戰略性原則屬於不可改變或恆永不變的規律，因果關係世世代代保持不變。」這些原則屬於自然規律，但戰術是使用人類製造的武器作為工具，一代又一代地共享競賽的變化和進步。馬漢總結道：「戰術的上部結構偶爾需要修改，或徹底改造；但戰略的舊基礎至今仍然穩固地存在。」[37] 儘管新技術應用於海戰，歷史仍然是研究戰略的最佳源頭。

馬漢認為，集中兵力和進攻行動是海戰的基本戰略原則。海戰的勝利歸因於擁有卓越的海軍力量，能實施進攻性的海上戰略。這種戰略能找出敵人的艦隊，引導對方戰鬥，並且在決定性的行動中摧毀對方。「敵人有組織的兵力是主要目標，這是約米尼的名言，」馬漢主張：「就像一把雙刃劍，能揭穿許多似是而非的論點有哪些共同點和精髓。」[38]這種戰略通常需要採取進攻行動，進入敵人的國內水域。兵力集中後，尋找並消滅對手的艦隊。這樣做能夠在海上施加壓倒性力量，將敵方的旗幟逐出，或者讓敵方潰敗逃亡。控制了重要的大道後，就能封閉通往敵方海岸的商業路徑。[39]

馬漢用歷史例子說明他的戰略原則。他在《海權對歷史的影響》中，批評英國領導人在美國獨立戰爭期間，沒有採取更積極的前置部署海軍集中行動來對抗法國和西班牙。他聲稱：「打從一開始，英國艦隊能不能將兵力集中在布雷斯特（Brest）和卡迪斯（Cadiz）之間，就決定了這場戰爭的成敗。這樣做並不是沒有風險，卻很有可能獲勝。」英國的戰略失誤是無法集中兵力和採取侵略行動，因此使法國及其盟友西班牙有機會參與海上競爭，並且為美國的獨立打下基礎，進而削弱英國海上強國的實力。[40]相反的，馬漢讚揚英國在充滿危機的一八〇五年制定的戰略。當時，拿破崙集結軍隊，沿著英吉利海峽的海岸，試圖入侵英國。在馬漢的著名段落中，他讚揚了英國提前部署在某區域的艦隊，在法國海岸上執行封鎖任務時，成功地阻礙了拿破崙的行動。「那幾個月很沉悶無聊。法國軍械庫附近的大船在這段期間都在觀望和等待，拯救了英國，」他說：「海權對歷史的巨大影響，令人印象深刻。拿破崙的大軍不曾觀察過那些遠在天邊、在海上風雨飄搖的船。它們就位於他的大軍與世界主宰權之間。」[41]在特拉法加海戰（Battle of Trafalgar）中，知名的海軍英雄納爾遜（Nelson）擊敗法國和西班牙的聯合艦隊，主因是積極的海上戰略為勝利奠定了基礎。

科貝特爵士是海軍歷史學家和戰略理論家，他在這個時代寫作，試圖遏制馬漢對進攻性艦隊作戰行動的熱忱。雖然柯貝特同意馬漢的觀點——摧毀敵方的海軍勢力通常是最佳戰略，但他提出的警告是，戰略的脈絡很重要，以及進攻行動的風險有時候可能會超越回報。他引導讀者：「要尋求道德上的激勵感，因為其中的價值體現了高尚且健全的海軍精神，但這種準則絕不能取代合情合理的判斷。」他的戰略準則是：「海戰的目標必須是直接或間接取得制海權，或防止敵人獲得制海權。」[42]有時，防禦性的謹慎策略比進攻行動更能達到這個目的。雖然馬漢在選擇行動方案時，瞭解戰略情境的重要性，但他相信：「一旦宣戰，就必須積極地發動攻勢。不能只是抵禦敵人，而是要毀滅敵人。」[43]

在海上獲得壓倒性的力量，使占優勢的海軍能夠保護跨越海上公域的貿易環節。雖然較弱的海軍無法再爭奪制海權，卻還是可以嘗試擾亂海上的貿易網絡，對航運造成極大的損害。然而，海軍的攻擊力越弱，只會產生不如預期的效果，無法大幅削弱更強大一方的海軍實力。與此同時，更強大的海軍勢力可以利用制海權，干擾敵人獲取資源的途徑，並實施封鎖，損害敵人的經濟。透過損害敵方經濟的作法，戰爭期間的整體權力平衡會轉移到掌握制海權的國家。控制海上公域，能經由經濟耗竭的手段，賦予主導海上力量擊敗對手，最終轉化為勝利的能力。[44] 根據馬漢的海權理論，海軍的優勢與國家的商業活動密切相關。貿易能創造財富，而財富可以用來建造海軍的勢力，進而用於取得制海權。

掌握海上公域的指揮權後，海上強國可以吸引到聯盟的夥伴，在陸地上牽制敵對的大陸國家。馬漢認為，那些有陸地邊界的國家需要投入大量的資源，才能打造龐大的軍隊，因此在海上公域與對手競爭時處於戰略性劣勢，畢竟對手既不會被迫在陸上自衛，也不會被引誘透過陸地尋求領土擴張。他指出，英國擁有的優勢勝過法國和荷蘭，因為這些國家需要維持龐大的軍隊，才能保衛陸地邊界。他稱讚英國的領袖，例如查塔姆（Chatham）伯爵和威廉・皮特（William Pitt）爵士父子的例子，他們都追求「資助大陸盟友」的戰略，目的是在陸地上對抗英國的死敵：法國。[45] 科貝特在著作中闡述了海上強國如何利用陸軍擊敗陸地大國。這位英國作家強調：「海上戰略首要關切的項目是，確定陸軍和海軍在戰爭計畫中的相互關係。」[46] 他強調，制定一種將海軍和陸軍策略結合在一起的戰略，是對馬漢關注海軍作戰的概念有幫助的附加價值。

馬漢還在世的時候，有一群被稱為綠水學派（Jeune École）的海軍戰略家提倡了截然不同的海戰策略。他們的目標是破壞海運貿易的網絡，也就是海權依賴的基礎。這種戰略思維的學派在法國備受重視，當地的海軍規劃者希望找到能在海上與英國競爭的方式，而不是藉著正面交鋒獲取戰艦，用於爭奪海上公域的控制權。法國在普法戰爭中慘敗後，法國的領導者面臨了資助一支海軍對抗英國的艱巨任務，同時還要嘗試在陸地上與德國較勁。為了與英國競爭，法國海軍的領導者認為他們可以直接打擊英國經濟仰賴的船舶和金融網絡。快速的巡洋艦可以遠航世界各大洋，避開英國的優越作戰艦隊，並擊沉英國的商船。這些襲擊對跨越海洋的國際供應鏈造成破壞，引起震驚和恐慌，造成金融市場崩潰。英國航運和信用崩潰後，法國便可以在不必進行重大艦隊交戰的情況下擊敗英國，並且在不惜以戰艦作為競爭籌碼的情況下取得勝利。

綠水學派也對水雷、小型水面艇、裝載魚雷的潛艇以及沿海砲隊的殺傷力抱持信心。這些都是用來執行現今所謂的「反介入／區域拒止」（A2／AD）戰略，作為抵擋英國主力艦的水面艦艇之手段。相對便宜的魚雷艇或水雷，可以使戰艦沉沒。一大群魚雷艇能阻止英國作戰艦隊在法國的沿海進行部署，並實行針對法國海軍基地的近距離封鎖，就像馬漢在歷史著作中讚揚的那般。根據綠水學派的觀點，海軍武器逐漸增強的致命性能，為較弱的海軍帶來競爭優勢。水面海軍部隊遭遇的危險增加後，英國的海軍上將就會在作戰行動中採取規避風險的措施，然後法國就有機會逆轉英國在公海的主導地位。

馬漢認真地看待綠水學派的戰略觀點對他提出的質疑。他擔心到了十九世紀末，綠水學派的海戰學說會在試圖重建海軍的美國產生影響。美國公眾及其政府領導者會放棄建造強大的作戰艦隊，取而代之的是獲得沿海防禦勢力和巡洋艦，執行商業破壞的襲擊行動。馬漢將這種替代性學說視為非常危險的幻想，而且是以低成本的誘人假象呈現給人民。他認為綠水學派的戰略訣竅和兵力結構建議都有誤導性，因此他試圖反駁。「對國家的商業進行嚴重的干擾後，造成的困擾和痛苦，」他說：「無疑是海戰中最重要的附加行動。」不過，他否認了綠水學派提出的戰略妙計能對擁有強大海權的兩大必備條件（健全商業和強大海軍）的國家產生決定性的影響。[47]

然而，如同綠水學派預測的，新技術確實改變了海上戰鬥的進行方式。在一戰中，英法聯合的作戰艦隊無法突破鄂圖曼帝國在達達尼爾海峽建立的基本防禦，包括水雷和沿岸砲隊。六艘英法戰艦進攻鄂圖曼的防禦時，在一天內就沉沒或嚴重受損。在北海，也就是戰爭中的主要海軍戰區，潛艇和水雷導致戰艦和巡洋艦沉沒，證明這些武器對大型的水面艦艇有殺傷力。英國的海軍上將很擔心，如果進攻德國本土的水域，尋求另一場特拉法加海戰，可能會冒著損失大艦隊（Grand Fleet）的風險。馬漢對納爾遜這麼積極又愛冒險的海軍上將的讚美，在一戰期間並沒有引起英國海軍領導者的共鳴。保護大艦隊，勝於冒著進攻的損失風險。同時，德皇及其海軍上將的避險防守心態，導致德國的艦隊遭到俘虜，而不是在英勇的戰鬥中被擊垮。

在戰爭中，採取進攻行動的德國公海艦隊並不是戰艦，而是在不列顛群島的西部海域作戰的潛艇。這場無限制的潛艇戰爭，對商船（支撐協約國和參戰各國的集體付出）造成巨大的損失。雖然德國潛艇並沒有斷絕英國的重要航線或引起金融恐慌，但一千三百萬噸的船舶損失，足以阻礙打敗德國的努力。在一九一七年的春季，隨著德國潛艇的航運損失不斷增加，第一海務大臣約翰．傑利科（John Jellicoe）向英國政府通知戰局不利的消息。邱吉爾將對抗德國潛艇的戰鬥描述為一場決定戰爭勝負的生死鬥。[48] 在兩次世界大戰中，擊敗「逃亡」的德國潛艇，以及保持新世界與舊世界在北大西洋這條重要通道上的連結，都需要投入大量的資源。

在戰爭爆發後的幾個月，馬漢就去世了。可以肯定的是，他在生前很重視海權在擊敗德國方面的重要影響。英國的地理位置，以及卓越的海軍部隊實施封鎖，損害了德國的經濟，迫使德國進行戰略性的賭注，例如毫無限制的潛艇戰爭，最終引發美國參戰。此外，制海權讓英國能夠從世界各國調動資源和人力，包括美國，以確保德國的慘敗。

IV

馬漢不只以海軍歷史學家的身分享有聲譽，也以世界政治和國際戰略環境的評論家而聞名。他入迷地研究與「不同國家的外部政策，以及各國政策之間的國際關係」有關的思維。他希望在撰寫國際關係的方面，強調戰略因素。[49] 馬漢在針對世界政治的研究中，也強調了國際政治經濟的領域。美國工業和農業的產量成長，能促進世界經濟的參與度。巴拿馬運河的建設能促進西半球和太平洋地區的海運貿易，也能協助海軍部隊的移動。隨著貿易增加，海軍為了保護商業而取得基地變成一種戰略需求。加勒比海地區、地峽運河、夏威夷以及菲律賓的基地，都能支援美國海軍部隊。馬漢寫道：「美國在各方面都是獨立的強國，就像大不列顛。」增加的商業活動、基地的取得以及更強大的海軍，都有助於在競爭激烈的大國之間確保美國的安全。[50]

馬漢在研究國際舞台時，很擔憂英國勢力的衰落以及將如何影響美國的安全。英國曾經是頂尖的強權，如同世界的工作坊，是全球最重要的貿易和金融重鎮，稱得上是「日不落帝國」，並且以擁有管理海洋的海軍而自豪。然而，隨著十九世紀結束，英國的國際地位受到工業化普及的威脅，使得其他大國有能力強化海軍實力。英國成為世界頂尖工業大國的時代結束了，這預示著英國作為海軍大國的領導地位也漸漸消失。面對崛起的挑戰者，為了彌補英國勢力變弱，馬漢呼籲大幅強化美國的海軍實力。他對歷史的研究，以及為了應用他從歷史案例中學到的知識所付出的努力，目的都是理解世界政治中發生的多種變化，他也因此有機會提醒大家即將爆發的衝突。與馬漢相似的是，羅斯福認為美國需要在國際舞台上發揮更大的作用。他說：「基於優勢和地理位置，我們變得越來越接近整個世界的權力平衡。」[51]

馬漢發現英國的國際地位受到多方面的威脅，其中一場衝突是海上強權英國和陸上強權俄羅斯在亞洲的對決。俄羅斯橫跨歐亞大陸的「一帶一路」，有可能使國際的權力平衡偏向俄羅斯。俄羅斯的擴張漸漸阻礙鄂圖曼帝國、波斯、阿富汗、中國、東北亞等弱勢國家的發展。在哈爾福德・麥金德（Halford Mackinder）撰寫關於地緣政治的著名文章前，馬漢已經讓讀者注意到為了防止大國主宰歐亞大陸而展開的競爭。[52] 馬漢主張美國應該協助英國遏制俄羅斯擴張，並防止中國落入外部大國的政治控制。美國可以推動門戶開放政策，藉此支援中國的經濟和政治發展。[53] 馬漢的地緣政治評估，呼應了布魯克斯・亞當斯（Brooks Adams）在一九〇〇年出版的《美國經濟至上》（America's Economic Supremacy）。亞當斯認為：「美國遲早必須奪取英國曾經擁有的地位，因為美國幾乎無法沉著地考慮，在太平洋岸上組織一套以中國勞動力為基礎的敵對工業體系。」[54]

後來，俄羅斯在日俄戰爭中慘敗後，在亞洲的地緣政治野心受到了限制。馬漢將德意志帝國視為對英國最危險的挑戰，也是美國迫在眉睫的安全問題。「當今，德國與英國之間的競爭，」他告訴讀者：「不只是歐洲政治的危險所在，也是世界政治的危險所在。」[55] 一九〇九年，英國的著名「海軍恐慌」使馬漢更擔憂德國的外交政策野心。他在〈德國的海軍野心：美國應該對德皇的戰艦建造計畫有所警覺的理由——大不列顛的危險被誇大，而不是驚駭被誇大〉（Germany's Naval Ambition: Some Reasons Why the United States Should Wake Up to the Facts About the Kaiser's Battleship-Building Program—Great Britain's Danger Exaggerated, But Not Her Fright）中，提醒美國的讀者要注意德國艦隊的擴增。[56] 他注意到德國迅速增加的人口和工業產量，促使德國政府和人民要求海外領土作為製造產品的市場、資源以及海軍基地。他說：「在合乎邏輯的順序鏈中，有無可避免的連結：工業、市場、海外領土的控制權、海軍、基地。」[57] 所謂的馬漢陷阱是指大國競爭導致戰爭，促成因素是德國不斷成長的經濟、艦隊以及統治者的世界強國之夢。

馬漢擔心英國和美國會在海軍競爭中被德國超越。他認為：「大不列顛的國家生活似乎正在衰退，而德國的國家生活漸漸變好。」他懷疑，受到人民影響的英國和美國政府是否會提供所需的武力，以阻止德國發動戰爭。雖然英國和美國擁有更優越的資源，但他們的政治體制似乎無法善加利用資源。「這兩個說英語的國家，」他寫道：「都擁有超越德國的可觀財富。如果他們願意合作，就能創造更多的財富。但是在處理資源的效率方面，這兩個國家的政府都比不上德國。」他表示：「除非在迫不得已的情況下，英格蘭或美國的個人自由習慣都無法承受組織的沉重羈絆，也無法接受個人行動的規範。這一點在現代國家之間構成了德國的勢力。」[58] 來自德國的挑戰既是對海軍的考驗，也是對社會、經濟以及政府的考驗。馬漢質疑，美國和英國的民主體制是否能設計出實施長期的戰略計畫，阻撓德國的野心。[59]

當戰火於一九一四年的夏季席捲歐洲時，馬漢的噩夢場景似乎即將來臨——德國勝利。在報社的訪談中，他警告：「如果德國成功地擊敗法國和俄羅斯，就能在陸地得到喘息的機會，然後建立起與大不列顛相當或更強大的海軍勢力。屆時，美國要面對的是渴望擴張和取得影響力的海上強國，而不是像大不列顛那樣只滿足於領土。」[60]

馬漢看待戰爭的公開立場，與總統威爾遜保持美國中立的外交政策相悖。威爾遜擔心馬漢的聲明可能會影響到公眾對政府政策的看法，於是指示海軍部長約瑟夫斯・丹尼爾斯

（Josephus Daniels）：「你去提醒所有的海軍官員，無論是現役或已退休，都不應該針對海外的軍事或政治局勢進行任何形式的公開評論。」[61] 馬漢在健康狀況不佳且來日無多的狀況下，對該總統的「噤聲令」感到非常不滿，於是表示抗議。他說：「在這場可悲的戰爭持續進行的同時，我希望讓人民明白做好充分準備的必要性。」讓馬漢氣憤的是，抗議完全無效，而公開評論的禁令仍然生效。在他臨終之前，他變成被封殺的可悲評論員。[62]

V

如今，現代武器改變了戰略地理以及對國家實力的評估方式，這是馬漢難以想像的。除了馬漢研究的海上公域之外，還多出了空域、外太空以及網路的競爭。曾經受到海軍保護的國家，漸漸變得容易受到空襲的威脅。在二戰中，希特勒與拿破崙一樣都無法讓軍隊越過英吉利海峽，但德國空軍轟炸了許多英國城市，造成重大的傷亡和損害。空中優勢變成大國在戰爭中獲勝的先決條件，就像海軍在馬漢研究的衝突中所表現的。若要在海上發揮壓倒性力量，就需要制空權。無論是從船上或陸地操作的航空器，都需要支援海軍，並且在海外展現軍事實力。此後，科技進一步提高了海戰的殺傷力，使得在以陸地為基地的導彈射程內操作的前線水面戰艦瀕臨危險。在馬漢的時代，沿岸砲隊的射程有限。直到二十一世紀，精準導引的彈道飛彈和巡弋飛彈可以在遠離海岸的深海區域攻擊水面艦艇，也可以攻擊支援前線部署的海軍基地。[63]

核子武器搭載在長程彈道飛彈上的發展，所引起的戰略事務革命促成從根本上重新思考國家的戰略。也許，沒有其他人寫的書比布洛迪的著作更能說明這一點了。他在《機器時代的海權》（Sea Power in the Machine Age，一九四一年）中傳達的觀點，非常類似於馬漢的思維。他深思熟慮地為戰艦提出了辯解，作為作戰艦隊經由進攻行動獲得海上控制權所需的武器。然而，在廣島與長崎遭到原子彈轟炸後，他策劃了影響深遠的研究，開始寫《絕對武器》（The Absolute Weapon），接著寫《飛彈時代的戰略》（Strategy in the Missile Age）。這些書反映出不同的駭人戰略現實面，以及一連串的國家安全問題。

核子武器迫使海戰規劃者重新思考馬漢的理論，以及其他經典著作提過海軍如何戰鬥及其戰略目標的海上戰略。大國在彈道飛彈潛艇（SSBN）上配置核子武器和長程彈道飛彈，這些潛艇能發揮隱密的水下威懾作用，可說是恐怖平衡（balance of terror）的終極後備戰力。當長程的精準打擊武器使得以陸地為基地的核子武器更容易受到攻擊時，彈道飛彈潛艇仍然是最可能倖免於難的威懾工具。彈道飛彈潛艇的高戰略價值，能影響到海軍規劃者在馬漢提出的戰時海軍目標學說中，補充一些防禦和攻擊的戰略。

在冷戰期間，超級大國的海軍也攜帶核子武器，用於海戰。一九八〇年代，美國海軍的海上戰略很符合馬漢的傳統思維，呼籲採取進攻行動，向敵人開戰，讓蘇聯的海軍部隊投入戰鬥，並且在國家的指揮當局命令下，攻擊蘇聯的彈道飛彈潛艇。雖然美國的海軍規劃者都希望讓海戰不至於跨越核門檻，但他們沒有排除超級大國之間的戰爭有加劇的風險。[64]另一方面，蘇聯的海軍上將謝爾蓋·戈爾什科夫（S.G. Gorshkov）表態支持馬漢的原則，即海戰——艦隊之間的戰鬥，往往是為了摧毀敵人。他嚴肅地說：「為艦隊裝備核子武器，進一步突顯了這個特徵。」[65]在許多方面，美國和蘇聯的戰爭計畫都反映出馬漢呼籲的進攻性海上作戰行動，只不過不是用艦炮打擊敵人，而是將核子武器裝載到艦艇上。

隨著技術的迅速變革，人們可以在二十一世紀見證美國在二戰後建立、並且在冷戰結束後深化的國際體系中，其主導地位逐漸消失。中國的實力成長，正在改變國際體系。亞當斯在一九〇〇年寫下的內容，似乎在我們這個時代比他所處的時代更為適用：「或許，中國的命運取決於下一個世紀的經濟霸權。」[66]馬漢也想像過中國勢力在未來崛起，克服了使中國在所謂的「百年國恥」中處於弱勢時，遭到的外敵入侵和內亂。他認為憑著技術和強大的政府，中國的崛起將對世界的未來產生深遠的影響。[67]

一八九二年，馬漢在海軍戰爭學院向學生發表演講時，說道：「全世界都知道，我們正在打造全新的海軍。」他問學生：「當我們擁有了自己的海軍，接下來打算怎麼做呢？」[68]現在，中國的軍事專家正努力釐清馬漢向美國海軍軍官提出的問題。當時，美國是在世界事務中崛起的大國。目前，中國有許多人都在閱讀和研究馬漢的作品。有一位中國海軍軍官表示：「在馬漢的海權理論指引下，美國獲益良多，並不斷朝著海事的方向前進……因此為了成為世界一流強國，而奠下穩固的基礎。」另一位中國軍官則認為：「美國使用『海權』這個術語，同時也是第一個解開海權奧祕的國家。正是因為美國掌握箇中奧祕，才能逐漸成為超級大國，並實現世界霸權。」[69]馬漢的著作並不神祕，但是很少人主張美國崛起為世界強國，是因為遵循有條理的大戰略。然而，馬漢在中國散發的吸引力，部分原因在於他為有野心、崛起中的大國提供了世界舞台上的戰略藍圖。羅柏・卡普蘭（Robert Kaplan）說過：「值得注意的是，中國人熱切地閱讀馬漢的著作。現在，中國人是馬漢的追隨者。」[70]

中國希望成為超級大國，結束美國主導的世界秩序，而這一點在北京的海軍建設中顯而易見。中國規劃在海洋公域提升作戰的能力，明顯展露出中國領導者在世界舞台上角逐的決心。據說，中國打算讓六艘以上的航空母艦組成公海艦隊；這既是聲明外交政策的意圖，也是增強海軍實力的表現。中國發展出口工業、海外貿易、造船能力、商用艦隊、前線作戰基地以及海軍，皆展現出馬漢主張的「『絕對政府』可以調動資源，將國家轉變成海上強國。」

中國政權致力於變成海上大國，並打造超級大國的海軍，這一點不容置疑。在南海的某次重要艦隊檢查中，船艦和飛機都在習近平主席面前列隊行進。他穿著軍裝，讓人聯想到德意志帝國展現海軍民族主義的壯觀場面。習近平在檢視艦隊時，流露了內心深處的皇帝風範，並宣稱：「中國迫切需要強大又現代化的海軍，這是國際頂尖軍方的重要標誌。」正是德國的海軍建設讓馬漢很擔憂，因此他提出警告：「德皇對世界權力的渴望，可能會導致戰爭。」[71] 習近平的公開聲明忠實地反映出，習近平相信海權和壯大國家之間的關係。他在向中國中央軍事委員會發表的內部演講中，宣稱：「歷史和經驗告訴我們，如果國家善於掌控海洋，就能崛起；如果國家放棄掌控海洋，就會沒落。強大的國家擁有長久的海權，而弱小國家的海權並不穩固。」他在倡導加速「現代化海軍的建設」時，聽起來很像馬漢的追隨者。[72]

雖然馬漢的著作在中國受到讀者的關注，但是在他的國家，海軍已不再將他視為備受尊敬的先知。二〇二一年，海軍作戰專業閱讀計畫（Naval Operations Professional Reading Program）的負責人對他的著作不屑一顧。當美國的海權主要競爭對手向他尋求戰略靈感和指引時，漠視他無疑是毫無意義的行為。屬於馬漢的讀者應該是國家安全專業人員、戰略領袖、海軍規劃者等。馬漢的著作不適合意志薄弱者，他看待國際事務的鮮明現實主義，是在提出警告：爭奪全球公域的主宰權，不可能在對抗決心堅定的大國挑戰者時輕易獲勝。由美國主導的世界秩序，將取決於美國在全球公域中是否領先競爭對手。馬漢仍然是海權方面的主要思想家，包括檢視海戰的進行方式，以及讓我們理解：在決定世界權力爭奪結果方面，控制全球公域具有戰略上的重要性。

Chapter

8

康德、潘恩以及自由轉型戰略

麥可・科蒂・摩根（Michael Cotey Morgan）在北卡羅來納大學教堂山（Chapel Hill）分校擔任歷史系副教授，著有《最終行動：赫爾辛基協議與冷戰的轉變》（The Final Act: The Helsinki Accords and the Transformation of the Cold War）。

根據傳統的觀點，治國之道的本質在歷史的長河中並沒有改變。二世紀和二十世紀的領導者都面臨相同的困境，而這些困境將持續存在。戰爭是國際政治的永恆特徵，無論是因為人類天生有原罪（如聖奧古斯丁提過的），或者因為衝突是國家之間關係的一部分（如歐洲早期現代貴族所相信的）。因此，明智的領導者必須適應世界，而不是試圖改變世界。[1]

長期以來，不同的學派對此觀點有不同的意見。卡爾·馬克思（Karl Marx）認為物質的力量限制了個人和政府的選擇，而且任何人都無法改變歷史的走向。相反的，自由主義思想家堅決認為，做出正確的選擇後，領導者和國家才能實現持久的進步。有一位歷史學家說過：「這些重要人物相信，世界將與應有的樣子大相徑庭……，要對人類的理智和行動帶來的力量有信心，因此透過改變，人類的內在潛力可以更充分地發揮。」[2]

這些自由主義者尋求如何逃離衝突的循環，並且在國家之間建立持久的和平，以及在國家內部建立公正的政府制度。他們認為，民主自治的普及化與國際和諧有著直接的關係。這個論點在啟蒙時代得到了推力。當時，許多作家和哲學家都開始質疑戰爭的必然性。根據權力平衡之類的傳統觀念，和平的前景取決於國家制定外交政策的方式。如果國家與其他合適的國家結盟或斷絕關係，或者在正確的時機發出威脅，那麼就可以嚇阻侵略。如果嚇阻無效，則有必要採取懲罰的措施。這種制度能帶來穩定的可能性，但不是持久的和平。

相比之下，許多啟蒙時代的思想家以及受到啟發的自由主義者都強調國家的內部特性，而不是外部行為；他們考慮的是改變國際體系，而不是尋求從衝突中獲得暫時的解脫。如果公民能用共和制取代君主制，並且能決定政府的政策，而不是服從專制君主的命令，那麼他們的國家會展現出和平的行為。如果越來越多的國家效仿這種模式，世界將變得更和平，尤其是如果有更多的共和國互相承諾：在與非民主國家發生衝突時，相互保護。國際貿易的擴張和國際法的發展，能加強這些程序，並促進建立守護共同利益、反對私利的國際社會。

這條思路界定了明顯的自由主義大戰略目標，但也提出關於如何有效實現這些目標的疑問。最顯著的兩個疑問分別是：民主體制如何在新的國家中扎根？以及，武力在這個過程中應該發揮什麼作用？德國哲學家康德的某些追隨者堅決認為，民主體制能透過理智的力量擴散，不需要依賴暴力。還有一些人遵循英裔美國作家湯瑪斯・潘恩（Thomas Paine）的傳統思想，將革命和軍事干預視為民主資源不可或缺的工具。從法國大革命到一戰的自由主義治國史，說明了這兩種方法的困難點和矛盾之處。自由主義戰略家一再試著調整他們對和平的承諾與戰爭現實面之間的矛盾。他們討論如何在追求民主的過程中應對非民主政府，並努力從成員國的不同利益中，迎接塑造合作性國際體系的挑戰。就像所有的戰略家，他們也很努力尋找目標和手段之間的永續平衡。[3]

I

在十八世紀，歐洲君主投入大量的精力參戰時，許多歐洲思想家都在思考如何終止戰爭。法國神父聖皮埃爾（abbé de Saint-Pierre）敦促統治者放下武器，並提議創造歐洲聯盟。在這個國際組織中，無論軍事或經濟實力，各國都能享有平等的代表權。該聯盟的成員同意永久維護歐洲大陸的領土現狀後，將透過調解的方式解決爭端。如果無效，國際軍隊會懲罰侵略者並履行和平協議，即便聖皮埃爾認為光靠武力的威脅就可以阻止越軌行為。有一位與他同時代的人將這種對和平的承諾，與對人類進步的信念結合，根據德國籍哲學家霍爾巴赫男爵（d'Holbach）的說法，戰爭是過去「野蠻習俗」的遺物。理智的進步能說服統治者停止追逐軍事榮耀，轉而專注於妥善治理國家。這些計畫以及其他類似的計畫，都強調了教育的力量——如果統治者能正確理解和平的智慧，那麼和平就會普及。[4]

然而，這個假設並沒有說服所有的啟蒙思想家。當時，最有影響力的兩位思想家都在尋求更有效的和平維護方式。根據潘恩和康德的說法，試圖改變不同君主的想法並不能解決問題，想解決戰爭的根本原因，需要更戲劇化的變革。他們認為，與其遵循現有的君主制國家體系，還不如改變這個體系。

潘恩和康德的最初假設都是：和平不只是意味著沒有衝突。「每當君主對戰爭感到厭倦，並且對人類的殘殺感到厭煩時，」潘恩寫道：「他們就會停下來休息。這就是所謂的和平。」然而，如果要讓和平有意義，就不能只有幾年的偶然安寧，而是需要持久下去。康德用不太生動的詞彙表達了類似的觀點。他表示，政府所謂的和平條約文件並不是「名符其實」，純粹只是休戰協議，因為遲早會爆發另一場戰爭。真正的和平需要永久終止戰爭，但這種和平不會自動實現，必須刻意創造。[5]

創造這種和平的最佳途徑是：推廣自由民主政體。用潘恩和康德的話來說，則是共和主義。在共和主義的體系中，政府尊重公民的自由與平等，政策也反映出公民的偏好。根據這些原則行事的國家會有和平的行為，因為正如潘恩所說：「是否參戰的決定取決於……那些要支付費用的人。」在有選擇的情況下，他們會選擇和平。[6]

康德進一步宣揚此觀點。與潘恩相似的是，他將國家的外部行為追溯到國內政府的形式。「決定是否宣戰，需要公民的同意。他們對這麼危險的活動猶豫不決，是很自然的事，」康德寫道：「因為這意味著要把戰爭的苦難加在自己身上。」不過，共和主義的擴散不足以保證和平。共和國還必須建立「和平聯邦」，並根據國際權利的理念，經由維護成員的自由，才能確保安全，以不訴諸暴力的方式解決爭端。該聯邦不只能終止一場戰爭，而是終結所有的戰爭。[7]

國際商業能強化這些模式。不同國家之間的商業往來越頻繁，他們就越能瞭解彼此，因誤解而陷入衝突的風險也會越低。貿易也能鼓勵這些國家友善地解決分歧，因為戰爭會影響利潤。「商業的精神……無法與戰爭並存。」康德說。此外，一旦國家發現可以經由貿易獲得所需的資源，就沒有征服鄰國的理由了。「商業是一種和平體系，能使許多國家和個人互惠。」潘恩說。如果政府允許商業在不受干涉的情況下蓬勃發展，商業最終會破壞引發戰爭的機制。[8]

康德和潘恩在提出這些論點時，將自由與和平、私利與道德義務分別連結起來。當國家擺脫暴政，市場免於政府干預時，和平就會漸漸萌芽。當公民能夠追求自己的利益時，他們就會理性地行事。無論過去國家之間的關係有多麼血腥，不代表注定要重蹈覆轍。國家可以更善於解決問題，公民可以過著更自由、更和平、更繁榮的生活。

在這些看似光明的承諾背後，藏著一連串的難題。在可能取得進展的範圍內，進步是自動發生的嗎？還是取決於事件的發展過程和人們的決定？有沒有不可阻擋的機制，使各國遲早會變成共和國？或者，現有的共和國必須傳播各自的理念嗎？共和國該如何應對非共和制的鄰國？他們能不能利用武力，傳播自己的政府體制，以加快理想社會到來的速度？儘管潘恩和康德有許多共同點，他們面對這些疑問卻有不同的答案。他們的不同意見象徵著自由戰略的岔路口。

沿著一條路走下去，制定戰略的期望是逐步取得進展，並且將和平視為手段與目的。康德認為，大自然和理智能共同引導人類的社會遠離戰爭。人們陷入衝突後，大自然能促使他們發展理智的力量。至於理智，則能幫助人們發現自己樂意在法律的約束下和平地生活。「這種機制在國家內部和不同國家之間運作，即使是違背意願和利用不和諧的關係，還是能產生和諧的氣氛。」康德總結道。然而，由於人類天生有缺陷，這個過程的進展需要一段時間。和平只有在「經歷多次失敗嘗試的後期階段」才會實現。康德認為在此期間，即使是共和國也可以充當建立和平聯邦的「焦點」，因為共和國的典範能激發其他國家仿效。公民有致力於此目標的義務，但是在任何情況下都不能試圖以武力推翻非民主的政權，或者從國外施加新的制度。國內的叛亂，以及針對獨立國家的事務進行軍事干涉，都違反了權利的原則。然而，無論目標是否是永久的和平，都不能變成發動戰爭的正當理由。[9]

另一條路徑是，通往更有自信和更暴力的戰略。民主政府對普通人有益，因此能到處宣傳理念。「阻止民主體制擴散的所有嘗試，終究是徒勞的，」潘恩向讀者保證：「許多原則都能滲透到士兵無法到達的地方……在世界的地平線上前進，最終取得勝利。」[10] 他認為教育和公共政策的公開討論，有助於這個過程的發展，因為能克服無知，賦予公民理解政府事務的能力。但是，民主體制的傳播可能需要士兵的援助。[11]

在法國大革命期間，潘恩歡迎公民軍向海外進軍，傳播自由的願景，甚至呼籲入侵英格蘭，推翻其君主制。軍事力量能解放那些尚未獲得自由的人，並提升已獲得自由者的安全。「當法國被革命包圍時，」潘恩寫道：「是處在和平與安全的環境中。」以武力傳播民主，既是人道主義的職責，也是自衛的必要行動。[12]

潘恩和康德都認為，自由主義既是信念的宣言，也是行動綱領。自由主義預示著理智的勝利能為所有人帶來自由和繁榮，在自由主義的世界中，國家的私利和理念都指向同一個目標：國家可以超越飽受戰爭摧殘的歷史，並實現永久的和平與安全。然而，雖然這兩位思想家都對最終目標抱持一致的意見，卻對如何實現目標、以及現有的共和國在其他國家迎頭趕上的過程中如何行事，抱持不同的想法。在他們的一生中，以及此後的很長一段時間，國際政治的發展突顯了他們抱持不同意見的重要性，這對自由主義的發展和建立永久和平的嘗試產生了決定性的影響。

II

法國大革命以極端的形式展示自由主義的兩種策略之間的衝突。一七九〇年初，當國民議會起草新憲法時，成員們面臨的是治理國家的基本問題。由於路易十六仍然是權力受到限制的君主，國民議會必須確定他是否保有宣戰的權力，還是君權應該下放給法國人民選出的代表。隨後的辯論使前一年的《人權和公民權宣言》所確認的人民主權新承諾，與君主主權的傳統概念互相對立，也迫使國民議會考量新的政府管理方式對國際政治和武力應用有什麼影響。[13]

代表們討論了國王是否比共和國發動更多戰爭，以及哪一種政府更有效地執行外交政策。有些代表提到，如果革命符合理念，關於戰爭權的辯論就會變得無關緊要。「願所有的國家都像我們期望的那麼自由，然後就不會再有戰爭了。」其中一位代表表示。另一位代表聲稱法國不只要考慮到對人民應負的責任，還要考慮到對所有人類負有的責任：「要構成單一的統一社會，目標是所有的成員都享有和平與幸福。」這種國際化的推理思路，引發其他人對戰爭合理性的質疑。不久，馬克西米連・羅伯斯比（Maximilien Robespierre）成為革命中的重要激進分子。他提議國民議會放棄將戰爭當作政策工具，並且讓法國承諾與所有的國家和平共處，形成互相支持的群體。在進一步的辯論結束後，代表們發布一項稱為「向世界宣告和平」的聲明：「法國宣布放棄任何以征服為目的的戰爭，永遠都不會利用武力去侵犯人民的自由。」這項聲明體現了歷史學家所謂的「啟蒙和平主義」的精神。就像康德和潘恩，該聲明傳達了自由的擴展和理智的進步能使戰爭變得多餘。[14]

不過，該聲明並沒有斷言法國永遠不會參戰，反而暗示法國仍然需要靠軍隊防衛，也暗示利用武力解放其他的民族。隨後的事件讓這些想法接受了考驗。直到一七九一年秋季，法國和鄰國的關係在幾個月內變得更緊張。從革命開始以來，成千上萬的對抗者主要來自貴族階層，都逃離了法國。他們從德國西部的避難地，敦促其他的歐洲政府針對巴黎的新政權採取行動。同時，革命吸引到了截然不同的移民族群進入巴黎。這些外國的激進分子試著尋求幫助，目的是推翻政府，並且在歐洲各地建立新的共和國。路易十六逃離巴黎的失敗嘗試，使事態變得更糟糕。這個事件使首都裡的許多人相信，國王根本不接受被憲法制約的新君主角色，轉而密謀反抗政府。當奧地利和普魯士的統治者發表《皮爾尼茨宣言》（Declaration of Pillnitz），呼籲歐洲君主協助恢復路易的王權時，法國的激進分子得出的結論是：「專制君主的聯盟有可能摧毀革命。」[15]

在巴黎的國民議會中，要求交戰的呼聲越來越高，尤其是吉倫特派（Girondins）提出兩個攻擊奧地利的論點。第一點是，戰爭能傳播共和國的價值觀，並解放那些尚未實現自由的民族。「法國必須為爭取普遍的自由而奮鬥，」吉倫特派的領袖雅克・布里索（Jacques Pierre Brissot）堅稱：「所有的士兵都要向敵人表態：兄弟，我不會對你做出殘暴的行為，我要幫助你脫離勞動的枷鎖。」第二點是，他們相信擊敗革命中的外國敵人後，法國就可以終結戰爭。「我渴望和平，所以我贊成參戰。」安那卡西斯・克洛斯（Anacharsis Cloots）如此宣稱。「自由能戰勝世界各地，並且在粉碎專制政治後，成為普遍的價值觀，」查爾斯—弗朗索瓦・杜穆里斯（Charles-François Dumouriez）期待地說：「這將是最後一場戰爭。」即使路易十六支持戰爭，但他是出於完全不同的理由。他預期奧地利能戰勝革命者，並恢復他的權威和聲望。[16]

只有少數幾個人敢於表達相反的觀點。雖然克洛斯保證說歐洲的所有人都渴望自由，只要衝突一出現，他們就會起身反抗統治者，但羅伯斯比質疑法國人是否能利用武力傳播政治的理念。「沒有人喜歡全副武裝的傳教士，」羅伯斯比說：「大自然法則和謹慎的思維所給予的第一個忠告是，將這些傳教士當成敵人，並擊退他們。」很少人注意到這個警告。一七九二年四月，法國向奧地利宣戰。衝突不久就擴大了，在十二個月內，普魯士、英國、荷蘭以及西班牙都加入了對抗法國的戰鬥。[17]

儘管法國缺乏盟友，法軍卻勢如破竹。然而，當部隊前進到鄰國，並且以自由的名義推翻政府時，他們不一定受到熱烈的歡迎。例如在比利時，與革命原則有關的深刻分歧，在法國人到來之前就已經將族群分裂成不同的派別。激進分子想建立雅各賓主義的共和國，但是溫和派反對這項計畫所涉及的政治和經濟權力重分配。法國人試圖討好這兩個群體，最後卻賠了夫人又折兵。此外，比利時人不願意支付獲得自由的成本。因此，法國政府將革命的邏輯進一步延伸。無論法軍移動到何處，都將以人民主權的名義推翻現有的政府和法規，並建立新的行政機構。當地居民的任何異議，只能證實他們仍然在理智上受到壓迫，並需要唯有法國才有能力提供的指引。一七九〇年代，這種情況在比利時、荷蘭、瑞士、德國西部以及義大利的大部分地區重演，使解放變成了占領。法國人要麼併吞這些領土，要麼將領土轉變為附庸共和國——法國的控制權取決於威脅或武力的應用。這些發展與革命者預測自由的普遍吸引力、以及共和主義與和平之間的固有連結形成鮮明的對比。[18]

儘管有大規模的徵兵、戰場上的成功、解放的承諾以及建立獨立共和國聯邦的希望，但法國革命者還是無法取得勝利。除了短暫的中斷，他們發起的戰爭蹂躪了歐洲大陸長達一個世代之久。不過，即使衝突持續下去，他們的對手開始考慮能永久停止殺戮的戰後解決方案。他們並非試著恢復戰前的狀況，而是制定維護和平的新概念。由於主要的盟友仍然是忠實的君主主義者，他們對愛好和平的共和國聯盟不感興趣。然而，他們接受對集體行動和共同責任的自由承諾。一八〇五年，英國首相威廉．皮特在傳達給俄羅斯政府的訊息中，概略地描述了這種作法。「一旦戰爭結束，大國應該相互約束，彼此保護和支持，並共同對抗任何侵犯和平協議的企圖，」皮特寫道：「盡可能提供可以確保整體安寧的措施。」[19]

維也納會議（Congress of Vienna）展示了這個概念如何在實務中運作。當流亡的拿破崙於一八一五年逃離厄爾巴島（Elba）時，該會議仍然持續進行。勝利的盟國很快就意識到，拿破崙的逃脫很可能再次激起戰爭，於是決定再度攜手合作，以將其徹底擊敗。他們承諾：「要為歐洲與全面的和平尋求平靜，並維護各國的權利、自由以及獨立。」[20]滑鐵盧戰役結束後，這些大國同意將聯盟延伸到和平時期，也就是延長二十年，並定期會晤，針對新的和平措施達成共識。維也納會議建立的新日耳曼邦聯也遵循類似的原則，這種防禦性聯盟聚集了一群聯合起來阻止侵略的主權國家。總之，一八一五年的協議象徵著歐洲治國的新模式，擺脫十八世紀的概念：自行調整的權力平衡可以保持和平。取而代之的是，該協議創造了整合的制度，建立在對國際法更深入理解的基礎上，讓各國在保持主權的同時，也共同承擔解決國際問題的責任。[21]

聯合行動的體制並沒有符合創建者的期望，卻實現了核心目標。當然，意外的危機持續爆發，挑戰著大國的利益和共同合作的能力。拿破崙戰爭結束後的四十年內，從西班牙到波蘭，從德國到希臘，歐洲各地幾乎都經歷了政治動盪，時常出現暴力。儘管大國在如何應對問題的意見不一致，有時候甚至瀕臨衝突的邊緣（例如一八四〇年，鄂圖曼帝國的事件讓法國與其他大國的衝突一觸即發），但是該體制仍然保持團結，預防了另一場災難性的戰爭。

III

儘管有針對和平與國際合作的承諾，許多自由主義者還是嚴厲地批評聯合行動的體制。他們希望限制君主和貴族的權力，重新繪製歐洲大陸的地圖，藉此改革國家的政治制度。有些人甚至希望以基於種族、語言或宗教等因素而組織的共和國，取代舊的君主制。如果他們實現了這些抱負，由許多民族組成的奧地利帝國和俄羅斯帝國就會瓦解成很多獨立國家，較小的政治組織也會納入那些跨越國際邊界的民族，尤其是在義大利和德國。這項計畫承諾要建立更自由、更公正的國際秩序，卻也引發如何協調追求自由與維護和平之間的兩難。

最敏銳的自由民族主義倡導者是義大利記者朱塞佩．馬志尼（Giuseppe Mazzini）。他擁護人類的團結、共和國公民的平等以及普遍的道德責任——都是廣泛的自由主義概念。他主張個人有義務將生活奉獻給「人類的利益」，但也堅決認為上帝將人類分為不同的民族，而這些民族都有不同的特性和使命。馬志尼提到，這種分歧不該被視為需要克服的障礙，而是一種增強力量的手段。每個國家追求獨特的使命，有助於增進人類的福祉。[22]

從這個觀點來看，治國目的是賦予每個民族實現目標的力量。因此，每個國家都需要獨立的政府，畢竟政府能提供政治行動中不可或缺的工具。「國家是我們必須為了共同利益而善加利用的槓桿支點，」馬志尼寫道：「如果我們放棄這個支點，不只對人類無益，對國家而言也毫無用處。」[23] 在這種基礎上創建的新政府還必須堅守「平等與民主」的價值觀，因為一旦沒有這些價值觀，就無法實現真正的自治。[24]

按照這些原則組織的國際體系，能享有和平與繁榮。衝突不會消失，但各個政府能夠在不採取暴力的情況下管理衝突。民主國家能出於道德和務實的理由，公開處理彼此之間的事務。他們能避開隱密的外交手段，藉此教育公民，加強他們對自由的熱愛，防止官員與其服務的公民漸行漸遠，並且在外交政策背後團結整個國家。「宣傳是生活的一部分，也是幹勁、力量、獨立以及榮譽的泉源，」馬志尼主張：「每個共和國政府都應該將全面公開外交事務的需求，提升為其存在的明確特徵。」這種處理國際事務的方法，透過國際貿易和經濟相互依存而強化，能使各個政府更加密切合作。最終，民主國家能組合成政治聯邦，並建立

「歐洲聯盟」。[25]

建構這種和平體系，需要戰爭。一方面，專制君主不會在不戰而敗的情況下放棄權力。馬志尼認為在許多情況下，革命者不得不利用武力推翻專制君主，才能建立共和國。另一方面，歐洲的邊界必須重新劃定，因為「邪惡的政府」已經分割歐洲大陸，忽略了各個民族的界線。重新聚集意味著分裂一些國家，並合併其他的國家。幾乎每個民族都必須拿起武器，才能確保統一和獨立。「我們不認同那些不惜一切、甚至是以不名譽的代價來宣揚和平的夢想家，」馬志尼寫道：「在某些情況下，我們認為戰爭是神聖的。」[26]

一旦打了勝仗，並建立按國內區域劃分的民主政府後，新政府就會面臨一連串的新風險。與法國革命者相似的是，馬志尼認為民主國家的安全前提是：鄰國也是民主國家。因此，民主政體的領袖應該建立「集體防禦條約」，才能免於非民主國家的潛在威脅。然而，與法國人不同的是，馬志尼不認為國家可以透過武力解放另一個國家。只有在海外的強權已介入某個政府，要鎮壓民族主義者起義的情況下，其他的大國才能以革命者的制衡勢力介入，然後糾正先前違反不干涉原則的行為。然而，這個例外只證明了一項準則：每個民族都必須贏得屬於自己的自由。[27]

一八四九年，馬志尼抓住了將理想付諸實行的機會。當他聽說羅馬爆發革命時，國民代表大會宣布「全民的民主」在羅馬共和國的光榮稱號下來臨，然後他從瑞士匆匆趕到這座城市。馬志尼希望新的政體能啟發鄰國推翻反對改革的專制君主，並建立統一的民主義大利。當國民代表大會選擇讓馬志尼帶領政府時，他實施全面的改革計畫——取消審查制度，終結宗教歧視，廢除死刑，以及降低關稅。[28]

馬志尼瞭解到，共和國的生存取決於國外的發展。逃往兩西西里王國的教皇庇護九世（Pius IX）呼籲外國軍隊支援，以恢復他在羅馬應得的統治地位。費迪南二世支持他的目標，而西班牙國王和奧地利皇帝也是如此。軍事力量的平衡對羅馬人很不利，不過，他們希望前一年已推翻君主制的新法國共和國能援助他們。法國總統拿破崙三世考慮加入對抗奧地利的戰鬥，以消除維也納在義大利北部的影響。然而，他最後決定支持教皇的想法，目的是鞏固他在法國天主教徒中的地位。儘管法國的一八四八年憲法逐字逐句納入了一七九〇年發布的和平宣言，並需要政府尊重其他民族的自由，但是國民議會批准了占領羅馬港口的軍事遠征行動，藉口是為了保護城市免於奧地利人的侵犯。然而，拿破崙三世私下命令總指揮官攻占該城市。法軍在四月底進攻。[29]

羅馬的守衛者堅守陣地，但時間對他們不利。攻擊的消息在巴黎激起了議會的憤怒，代表們都很期待預定在五月底舉行的選舉。馬志尼認為，拯救城市的最佳機會取決於法國的投票。如果選民選擇了反對拿破崙三世行動的政府，羅馬共和國就有可能倖存。同時，馬志尼與進攻者談判並達成停戰協議，然後呼籲在其他義大利城市奪取政權的革命政府提供援助，但他們也面臨絕望的軍事局勢。當拿破崙三世的支持者在選舉中獲勝時，法軍重新發動進攻，而羅馬議會讓步了。[30]

一八四九年的事件以及十年後重新展開的統一戰役，都凸顯了馬志尼的戰略遇到的困境。他希望共和國的例子能激發其他人去完成自己還沒實現的計畫，並鼓勵追隨者要表現得像「投入永恆的事業」。[31]雖然馬志尼宣揚共和主義與國家的自決權需要採用武力，但他找不到集結軍事力量拯救羅馬的方法。更糟糕的是，馬志尼以為各個共和國一旦建立起來，就會互相保護，免於共同的君主制對手的威脅。然而，在關鍵時刻，法蘭西第二共和國違背了馬志尼的理論。一八五九年，皮埃蒙特—薩丁尼亞王國（Piedmont-Sardinia）發起統一半島的新計畫時，得到法國的支持，而領導人宣稱是義大利民族主義的擁護者，卻捨棄馬志尼的共和主義，轉而支持君主制。皮埃蒙特（Piedmont）在義大利北部的早期成功，迫使與馬志尼合作、共同保衛羅馬的朱塞佩・加里波底（Giuseppe Garibaldi）在共和國的理想和投入國家統一之間做出選擇。加里波底選擇了後者。西西里島和那不勒斯得到解放後，他將領土交給了皮埃蒙特人，然後他們將領土納入新的義大利王國。根據馬志尼的理論，民族主義與共和主義在同一項政治計畫中彼此互補。然而，努力尋找實現目標的手段時，其中一方的成功意味著另一方的犧牲。

IV

十九世紀中葉的英國激進分子提出與法國革命者和馬志尼相同的疑問，卻得出不同的結論。他們認為外交事務中的優先事項是建立持久的和平，但不認為發揮軍事力量能實現這一點。激進的議員約翰．布萊特（John Bright）將權力平衡稱為「有害的幻想」，作為任何衝突的藉口，並保證和平「永無保障」。[32] 為國際穩定性奠定最佳基礎的並非武力威脅，而是國際貿易。「如果政府接受自由貿易，致力於降低商業壁壘，」理查．科布登（Richard Cobden）說：「他們就能確保國家之間互相依賴。」隨著公民在防止衝突方面獲得實質的利益，他們迫使政府避開戰爭。透過將其他的國家視為合作夥伴而非競爭對手，以及實現外交事務的民主化後，自由貿易能從政府手中奪取權力，防止人民陷入戰爭。因此，科布登表示：「這種政策構成了實現普遍永久和平的手段，而且我相信這是唯一有人性的手段。」[33] 輿論的力量能強化追求和平的商業動機。在這方面，激進分子希望借助《一八三二年改革法令》（1832 Reform Act）的成功。該法令大幅擴大選舉權。根據他們的推測，就像公眾意見可以防止民主政府採取非民主的行動，國際輿論也可以制止政府違背共同的利益，因此能使戰爭變得多餘。在俄羅斯軍隊鎮壓波蘭於一八三〇至一八三一年的起義後，激進的議員理查·休謨（Richard Hume）為造反者的命運感到惋惜，卻依然認為大國本來可以在不使用武力的情況下保護他們。「假如英國和其他志同道合的國家對這件事表達強烈的意見，本來可以在不必發動戰爭的情況下實現目標。」[34] 他告訴下議院。有些改革者表示，讓英國政治民主化能鼓勵國外發生類似的變革，彷彿只藉著典範的力量就能散播人民的主權。休謨的同事莫里斯·歐康納（Maurice O'Connell）認為，改革法令會促使法國不得人心的君主同情公民的感受，然後變得更尊重民主的價值。[35]

激進分子認為，如果自由可以在不使用武力的情況下傳播，那麼武力對於推動自由的擴散效果很有限。有鑑於此，英國政府無權干涉其他國家的事務，無論目標的意義有多麼重要，或道德原則有多麼崇高都是如此。一方面，英國政府缺乏重整世界所需的資源，「我們有全能的力量嗎？」科布登問。另一方面，英國政府沒有嘗試的道德權利，「英國到處都有不公正的事件，表明了英國缺乏至高無上的權力所需要的美德和智慧。」他說。科布登的激進同僚布萊特在克里米亞戰爭初期提到：「英國承擔不起扮演騎士為人類行俠仗義的後果。」[36]

即使是民主政府，也不應該為了維護和平而合作。相反的，他們應該讓私人公民和企業帶頭。「自由的進步更仰賴於和平的保持、商業傳播和普及的教育，不只取決於內閣和外交部的努力。」科布登告訴下議院。他將自己的觀點歸納為一句口號：「政府之間的往來越少，世界各國之間的連結就越頻繁。」這種作法將外交政策簡化為政府應該避免的一連串失誤。[37]

首相威廉・格萊斯頓（William Gladstone）是十九世紀的英國自由主義重要人物。他與激進分子的傳統之間有複雜的關係。就像科布登和布賴特，他也優先考慮民主統治，並要求政府在外交政策中尊重公眾意見。此外，他也批評過高的軍事開銷，並譴責隱密的外交手段。他在一八七九年宣稱：「英國的外交政策始終應該受到熱愛自由的啟發，並應該努力為所有的人和國家維護和平的福祉。」該政策應當尊重所有國家的平等權利，也應該盡量減少施加於英國勢力的負擔，並避免在國外做出不必要的承諾。然而，與激進分子不同的是，格萊斯頓認為英國應該維護歐洲協調組織（Concert of Europe），才能限制每個強國的利己目標，使共同的行動聚焦於共同的目標，並防止強國之間發生衝突。他也接受「戰爭是當前處境的必然情況」這個事實，以及國家在必要的時候不應該逃避責任。如果各國都拒絕使用武力，就無法捍衛國際法或協調組織的決策。[38]

在格萊斯頓擔任首相的那幾年，事件的發展引起有關如何實施這些原則的疑問。一八七〇年，他決定不參與普法戰爭，但他希望藉由調解來達成外交協議。「英國應該追求有保障的中立——有充足的防禦設施作為後盾的中立。」這種方法能提供維護國際法所需的「道義權威」，並加速達成和平協議。格萊斯頓要求雙方都尊重比利時的中立，這是歐洲協調組織於一八三九年制定的原則，可以憑藉武力支持這項要求。法國人和普魯士人的回應是簽署承諾不侵犯比利時的條約。然而，法軍的崩潰使格萊斯頓捍衛自決權的希望落空了。當普魯士明確表示要併吞亞爾薩斯（Alsace）和洛林（Lorraine）時，這位首相反對在未經居民同意的情況下轉讓領土。他曾希望組織歐洲聯盟來推動這個主張，但內閣同僚迫使他放棄。他們認為少了武力的威脅下，外交訴求不會改變普魯士的立場。英國不應該浪費威信，徒勞地維護道義原則。[39]

在一八七四年的選舉中，保守黨的首相班傑明．迪斯雷利（Benjamin Disraeli）擊敗格萊斯頓後，將地緣政治的考量置於自決權之上。一八七五至一八七六年，民族主義者在鄂圖曼帝國發動起義時，迪斯雷利不太關心反叛者努力追求解放的過程。他將有關土耳其在保加利亞的暴行報導視為「虛構」和「咖啡館的閒話」，並決心支持蘇丹。更複雜的是，俄羅斯有影響力的代言人都在催促沙皇亞歷山大二世利用武力幫助斯拉夫夥伴。迪斯雷利擔心可能會出現兩種結果，如果俄羅斯為了幫助保加利亞人而介入，鄂圖曼帝國就可能瓦解，造成東地中海地區陷入權力真空，而聖彼得堡的官員可能會利用這個機會擴大影響力。「或者，這種介入可能會吸引到其他的大國，並引發另一場三十年戰爭。」他提醒道。無論是哪一種結果，都會損害到英國的利益。在這場衝突中置身事外，並阻止俄羅斯採取行動，還比較可取。強權的和平與英國的戰略利益，都比人道主義的考量更重要。[40]

格萊斯頓站在反對的立場，尖銳地譴責鄂圖曼帝國和迪斯雷利的支持。他將危機視為捍衛道義原則和振興政治前途的機會，然後匆忙地寫了暢銷的小冊子。「土耳其人犯下大規模的罪行和暴行，比現代的案例更過分，」他寫道：「同時，英國政府忽視人類的廣泛利益，傾向於忽略不愉快且可能造成不便的事件。」現在，該國必須召集強權，共同將土耳其人趕出保加利亞。與迪斯雷利對沙皇擴張的擔憂相比，格萊斯頓否認俄羅斯政策是由侵略性或自私的觀點支配。此外，如果英國無法援助保加利亞人，他們就有充分的理由尋求聖彼得堡的幫助。[41]

這種號召力將格萊斯頓的幾項核心原則帶進衝突之中。危機迫使他在投入國際法（須尊重土耳其的主權）以及對自決權和歐洲協調組織的信念（需要軍事干預）之間做出選擇。

「在某些情況下，人類的同情心不受到國際法的限制，而這些傳統法規受到憲法的限制。」他寫道。這也促使他支持某個獨裁政體，以期制止另一個獨裁政體。幾十年前，英國的激進分子經常支持土耳其人對抗俄羅斯人，理由是沙皇制對歐洲的自由構成了更大的威脅。此時，格萊斯頓反轉了邏輯，因此與議會中的主要科布登主義者產生衝突。後者不能容忍戰爭，包括出於高尚原則和自由名義的戰爭。當格萊斯頓提議要譴責土耳其，並要求與俄羅斯聯合行動時，他們與大多數議員都對他持反對意見。[42]

迪斯雷利如願以償了，但代價是犧牲其職業生涯。他催促土耳其人停止在保加利亞的行動後，便要求俄羅斯人停止備戰，但他們沒有把他的話聽進去。沙皇於一八七七年四月宣戰後，部隊迅速前進。迪斯雷利擔心君士坦丁堡可能會淪陷，於是冒險行事。他派遣皇家海軍艦隊前往達達尼爾海峽，並提醒沙皇萬一俄羅斯占領土耳其的首都，英國就會加入衝突。這個警告說服了沙皇停止行動。在柏林會議上，俄羅斯人放棄了建立擴張的獨立保加利亞的計畫，這項計畫原本將使他們的勢力延伸到愛琴海沿岸。他們轉而選擇一個較小的國家，擁有自治權，但仍然在鄂圖曼帝國的管轄範圍內。這個結果既未滿足格萊斯頓，也沒有滿足支持保加利亞志業的上千名選民。格萊斯頓在公開競選活動中對迪斯雷利的外交政策窮追猛打。他在大眾面前演講時，譴責首相對保加利亞人的命運很冷漠，以及首相無法實現屬於國家歷史和人民性格的自由傳統。在一八八〇年的選舉中，他戰勝了競爭對手。[43]

這種在外交政策上毫不妥協的作法，對格萊斯頓而言，當上首相之後不若還在競選時吃香。在他的新任期之初，另一場叛亂威脅到了鄂圖曼帝國。埃及政府陷入沉重的債務，拖欠外國貸款後，接受法英聯合控制財務並削減支出。一八七九年，赫迪夫（Khedive）的緊縮措施，加上遵從歐洲的要求，激起了資深軍官造反。兩年內，他們的領袖阿拉比（Arabi）排擠赫迪夫，並揚言要拆毀建築物，使法國和英國在開羅具有莫大的影響力。這場危機危及通往印度的路線，在埃及的外國投資也備受威脅，這場危機對英國構成地緣政治和金融方面的風險，也迫使格萊斯頓應付戰略中固有的緊張關係。[44]

這位首相按照自己的原則尋求和平的解決方案，但情況的複雜度使他的希望落空。一方面，他長期以來很同情民族主義者對自決權的追求，並不斷地反對大英帝國的擴張。他不希望使用武力。另一方面，格萊斯頓決定與法國合作。如果有機會的話，他還想與歐洲協調組織的其他成員合作。格萊斯頓說：「英國政策的目標是捍衛埃及確立已久的權利，無論是蘇丹、赫迪夫、埃及人民或國外債券持有者的權利都相同。」[45]

隨著危機惡化，格萊斯頓的優先事項促使他需要在方向相反的目標中妥協。當法國政府堅持以軍事行動威脅阿拉比時，格萊斯頓不情願地同意派遣聯合艦隊前往亞歷山卓港

（Alexandria）。然而，這些船的到來並沒有威脅到埃及的民族主義者，反而引起一場造成幾十名歐洲僑民喪命的騷亂。大國在君士坦丁堡開會討論情況，但沒有達成共識，使格萊斯頓對集體反應的期望落空。當法國人失去勇氣並召回船隻時，英國政府面臨撤退和單方面加劇威脅的抉擇。在政府的強硬派成員施壓下，格萊斯頓選擇了後者，促使布萊特辭去內閣的職務以示抗議。接著，海軍的連續轟炸導致地面入侵、阿拉比被逮捕，以及於開羅安置駐外代表。這場軍事勝利證實了格萊斯頓處理外交事務的戰略性失敗。他犧牲對自由、自決權和歐洲協調組織的承諾，藉此證明現狀和國際秩序。他為了換取穩定性，不惜以原則作為代價。[46]

V

伍德羅．威爾遜還年輕時，在書桌上方掛著格萊斯頓的畫像，並稱他為「有史以來最偉大的政治家」。因此，當威爾遜成為美國總統時，他處理外交事務的方式與這位備受尊敬的長者相似，也就不足為奇。[47] 威爾遜最初的信念是，和平取決於民主的普及程度。「如果民主體制能展現承諾的最佳特點，」他在一八八五年寫道：「它的來臨將是世界和平與進步的最人道結果，從此以協議代替命令。」[48] 三十多年後，威爾遜要求國會對德國宣戰時，將這個主題列為訴求的核心。獨裁國家追求利己的目標，而非共同的利益；民主國家則傾向於將人類的利益置於私利之上。基於這個理由，威爾遜表示：「只有透過民主國家的夥伴關係，才能維持穩固的和平，而這些民主國家能為所有的國家帶來和平與安全，最終使世界獲得自由。」[49]

民主政體需要國家統一和人民自決，除非公民瞭解到自己屬於單一民族，否則任何自治制度都無法發揮作用。「缺乏這種意識的話，公民的判斷結果就會不同。他們無法構想共同的目標，也無法策劃共同的措施。」[50] 同樣的，無論是民主或其他形式的政府，都無權統治外國民族。一九一九年，他指控戰敗的帝國強權就是在做這種事。他表示：「解決辦法是讓受苦的人民掌控自己居住的領土，並告訴他們：『這片土地本來應該屬於你們。現在，土地是你們的了，你們可以按照自己的方式去管理。』」[51] 然而，這種有條理的邏輯掩蓋了混亂的問題，正如威爾遜的國務卿羅伯特·藍辛（Robert Lansing）所指出的。「當總統談到『自決權』時，他想到的單位是哪一種？他指的是種族、領土還是社區？」威爾遜承認這個問題很難回答。[52]

儘管有這種概念上的難題，當威爾遜抵達白宮時，他堅信民主一定能逐漸在世界各地生根。與康德相似的是，威爾遜相信人類的理智能促進進步。「自從上個世紀的國民教育確保了各地群眾的思考深度，民主觀點的進步和民主制度的擴展一直是最顯著和最重要的事情，」他在一八八九年寫道：「民主似乎無所不在。」美國可以為其他國家提供仿效的模板，但不能將民主出口。威爾遜表示：「在政治方面，除了循序漸進的發展、謹慎的適應、細微的成長變化之外，沒有其他有價值的結果。沒有一蹴可幾這種事。」每個民族都必須根據自己的時間表，發展出獨特的民主習慣。[53]

就像公民必須以民主的名義去改變社會，政府也要為了和平而改變國際制度。威爾遜反駁政府可以透過權力的評估、以強大力量對抗另一股強大力量的方式來維護秩序的想法。相反的，他提議建立以正義和法治作為基礎的新秩序：「各國能建立『權力共同體』，捨棄『有組織的競爭』，轉而支持『有組織的共同和平』。」[54]

威爾遜清楚地說明願景時，借鑑了前一任政府的努力。十九世紀末，美國和英國都經由法律仲裁解決了幾次關於領土和商業的爭端。一八九七年，兩國簽署長期的仲裁條約，並承諾使用這種方法處理他們無法透過外交途徑解決的問題。十年後，國務卿伊萊休·路特（Elihu Root）試著將這種機制擴展到美國與拉丁美洲的關係，並努力建立更健全的國際法體系。威爾遜受到這些想法的啟發後，試著納入國際制度的基本原理。[55]

儘管威爾遜的信念堅定，他仍然對如何將信念轉化為政策感到不確定。他相信美國在國際事務中能扮演重要的角色，但他不瞭解如何發揮其日益擴增的影響力。他多次授權對拉丁美洲進行軍事干預，並且向墨西哥、海地以及多明尼加共和國派遣軍隊。他並沒有主張美國能將民主傳播到這些國家，因為這是不可能的事。相反的，威爾遜希望設立必要條件，尤其是促進民主發展的公共秩序。由於美國瞭解這些條件，也有行動的手段，因此有「不要讓人民受苦，也不要讓其他國家的公民或政府受苦……違反這些原則，就會難以實現目標」的責任。不過，這些干預對他們瞭解的公民生活沒什麼幫助，也對三個國家的民主和自決前景沒什麼助益。[56]

一戰使威爾遜對理智的進步和民主勝利的信念產生懷疑。然而，他決定利用這場衝突去拯救無可救藥的世界。[57]他的十四點和平原則（Fourteen Points）具體展現出格萊斯頓的野心，想來能得到他的認同。將近三年來，他堅決認為美國應該在衝突中保持中立，以期協商和平協議。但是在一九一七年，他決定充分發揮美國的力量，努力按照美國原則的形象重塑世界。他的承諾啟發了歐洲以及更遠處的人們，包括國家自決、自由貿易、公開的外交策略，以及保證政治獨立和領土完整的「國家聯盟」。「美國對這些原則做出明確的承諾，」他說：「不能妥協。任何半途而廢的決定都是無法接受和不可思議的。」[58]

然而，威爾遜的戰略固有的矛盾之處，在巴黎和會（Paris Peace Conference）中變得很明題。儘管總統曾經確信所有的國家都必須主動爭取自由，民主思想也得慢慢培養，但勝利的盟友現在都準備重組中歐。他們將哈布斯堡的多民族帝國分割成一群獨立的國家，其中有些是新國家，而有些是經過幾個世紀的外國統治後才重生。先不談某些種族群體之間劃清界限的難題，這種方法是假設外國勢力大規模地運用軍事力量，能夠賦予曾受到壓迫的人民自由。在戰爭創造的特殊環境中，新的民主政體可以在短短幾個月內出現。[59]

戰後的解決方案說明了關於武力應用的類似矛盾之處。在談判的過程中，法國總理喬治・克里蒙梭（Georges Clemenceau）為了阻礙德國的未來實力發展，便提出苛刻的條件。威爾遜警告過他：「不要提出太過分的要求，以免播下戰爭的種子。」英國首相大衛・勞合・喬治（David Lloyd George）的觀點與威爾遜一致。經過激烈的爭論後，他們終於找到折衷的辦法，不只一致同意限制德國的武裝力量，徵收前所未有的巨額賠款，還讓萊茵蘭（Rhineland）被外國軍隊占領，並奪取德國的海外殖民地。將這些條款寫進條約是一回事，讓條款生效則是另一回事。[60]

威爾遜構想出國際聯盟（League of Nations）作為實現集體安全和國際法的媒介，但他對於該聯盟如何執行這些原則的想法仍無法定奪。國際聯盟盟約（League Covenant）要求簽約國「尊重和維護所有成員的領土完整性和既有的政治獨立，不受到外界侵犯」，卻沒有要求他們採取實現目標的具體行動。威爾遜不願意對該聯盟的成員施加具體的義務，尤其是涉及「用武力回應侵略」的義務，因為他不想侵犯到任何國家的特權。但他也相信，有疑慮的成員會逐漸發現集體安全的智慧，他們能根據先例與習俗，慢慢地開發保持和平的方法，就像普通法系（common law）的形成。[61]

同樣的，威爾遜認為國際聯盟的運作方式能產生一種新的外交文化，其中的各個國家都非常尊重法治和自治。至於這些原則的傳播，能使和平在軍事平衡之外建立在更牢靠的基礎之上。[62]這種對漸進主義的信念，與威爾遜對民主發展的想法很契合，但是與他最初參戰的理由卻不相符。當時，威爾遜得出的結論是，只有立即運用壓倒性的武力才能拯救文明。

VI

威爾遜繼承並豐富了長期以來試著運用理智和人類意志來改變國際政治的自由主義傳統。他的過去成就和遺留問題——尤其是國際聯盟以失敗收場，他投入不少精力，皆表明了這項傳統的影響力，但也突顯出固有的困境。如同在他之前的康德、潘恩、布里索、馬志尼、科布登以及格萊斯頓，威爾遜相信有機會以持久的和平為目標，廢除戰爭。威爾遜也跟他們一樣相信，自由與自決的傳播、以及國際社會的發展能實現這個抱負。

從十八世紀末到二十世紀初，自由主義的大戰略實務彰顯了固有的張力。自由主義的思想家和領袖都希望廢除戰爭，但他們在追求目標的過程中，對軍事力量該發揮的作用並沒有一致的看法。有些人不贊成使用暴力，包括特定的範疇或極端情況以外的案例；也有人認為武力是必要的工具，為了實現長期目標，他們願意接受短期的妥協辦法。他們的成功和失敗例子都很少傳達明確的教訓，也不能解決康德和潘恩的方法之間存在的矛盾，卻強調了朝著任一方向走向極端的風險。和平主義與好戰主義似乎都不太可能結出碩果。這段歷史也持續提醒人們，要釐清目的與手段之間的關係，而這一點依然是戰略事業的核心。

Chapter

9

亞歷山大・漢彌爾頓與戰略的財政資源

詹姆士・萊西（James Lacey）在海軍陸戰隊大學擔任戰爭研究系的馬修・霍納教授（Mathew C. Horner Chair），也是海軍陸戰隊戰爭學院的戰略研究系教授。著作包括《華盛頓戰爭》（The Washington War）、《戰神》（Gods of War）、《羅馬：帝國的戰略》（Rome: A Strategy for Empire）。

一七八一年九月二日，四千名衣衫襤褸、幾乎都打赤腳的憤怒大陸軍（Continental Army）在酷熱的天氣行軍到費城。從紐約出發的一路上令人疲憊。很少有士兵期待繼續遠離家鄉，將戰爭帶進遭受瘟疫侵襲的南方殖民地。但真正激怒他們的是，大量的白銀從法國運來，然後全部送給了政府債主，完全沒有分給好幾個月未支薪的軍隊。甚至連先前支付的紙幣（臭名昭著的大陸幣）在通貨膨脹失控後都暫停使用，變得一文不值。早在一七八一年一月，這個問題已出現嚴重的麻煩。當時，賓州和紐澤西州的軍團發生叛亂，威脅要向費城進軍，目的是強迫大陸會議（Continental Congress）滿足他們的要求。拖欠的薪資只是他們的動機之一，但非常重要。謹慎的讓步加上制裁為數不多的主謀，足以解決當前的問題。但，即使對軍隊提出新的要求，薪酬仍然沒有兌現，軍中再次出現了反叛的言論。

現在，衣衫襤褸的軍隊已經逼近費城，卻沒能威脅到大陸會議或該市富裕居民的財產，反而有越來越多的士兵不願意繼續前進。此外，士兵要求以實物（黃金或白銀）支付薪資，而不是毫無價值的紙幣。華盛頓多次向大陸會議求助，並且在八月寫信給新任的財務長羅伯特．莫里斯（Robert Morris）：

我懇求你，如果可以的話，請為我指揮的部隊爭取一個月以實物支付的薪資。他們很久沒有領到薪資了，而且多次表示不滿。[1]

但大陸會議破產了。莫里斯曾經用自己的錢和私人信貸資助戰爭的大部分費用，此時已經沒有多餘的錢。戰爭的重大財務危機即將來臨。華盛頓早已預測到這種情況，他在一七八〇年五月寫信給約瑟．李德（Joseph Reed）：「在現代的戰爭中，事件的最終結果主要取決於資金的多寡——我擔心敵人擁有豐厚的資金。」[2] 雖然這位總指揮官有先見之明，卻無法扭轉國家資不抵債的局面。

幸好，海軍上將法蘭索瓦．約瑟夫．保羅（Francois Joseph Paul，格拉斯伯爵）北上，帶來一支法國艦隊和三千名增援士兵。同樣重要的是，他還帶來了哈瓦那（Havana）公民在六個小時內籌集到的白銀桶。莫里斯直接在美國恭敬地與法國總指揮官羅尚博（Jean-Baptiste Rochambeau）做交易，以取得一百二十萬里弗（livre）的白銀貸款。接著，莫里斯命令大陸軍的主計長約翰．皮爾斯（John Pierce）給付薪資給軍隊，並做出意料之外的舉動。不滿的士兵走近後，皮爾斯打開其中一個桶子，然後把白銀倒在地上。約瑟夫．普倫布．馬丁（Joseph Plumb Martin）回憶說：「每個人都收到了一個月的白銀薪水……從一九七六年以來，這是我們收到的第一筆酬勞，也可以說是我們在戰爭尾聲收到的工資。」[3]

軍隊滿意後，繼續前往約克鎮（Yorktown），他們圍攻並俘虜了一支英國野戰軍，這場戰鬥決定了戰爭的結果。上校亞歷山大·漢彌爾頓（Alexander Hamilton）在約克鎮表現得很英勇，他帶領軍隊攻擊十號防守陣地（Redoubt No. 10）後，最終突破了英軍的抵抗。漢彌爾頓長期擔任華盛頓的助手，親眼見證過大陸軍持續的貧困處境，以及大陸會議無法迫使十三個殖民地充分資助戰爭的窘境。他也明白愛國者志業之所以失敗，純粹是因為英國在資金方面能夠比對手撐得更久。如果英軍領袖康沃利斯（Cornwallis）設法從約克鎮逃脫，這場戰爭可能會在對英國有利的情況下結束，因為這個新生國家的金庫已經空空如也。一旦沒錢了，華盛頓的軍隊就會消失。

I

從有組織的戰爭出現以來，重要的支柱一直都是「源源不盡的金錢」。[4] 能夠調動龐大的資本，一直都是發動成功戰爭的最重要因素。從馬拉松戰役（Battle of Marathon）算起的兩千五百年以來，統治者不斷在尋找新的資本來源，以及獲得資本的更佳辦法，而這些資本經常用於發動戰爭。但只有在現代，政府才開始瞭解並運用債務融資的力量，為軍事抱負提供資金。在這個過程中，他們證明了查爾斯・蒂利（Charles Tilly）觀察到的「戰爭創造了國家，而國家創造了戰爭」在基本上是正確的。由於發動現代戰爭需要可觀的金錢，需要統治者建立有效的中央行政機構，才能順利募集資金，然後有效率地管理使用方式。因此，戰爭一直都是每個現代國家很關心的問題。戰爭就像提高國家行政能力的催化劑，然後利用這些能力來籌集前所未有的可觀收入。

幾個世紀以來，各國籌集戰爭資金的能力提升了，甚至超越工業革命所帶來的可觀財富。當世界陷入二十世紀的兩場災難性大戰時，金錢幾乎不是主要交戰國的關切問題，因為早在沒有足夠的資金可以支付之前，生產力和人力就已經耗盡。只有在國家耗盡生產基地，而且不得不從其他的國家購買彈藥時，財務才是軍事戰略的重要決定因素。實施大規模資金轉移的制度，對國家的大戰略和軍事戰略而言都很重要，最早可追溯到荷蘭和英國的金融革命，首次於美國實施則要歸功於漢彌爾頓的遠見和決心，其留給國家的是建立金融、工業和軍事力量的基礎。

漢彌爾頓是來自加勒比海地區的孤兒和新移民。他很早就被視為擁有聰明才智，並吸引到當地許多商人願意支付他前往紐約的費用，以便他繼續求學，同時象徵著他們的貿易利益。漢彌爾頓曾就讀國王學院（King's College）時，為了組建炮台而中途放棄學業。不久，他的炮台應用於大陸軍的陣地。在紐約市附近的戰鬥中，他的表現很出色，尤其是在華盛頓的聖誕節期間，於特倫頓（Trenton）和普林斯頓發動攻勢。漢彌爾頓擔任華盛頓的助手四年後，在約克鎮獲得了指揮軍隊的職位。戰爭期間，他娶了富有且人脈廣闊的伊莉莎白・斯凱勒（Elizabeth Schuyler）。這場婚姻很快就讓他晉升為社會上流階層。戰爭結束後，他從事法律工作，也藉由對《聯邦黨人文集》（Federalist Papers）的貢獻，以及運用廣闊的政治人脈，協助確保美國憲法得以正式批准。

就像漢彌爾頓對《聯邦黨人文集》的貢獻所表明的，他也對邦聯（Confederation）政府持續的無政府狀態感到沮喪，以及對聯邦（federal）政府無法整頓財政的事實感到震驚。他在著作中透露了貧困為革命時期帶來的心靈創傷，並主張塑造強大的中央權力來整頓美國的財政體系。關於如何完成這項大任務，漢彌爾頓在戰爭爆發的同時就已經有所規劃，在約克鎮事件之前的幾個月，他在三封信中提出了關於各政府如何有效籌集資金的想法。

第一封沒有標明日期的信件，可能是他在一七七九年底或一七八〇年初寄給莫里斯。漢彌爾頓意識到資助革命的最有效方法是透過外國貸款。他寫道：「在任何戰爭期間，歐洲的富裕政府通常不得不依賴外國貸款或補助金。那麼，我們又怎麼能在沒有貸款的情況中撐下去呢？」[5] 接著，他提出關於國家銀行的初步構想（由外國貸款提供部分的資金），考驗是要提供穩定的貨幣，以取代迅速貶值的大陸幣，同時提供能支付戰爭費用的貸款。實際上，他勾勒出了現代國家金融體系的基本結構。

第二封信則是他寫給大陸會議的紐約代表詹姆斯・杜安（James Duane）。漢彌爾頓發現，實現政府財政和公共信用體系的關鍵是：掌握資金的權力。

> 邦聯把財政權力交給了州議會。邦聯應該提供由國會支配的長期基金——透過土地稅、人頭稅等。所有針對商業的稅款都應該由國會制定，並適用於其用途。一旦沒有明確的收入，政府就毫無權力。這種掌握資金的權力能發揮統治的效力，這似乎是一種手段，不讓國會完全獨立，卻賦予實際的權威。[6]

在同一封信中，漢彌爾頓進一步討論對外國貸款的需求，以及國會必須有權力徵稅，才能支撐公共信用的國家體系。

最後一封信是漢彌爾頓在一七八一年四月寫給莫里斯。我們可以瞭解到他的明智想法。關鍵的起始點是，美國的獨立仰賴於恢復公共信用，而不是靠著打勝仗來建立財政秩序。[7] 漢彌爾頓闡述了如何為持續的鬥爭籌措資金後，開始討論未來，並且為建立國家銀行提出建議。

儘管他提到國家銀行的風險是可能遭到濫用，但他認為這種機構的好處遠遠超越了風險：

國家銀行傾向於增加公共信用和私人信用。前者賦予國家保護權益的力量，而後者能促進和擴大個人之間的商業運作。工業增加商品倍增，農業和製造業蓬勃發展，這些要素能構成國家真正的財富和繁榮。

大多數商業國家都發現有必要設立銀行。事實證明，銀行是為了促進貿易而發明的幸福工具。[8]

漢彌爾頓在信中總結了他最常引用的評論：

適量的公債將成為我們國家的福祉、鞏固聯邦的有力要素，也能創造出沒有壓迫性的稅收，對產業具有激勵作用。[9]

他向贊同觀點的人宣揚時，莫里斯與商業夥伴湯瑪斯·威靈（Thomas Willing）很快就獲得第一張國會的銀行執照。北美銀行於一七八二年成立。後來，該銀行由賓夕法尼亞州特許為合法銀行，因此不再符合憲法中的國家銀行條件。同時，該銀行提供大約一百二十五萬美元的貸款，在英國人於一七八三年十一月離開紐約前，為約克鎮的戰爭提供了大部分資金。

漢彌爾頓為了說服大眾接受他的觀點，於是以更容易理解的方式在《歐陸主義者》（The Continentalist）的一系列六篇文章中提出觀點，並且在一七八一至一七八二年發表於《紐約郵報》（New York Packet）。[10] 其中，許多論點後來又出現於流傳更廣的《聯邦黨人文集》。在這些早期的文章中，尤其是最後三篇，漢彌爾頓闡述了他對金融和經濟成長如何支撐國家實力的看法，並提到金融體系的大部分要素，而這些要素仍然是現代的國家財政核心。

憲法通過後，漢彌爾頓被華盛頓選為國家的第一位財政部長，並且有機會將理念付諸實行。一七八九年九月十一日，他就職後，立即投入工作，並取得能支付政府開銷的兩筆銀行貸款，直到稅收開始入庫。就在這個月底，國會要求他準備公債狀況以及償還方式的完整報告。一七九〇年一月初，漢彌爾頓提交《支持公共信用的準備金報告》（Report Relative to a Provision for the Support of Public Credit）。[11] 這是兩份報告中的第一份，他的論點支持了美國的金融與商業革命。

漢彌爾頓的報告將公債的總額（包括欠款）設為五千四百萬美元以上，並分為兩大類：

外債和公債。美國虧欠外國債權人一千一百七十萬美元，並虧欠國內債權人超過四千二百萬美元。這些欠款只是國會要承擔的債務，各州也要承擔高達二千五百萬美元的債務，但漢彌爾頓認為這些債務應該由聯邦政府承擔。總額超過七千九百萬美元，占一七九〇年國內生產總值（GDP）的四〇%以上。[12] 對已經習慣公債超過GDP一〇〇%的現代讀者而言，這個數字可能不足為奇。然而，對已經拖欠所有債務、沒有國家貨幣且仍然缺乏州際銀行體系、或缺乏正規證券市場的政府而言，這代表很可怕的前景。[13] 此外，建立能籌集足夠資金的聯邦稅收體系，讓政府保持償債能力、甚至能達成最低限度的債務還款，還需要一點時間才能實現。事實上，美國財政部在一七八九年只從關稅中籌到十六萬二千美元以上，也就是說公債總額約為國家稅收的五百倍。

根據漢彌爾頓的報告，債務總額的利息是五十四萬九千五百九十九美元六十六美分的外債，以及四百零四萬四千八百四十五美元十五美分的內債。由於他將美國政府的營運成本設為大約六十萬美元，光是利息就超過政府預算中其他費用總和的七倍以上。為了使債務可控管，他建議全額支付虧欠外國債權人的利息和本金，但他也主張以四%的利率重新發行國內債券，而不是目前的六%。他相信大多數的國內債權人會接受降低的利率（削債），回報是保證定期支付債息。漢彌爾頓將利率降低到四%後，債務的年度支出削減為可控管的二百七十萬美元，即每年省下一百三十萬美元。他還提議創造「償債基金」，將政府的多餘資金用於購買已發行的債券，直到所有的債務都還清。

雖然漢彌爾頓能看清自己的計畫有即時與長期的影響，但許多人都看不透。他向外國債權人全額清償，將破產的美國轉變成世界上信用風險最低的國家。革命後才過了幾年，美國就能以低於大不列顛支付的利息，在阿姆斯特丹的債券市場中借款。此外，透過承擔全國債務，然後以定期支付的方式重新發放新貸款，漢彌爾頓創造了紙幣的替代品，大幅增加國家的總資本。當時，許多人認為政府的貸款會摧毀國家資本，減少經濟中流通的現金。但漢彌爾頓發現債券可以當作流通的貨幣，有助於發展缺乏貨幣的美國經濟。他在報告中提到：

眾所周知，國家的公債有充足的資金支持，而且公債能建立信心時，便能滿足大部分的貨幣用途。股票或公債的轉讓等同於實物支付。換句話說，在商業的主要交易中，股票就像實物一樣流通。[14]

漢彌爾頓意識到，只要債務有充足的資金保障，就可以在經濟中起到與白銀或黃金相同的作用。以債券的形式來看，債務是可以交易的，而人們會接受用政府債券換取服務和商品。此外，隨著銀行體系的發展，銀行會將持有債券視為資本儲備的安全作法。在某些銀行體系中，這些儲備讓銀行能以資本的倍數發放商業貸款。這些貸款也可買賣，形成良性循環（有些人稱之為金融的煉金術），其中可用於投資的資金量與經濟成長一致。對缺乏貨幣的美國經濟而言，得到資金支持的美國公債猶如一場及時雨。當然，這種體系很容易引起像現代的利率上漲和經濟崩潰，但只要讓債券可贖回，漢彌爾頓已建立現代人所謂的公開市場操作基本原則，使政府能夠根據情況迅速地撤回或增加經濟流動性。然而，他也對公債的濫用發出了警告：

不過，公債的良好效果只有在得到充分資金的支持、並獲得足夠且穩定的價值時才出現。在此之前，只有反效果。在缺乏資金的狀態下，波動和不確定性使公債淪為純粹的商品，缺乏穩定性。因此，公債只是偶爾的特定投機標的。投入公債的所有資金都是從更有效的流通管道中轉移，而這種商品並不能充當有效的替代品。[15]

換句話說，缺乏資金支持的債務，或是市場認定政府無法償還的債務，將導致信心危機和債台高築，先是在金融市場造成破壞，隨即在更廣泛的經濟中造成重大損失。

關於該報告的辯論（尤其是如何承擔國債和償債）曠日持久又激烈。南方州幾乎都反對承擔，因為他們的國債比新英格蘭更少，在某些情況下幾乎都還清了。國會也擔心，當債務按面值還清時，已購買大量低價值債券的投機者將會為了致富，而犧牲農民和偏遠地區居民的利益。然而，這正是漢彌爾頓的部分計畫，因為資本集中在富人手中後，他們更有可能進行能促進整體經濟成長的商業投資。令人驚訝的是，詹姆斯・麥迪遜（James Madison）與漢彌爾頓一起領導反對派。麥迪遜是《聯邦黨人文集》的高生產力作者之一，主張建立強大的中央政府。但，他身為當選的官員，卻認為家鄉（維吉尼亞州）提出的論點很明智，即便這個論點與他的個人信念有所矛盾。許多維吉尼亞州人反對漢彌爾頓的計畫——直到他同意利用自己的影響力，將國會大廈設在靠近維吉尼亞州的波多馬克河（Potomac River），並期望他們停止反對他的金融計畫。

漢彌爾頓的大多數計畫本來有機會被採納，因為當時有許多人明白建立和維持良好的國家公共信用有多麼重要。總統華盛頓在革命期間寫了一封信，表達公共信用對英國是否能夠發動戰爭的決定性：

> 我擔心敵人的公共信用——儘管政府深陷債務和貧窮，但國家很富有，他們的財富能負

擔得起龐大的資金。另外，他們的公共信用體系比其他的國家更有用。長期以來，許多專家預測過該體系會瓦解，但我們沒有看到災難即將來臨的跡象。我相信該體系至少能延續到戰爭結束，然後許多優秀的政治家會認為這是一種國家優勢。16

華盛頓清楚地認識到公共信用對發動戰爭的重要性。漢彌爾頓在留存的信件和文章中表達了同樣的意識，不斷引用早期荷蘭和英國的金融革命。他理解這些教訓後，將這些教訓應用於美國的特殊情況和政治體系，然後建立制度上的基礎和思想典範，使美國能善加利用這場革命。因此，若要瞭解漢彌爾頓的成就，我們必須先瞭解荷蘭和英國的債務管理經驗。

II

一六四八年，《西發里亞和約》（Treaty of Westphalia）結束了三十年戰爭。儘管荷蘭與西班牙和哈布斯堡帝國持續陷入八十年的衝突，卻憑著令人羨慕的財政地位脫穎而出。雖然每人平均需要資助的國家債務，相當於已破產的哈布斯堡王朝和波旁王室的好幾倍，但荷蘭終結了這場衝突，成為歐洲唯一信用完好無損的國家。事實上，如果有必要資助新的重大衝突，以及支付空前的全球商業擴張費用，荷蘭仍然能借到巨額資金。荷蘭人之所以能夠消耗並戰勝擁有其二十倍人口的勢力，原因只有一個：他們能夠比歐洲的其他國家更有效率地從經濟中提取金融資源。

這是幾個因素形成的結果。首先，荷蘭人受益於全球經濟擴張，因此他們幾乎壟斷從蒙兀兒帝國和東亞進口到歐洲的商品。由此衍生持續的財富增加，可用於提高稅收，而荷蘭的三級會議（Estates General）通常會毫不猶豫地向公民徵收更高的稅款。這正是問題的關鍵所在。債權人是透過代表機構（三級會議）把錢借給國家，過程中國王並沒有參與。眾所周知，國王在還債方面反覆無常。西班牙的菲利普二世表示，國王在與荷蘭交戰的期間拖欠債務四次了。儘管菲利普不曾與歐洲的信貸市場斷絕聯繫，但債權人不得不採取許多預防措施，才能保護自己免於違約的風險，包括針對菲利普要求的新資金設定非常高的利率。在八十年戰爭（Eighty Years' War）期間，西班牙人支付的平均長期利率為七・六％，而荷蘭人即使在債務負擔超過合理的範圍時（考慮到人口規模），也能以二・五％的長期利率償債——僅為西班牙的三分之一。[17]

歷史學家提出許多理由，說明擁有新世界白銀壟斷權的西班牙，一直無法整頓財政狀況的因素。但，近期的研究歸納出一個整合性的原因：

西班牙的困境沒有反映出行政不受拘束的事實，主要反映無法建立彼此都認同的強大國家——納稅人取得一定程度的支出控制權，能換取更多的資金。[18]

另一方面，荷蘭人透過六萬五千多名散戶償債。這些散戶透過三級會議的代表，對稅收的使用方式有發言權，或者自以為有發言權。另外，在安特衛普（Antwerp）和阿姆斯特丹，債權人可以進入世界上流動性最高的證券市場，能輕易地將持有的債務作為全球商業企業融資的擔保品。簡而言之，債務的功能就像貨幣，能用來促進經濟成長並資助戰爭。儘管荷蘭有財務上的優勢，與西班牙之間的戰爭卻使這個小國家陷入困境。此外，即使戰爭結束，借款狀況仍然像戰爭期間一樣。然而，這次的貸款是為了荷蘭的黃金時代以及工業與商業的發展提供資金。法國路易十四的貪婪企圖使荷蘭人沒有足夠的時間恢復財政平衡，因此他們再次投入戰爭。從一六七二到一七一四年，荷蘭人參與了一連串耗費財力的戰爭。直到一六八八年，他們差點要崩潰了。雖然荷蘭的財政體系比法國更有效率，卻依然無法與歐洲強大國家的資源媲美。一六八八年，英格蘭的光榮革命（Glorious Revolution）成為救贖；在奧蘭治親王威廉三世（William of Orange）的帶領下，兩個國家得以相繫。

將英格蘭的金融資源投入對抗法國的鬥爭後，荷蘭實現了自救，而路易十四也注定產生野心。但在此之前，英國的金融機構需要按照荷蘭的模式進行改革。受到激勵後，英格蘭的國家財政體系在由政治主導的國會引導下迅速發展。為空前的戰爭開銷融資是很迫切的需求，促成一連串的金融創新，遠遠超越荷蘭或其他歐洲勢力的創新。因此，一六八八年也象徵著迎接現代金融的「金融革命」。起初，這些創新主要為戰爭的成本提供經濟擔保，但後來被用來創造和利用推動工業革命的資本累積。

迪克森（P.G.M. Dickson）在卓越的著作《金融革命》（The Financial Revolution）中說明英格蘭建立公債體系後的影響：

不過，比聯盟更重要的是公共貸款制度……使得英格蘭在戰爭中的支出與稅收不成比例，並投入決定性的船隻和人力到與法國及其盟國的鬥爭中。如果不這樣做，先前投入的資源可能會白白浪費。[19]

迪克森的嚴重錯誤在於，他聲稱英國稅收制度的侷限性，導致英國信用體系的發展變成政府被迫接受的結果。但實際情況恰恰相反。雖然一六八八年仍然是國家財務政策的分水嶺，但該政策的基礎是建立在過去三十年的國家稅收制度的變化之上。從約翰・皮姆（John

Pym）在一六六四年提出的消費稅開始，英格蘭不斷增加一連串的新稅收措施，使國家的收入穩定性比以前更高。直到大同盟戰爭（Nine Year's War）於一六九七年結束時，英國平均每人已支付的稅收幾乎是法國的兩倍，使英國中央政府收集到的收入是光榮革命前的兩倍。四十年後，英國又籌集了兩倍的稅款，用於奧地利王位繼承戰爭的支出，然後在美國獨立戰爭結束時又收取兩倍的稅款，因此稅收在一個世紀內增加了六倍。

英格蘭能收集到這麼多的國家收入，而且沒有導致嚴重的社會動盪，有以下幾個原因。首先，最重要的原因是大多數人認為這些稅收是公平的。例如，十七世紀下半葉制定的一連串消費稅影響了社會的各個層面，通常與個人的財富有關。此外，與英格蘭的主要競爭對手法國不同，根據階級徵稅的作法在法律上沒有例外。其次，稅收制度的管理變得越來越專業化，由中央任命的政府官員負責依照定期審計的稅法，確保公正和誠實的應用，因此比以前的包稅制更有效率，而這種作法此時仍在法國實施。

儘管收入大幅增加，但總額只足以支付當時衝突的部分費用。同時，軍事革命大幅增加了兵力的規模和成本。由於此時的戰爭是在大陸或世界各地進行，成本與前幾個世紀相比簡直是天價。有一段時間，英格蘭試圖透過一些短期借貸的應急辦法來彌補收入和成本之間的差距。但，隨著這些貸款的利息接近一五%，以及國家漸漸無法籌到足夠的短期資金，國會開始考慮實施長期貸款。

在十八世紀下半葉，英國引進了沒有償還日的長期債券，稱為永續債券（統一公債），因此能無限期地支付指定的利率。這讓英國能將幾乎所有高利率的債務合併成一批支付較低利息的永續債券。由於這些貸款的本金不會到期，即使發行的新債券越來越多，政府不必持續支付舊債券的本金和利息。這種創新使英國政府能在戰爭的危機期間忽略債務的規模，並專注於管理每年支付利息的成本。

英國的永續債券能支付三％利息，但價格會根據需求波動。例如，在拿破崙戰爭爆發期間，債權人可能需要支付五％利息，而不是三％，而這是考慮到戰爭可能產生負面結果的風險。在這種情況下，他們能以六百英鎊的價格買一千英鎊的永續債券，使實際報酬達到五％。此外，戰爭結束時，當利率回歸到面值（三％），債權人可以在既有的金融市場上以一千英鎊出售永續債券，因此投資者能得到超過二〇％的資本利得。當然，這麼做的代價是，為了用來支付進行中的戰爭費用，需要將債券金額提高到一千英鎊。財政部如果要以面值的六〇％發行永續債券，需將債券面值增加為一千六百七十英鎊。話雖如此，人們預期政府的戰後收入盈餘會減少，最終排除整體債務。因此，英國政府願意進行長期的大規模借貸。然而，即使在拿破崙戰敗後，針對減少戰時債務的實際行動少之又少。拿破崙戰爭結束時，債務總額很接近一九一四年（一個世紀後）的英國整體債務水準。不過，一九一四年之前的債務只相當於GDP的三〇%；相比之下，滑鐵盧戰役結束後的幾年內，這個比例超過二五〇%。法國及其盟國沒有類似的借款能力後，無法與英國的借貸規模媲美，除非利率具有破壞性並導致政治不穩定。

然而，這引起了一個疑問：在十八世紀和十九世紀的衝突中，英國面臨不確定的戰爭風險時，為什麼英國債權人要求的利息這麼少？與荷蘭人相似的是，英國人沒有把錢借給國王，而是借給國家。查爾斯二世於一六七二年發布臭名昭著的《財政止付令》（Stop of the Exchequer Order）後，導致國內的許多債權人破產，而皇室也不太可能以實惠的利率籌措新的資金。因此，國會漸漸承擔起發行債券和籌措資金的責任，目的是償債。直到西班牙王位繼承戰爭爆發時，國會完全掌控了國家財政。西德尼·戈多分（Sidney Godolphin）、羅伯特·哈利（Robert Harley）等大臣在整頓國家財政的工作上表現得很出色，因此安妮女王打算撤除戈多分的第一財政大臣職務時，馬爾堡（Marlborough）公爵揚言要辭去指揮英國軍隊的工作，除非這位大臣能留下來。最後，事實說明了一切，自從國會負責英國的公債，該國再也沒有違約的紀錄了。

另一個主要因素是許多政府共同努力，大幅增加債權人的數量，因此讓更多人從政府和財政的穩定性中獲得更大的既得利益。光在一個世代內，從一七一〇年開始，債權人的數量從一萬名增加到六萬名，並且在拿破崙戰爭期間持續增加。如果沒有同時創造和發展具有充分流動性的次級金融市場，以確保債權人可以隨時增加或減少持有的債務，這種增加是不可能實現的。後來，當政府的借貸超過英格蘭銀行的貸款能力時，這些市場可以吸收直接出售給投資者的政府永續債券。彼得・狄克森（Peter Dickson）強調新興證券市場的重要性：

> 一六八八至一七五六年，倫敦證券市場的發展是金融革命中的最重要層面。除非有一些機制使貸方能夠以年利率的形式，將針對國家的債權出售給第三方，否則政府的長期借貸體系就無法運作。政府可能被迫承諾在有限的幾年內還款，並且要遵守諾言。這樣做能有效阻止政府在缺乏轉售機制的情況下借款。[20]

前文提到的英格蘭銀行於一六九四年成立，是英國金融革命中最後，也是最重要的一步。該銀行仿效阿姆斯特丹銀行（於一六〇九年成立），唯一的創立用途是為政府的戰爭提供資金。該銀行很認真看待這項任務，因此其中一位董事麥可・高德菲（Michael Godfrey）在被圍困的那慕爾（Namur）城市周圍的戰壕中與國王會合，打算檢查該銀行的資金是否得到適當的運用。顯然，他不知道國王的隨扈很容易成為箭靶。他一時疏忽，在國王的面前遭到法國的炮彈擊中，當場喪命。從此以後，再也沒有銀行董事敢造訪銀行資助的戰場了。

英格蘭銀行的最初認購額是一百二十萬英鎊，在一個月內完成。由於當初的股東是知名的貴族和金融家，該銀行立即贏得了信譽，很快就將資本總額減掉四千英鎊管理費後的金額借給政府，回報是已折扣的永續債券能支付八％的實質利率。隨著該銀行協助穩定英國的金融市場，這個利率迅速地下降。英格蘭銀行也被賦予出售票據的權力，這些票據能像貨幣一樣交易，最多可達到借款給政府的總額。儲戶得到這些票據後，能保證一經請求即以實物向持有者支付全額。起初，該銀行為英國投資者的貸款打了六％的折扣（外國投資者的折扣則是四．五％）。然後，存款以八％利率借給政府，為銀行帶來有保障的二％利潤。作為貨幣交易的票據能補充流通中的硬幣，因此也能為迅速發展的商業市場增添流動性。雖然有大規模的戰爭支出，但透過抵制印製缺乏實物擔保的貨幣，通貨膨脹基本上得到了控制。即使在拿破崙戰爭期間，英國捨棄金本位制，卻極力限制法定貨幣的使用，並且在增加借貸的基礎上加入國家的第一次所得稅，因此政府設法控制了大部分新發行票據對經濟的影響。約翰．布魯爾（John Brewer）巧妙地總結了這場金融革命的影響：

在十七世紀末和十八世紀初，英國崛起成為當時的軍事強國。荷蘭的海軍上將開始害怕，並欽佩英國的海軍法國將軍不情願地對英國的軍官和士兵表示尊敬；西班牙總督很擔心殖民地的安全和貿易的空間。雖然歐洲軍隊不一定跟著英國的腳步前進，卻追隨著英國的金融影響力。[21]

從短期來看，英國從中世紀以來一直都不算是真正的歐洲強權，卻晉升為一流的軍事大國。西塞羅把「無窮金錢流」稱為戰爭最重要的動力；他說的沒錯，這一點在現代商業中也適用。即使金融革命讓小小的英國能夠在爭奪全球軍事主權的競爭中表現得超出預期，但同時也創造了支持英國在國際商業擴張的資本池，以及支付建設基礎設施所需的天價，包括道路、運河、鐵路以及工廠——構成工業革命的基礎。

III

這是漢彌爾頓希望在美國複製的國家財政體制。他成功地承擔所有州的革命戰爭債務，並創造共同的公債體系後，準備採取下一個關鍵步驟。一七九〇年十二月，他向國會提交下一份重要的報告：《建立公共信用的進一步報告》（Second Report on the Further Provision Necessary for Establishing Public Credit），也就是廣為人知的《國家銀行報告》（The National Bank Report）。[22] 漢彌爾頓在報告中，向當時不瞭解現代金融方法的國會說明了現代的部分銀行體制如何運作。他指出，如果沒有銀行，商人會囤積資金，並等待機會出現，因此能有效地遏制貨幣流通，減緩經濟的整體成長。但，商人將這些資金儲存在銀行後，能獲得利息，而銀行可以借出資金，並且使資金保持流通。事實上，銀行的儲戶很少會同時提取所有的資金，因此銀行能以紙幣的形式將現有的金銀加倍地借出。這些紙幣與硬幣一起流通，能為經濟增添流動性，並加速經濟的成長。

對漢彌爾頓而言，這種快速的經濟成長是他的思想核心，因為革命後的低迷經濟無法承受英國強加於更成熟經濟體的稅收負擔。他曾尋求並獲得國會對一連串消費稅的批准，至少確保公債利息的償還。但，若要還清本金並保障未來的債務問題，則需要迅速成長的經濟。

漢彌爾頓也發現，國家銀行能在取得金援方面發揮重要的作用，尤其是緊急情況。[23] 關於這一點，他顯然是在思考英國利用英格蘭銀行資助戰爭的經驗。他認為只有強大的中央國家銀行才能提供足夠的作戰貸款，以及沒有特許國家銀行的財政實力能承擔如此重大的任務。最後，美國銀行（Bank of the United States）壟斷聯邦紙幣的發行權，以及作為國家債務的管理者，能促進證券市場的形成，進而推動迅速成長的商業領域。

在美國南部，漢彌爾頓的提議遭到強烈反對。許多人認為該銀行較重視北部州的商業利益，其次才是南部州的主要農業利益。最終，國會只有一位南部代表投票支持該法案，而該法案只以幾票的優勢通過。但，麥迪遜和湯瑪斯·傑佛遜為了阻止該法案變成法律，於是以違反憲法為由，請求總統華盛頓否決該法案。兩人都主張憲法只賦予聯邦政府通過執行政府職責「必要且適當」的法規的權力。由於政府已經在沒有銀行的情況下運作，顯然這一點是不必要的。華盛頓支持建立國家銀行，並認真看待他們的論點。他要求漢彌爾頓做出回應。經過一週的思考，漢彌爾頓只花一個晚上就寫下冗長的答覆。[24] 他提到自創的「默示權力」（implied powers）概念，並主張如果美國國會不能決定如何有效地履行列舉的職責，就無法實踐。

華盛頓被說服後，於一七九一年二月二十五日簽署銀行法案並使之生效。美國銀行獲得為期二十年的特許經營權，直到一八一一年為止。有趣的是，支持有限聯邦政府的傑佛遜毫不猶豫地採用漢彌爾頓提出的公債體制，進行路易斯安那購地案（Louisiana Purchase）。他甚至利用漢彌爾頓支持默示權力的許多論點，捍衛購地的權力，如同他在一八〇七年決定在國會強行通過《禁運法案》時所做的，破壞了美國的經濟。不過，麥迪遜在美國第一銀行（First

Bank of the United States）的議題上有最終決定權。他擔任總統時，曾決定其特許經營權在一八一一年到期。因此，該銀行在一八一二年的戰爭爆發時已不存在。這場戰爭開啟了無約束的貨幣擴張時期，使公債變成一團糟，並且對國家經濟造成嚴重的損害，以至於麥迪遜被迫扭轉立場，於一八一六年通過法規設立美國第二銀行（Second Bank of the United States）。

總統安德魯・傑克森（Andrew Jackson）的敵意摧毀了美國第二銀行。他發起了後來所謂的「銀行戰爭」。這場競爭始於一八三二年；當時，他的政治對手亨利・克萊（Henry Clay）率領的國會同意延長該銀行的特許經營權。傑克森反對該法案，並且在競選連任後將美國的存款都從美國銀行撤出，也將資金分散到州特許的九十一家銀行。國會因他的單方面行為而譴責他，但沒有撤回他的決定。實際上，傑克森的撤資決定害到了該銀行，即便當時的特許經營權還有四年的期限。

該銀行的倒閉直接導致一八三七年的恐慌。當時，許多國家銀行很快就開始印製貨幣，並過度放貸。由此衍生的經濟蕭條持續了七年之久，直到加利福尼亞淘金潮（California Gold Rush）大幅增加流通中的貨幣數量。但，由於沒有國家銀行能充當最終貸方，美國在接下來的七十五年經歷了多次經濟危機，包括一八七三年的長期蕭條。直到一九〇七年的重大銀行危機（J・P・摩根協調了金融體系的財政支援才結束），公眾再次大力支持新的中央最終貸方，能根據需求向銀行體系注入資產流動性。因此，美國在一九一三年創造了聯邦準備系統（Federal Reserve System，以下簡稱聯準會）——漢彌爾頓的現代版銀行。不幸的是，聯準會沒有及時準備好為一戰提供資金。此外，聯準會本來應該擴大貨幣供應量，卻在一九二九年錯誤地縮減供應量，因此加劇了經濟大蕭條的影響。但在二戰爆發之初，聯準會主席馬里納・埃克爾斯（Marriner Eccles）宣布他將動用所有的資源來支持戰爭，並保證有足夠的資金支付戰爭時期的國家動員費用時，聯準會充分展現了價值。戰爭結束後，美國的戰爭部長史汀生（Stimson）說：

> 整個國家都一致認為，足夠的資金才能換取服務。在緊急時期，我不曾為資金煩惱，國會的撥款總是來得及時又慷慨，困難之處在於將資金轉化為武器。[25]

V

漢彌爾頓在一七八九年上任時，美國財政部形同虛設。他的偉大成就是為美國創造現代化的金融體系，因此在六年內確保有足夠的資金用於政府開支，以及約八千萬美元的債務利息。漢彌爾頓也使美國擁有正式成立的鑄幣廠，能用來發行新的黃金和白銀美元貨幣；還創造穩定的紙幣體系，以紙幣為基礎，以硬幣和政府債務的擔保為後盾。這些都是透過美國銀行管理，該銀行使金融體系穩定下來，以便各州在半個世紀內特許成立二十家新的銀行企業。最後，漢彌爾頓將這些要素結合在一起，讓創造正常運作的金融市場成為可能。在漢彌爾頓將國家的財務現代化之前，美國曾經有初級金融市場，但很不穩定。在美國銀行成立一年後，波士頓、紐約和費城都有持續運作的政府證券市場和企業股票市場。

經濟學家弗雷德里克・米什金（Frederic Mishkin）說明了漢彌爾頓的貢獻有多麼重要：

> 為什麼金融對經濟成長很重要呢？答案是，金融體系就像經濟的大腦，是一種協調機制，能將資本分配到建造工廠、房屋和道路的用途。如果資本流向錯誤的用途或根本不流動，經濟的運作效率就會變低，而經濟的成長速度會變得很慢。職業道德無法彌補資本分配不當，努力工作也不會使國家變得富裕，因為只要勤奮的勞工缺乏足夠的資本支持，就無法提高生產力。智慧比四肢發達更重要；同理，在經濟的成功方面，高效率的金融體系比埋頭苦幹更重要。[26]

羅伯特・希拉（Robert Sylla）進一步告訴我們，美國之所以首度經歷飛躍式的成長，是因為漢彌爾頓提供了成熟的金融體系。[27] 儘管在過去的二百年，經歷許多變革和調整，漢彌爾頓創造的基本要素還是留下來了，對和平與戰爭的戰略依然有莫大的影響。

在金融革命前，各州通常在耗盡生產力或人力之前就破產了。金融革命以戰略家和決策者至今難以適應的方式，逆轉了這種歷史性的陳詞濫調。例如，在一戰爆發前，許多英國人對存放在斯潘道要塞（Spandau Fortress）內的德國軍需黃金儲備表示擔憂。普法戰爭結束後，德國囤積法國賠款（七千萬英鎊的黃金），用於支付未來的戰爭費用，此舉剝奪了他們利用這些黃金確保經濟進一步擴張的機會。其實，他們對貨幣的看法與波斯統治者無異，後者曾儲存大量的白銀和黃金，讓亞歷山大大帝掠奪一空。一戰即將爆發時，英國財政部長勞合・喬治被問到龐大的黃金儲備時，他回應：「這是一筆巨款，但英格蘭要籌滿最後一百萬英鎊。」[28] 顯然，他已理解金融革命的教訓，即便像他這樣的人不多。這證明了他相信英國能為長期衝突融資，以及政府意識到英國增加公債的能力是戰爭中的決定性因素。[29]

然而，很少有人在一九一四年能想像得到工業戰爭所需的龐大資金。例如，驚人的斯潘道黃金儲備竟然不足以支付一個月的戰爭開支。許多經濟學家估算現代戰爭的成本後，相信沒有任何國家能負擔得起超過六個月的戰爭費用。優秀的經濟學家米爾頓・凱恩斯（Milton

Keynes）也認為，即使英國是世界的金融中心，也付不起一整年的全面戰爭費用。顯然，就算是最優秀的經濟學家，也無法理解金融與工業革命的結合如何影響到現代社會的整體財富，以及政府利用財富的能力。能籌措資金並維持龐大公債的國家，在戰爭中具有決定性的優勢，因為他們其實是利用未來世代的財富去應對當前的衝突。

雖然每個歐洲大國在一戰期間都被逼到金融災難的邊緣，但只有俄羅斯真正崩潰。不過，其他的主要參與國（德國、法國和英國）都發現他們早在耗盡金融資源之前，就已經耗盡了工業產能。只有在英國無法再負擔美國的軍事裝備生產開銷時，國家破產的威脅才浮現。當美國參戰並全力開啟金融閥門時，這種可能性就消失了。類似的情況在二戰中重演，各國早在破產之前就已經達到工業與人力的極限。眾所周知，英國瀕臨金融崩潰，但這次的起因也是他們的工業枯竭後，需要購買美國的產品。在這種情況下，美國的《租借法案》（Lend Lease）解除了財政束縛。

然而，美國參戰的事實改變了全球的財政局面。透過租借法案，美國資助了盟友需要的大部分戰爭物資，也為自己的大規模動員融資，並且在多個戰區採取行動。美國財政部和聯準會之間的卓越合作促成了此局面。財政部發行債券，而聯準會確保會員銀行購買美國公眾不買的東西。聯準會利用類似現代人所謂的「量化寬鬆」方法，汲取市場無法吸收的任何債務。關於過程中的內部運作，詳盡的討論超出了本篇文章的範圍；但在實際用途方面，美國在二戰期間發現了如何運用西塞羅所謂的「無窮金錢流」。

VI

保羅・甘迺迪在其代表作《霸權興衰史》（The Rise and Fall of Great Powers）中提到，在曠日持久的大國戰爭中取得勝利，往往是生產基地最興盛的一方。[30] 如本文說明的，重點不在於生產基地的規模，而是國家能有效率地募集到決定衝突的金融資源。甘迺迪也推廣「帝國過度擴張」這個術語，並聲稱：「美國的整體國際利益和義務範疇，現在已遠遠超越了本身保衛這些利益和義務的實力。」[31] 他明確地指出問題，但他誤解了美國。由於漢彌爾頓為美國帶來優勢，該國的經濟本來可以長期維持冷戰時期的支出。在競爭激烈的經濟和財政壓力下，真正崩潰的是蘇聯。

但在二十一世紀初，戰略家和決策者必須思考的是，美國和其餘大部分國家是否面臨「權利過度擴張」的問題。漢彌爾頓將公債稱為「國家的福祉」，同時警告說只有在「不過度」的情況下才有效。他將公債視為對抗危機的證據。如今，我們正在進行重大的實驗，要觀察債務是否能在和平時期持續擴展到戰時水準。當美國參與二戰時，債務占ＧＤＰ不到四〇％；戰爭結束時，美國債務占ＧＤＰ的一一八％。我們在二〇二〇年超越了這個水準，也與其他的國家持續增加債務。關於戰略的疑問是，債務與ＧＤＰ的比率已接近一五〇％的國家，是否能承受參與長期的大國競爭或衝突所需的新債務量？換個方式問，漢彌爾頓留給我們的體系在什麼時候會失效？答案仍不清楚，因為我們現在都身處於未知的金融領域之中。

Chapter

10

戰略的經濟基礎：包括亞當・斯密、漢彌爾頓以及李斯特

艾瑞克・赫萊納（Eric Helleiner）是滑鐵盧大學的政治學系教授。他的著作包括《新重商主義者：全球思想史》（The Neomercantilists: A Global Intellectual History）和《國家與全球金融的崛起》（States and the Reemergence of Global Finance）。

喬納森・科什納（Jonathan Kirshner）在波士頓學院擔任政治學和國際研究課程的教授。他的著作包括《不成文的未來：現實主義與國際政治的不確定性》（An Unwritten Future: Realism and Uncertainty in World Politics）和《金融危機後的美國勢力》（American Power after the Financial Crisis）。

在二十一世紀，很少有國際政治系的學生會忽視戰略的重要經濟層面。在最基本的層面，世界政治的架構變動只有在這種情境中才容易理解：經濟困境促使軍事超級大國（蘇聯）瓦解，而新的大國（中國）在國際體系的出現，完全得益於近幾十年的快速經濟成長，從根本上改變了國際權力平衡和世界政治的格局。此外，一九七〇年代的石油衝擊不只影響了大國地緣政治的自滿情緒，也促使波斯灣地區成為幾場大戰的地點，並持續引起許多軍事機構和國防戰略家的關注。另外，雖然許多研究國際關係的學者仍然對經濟相互依存的政治結果不以為然，但是從一九九〇年代開始，全球化的破壞性影響經常是衝突的催化劑，令人難以忽視。外界越來越關注全球化「高度安全性」的潛在影響，新興的思想流派則探討了「武器化的相互依存」的前景和後果。[1]

然而，很長一段時間以來（甚至是近期），關注國家安全戰略的經濟層面一直是專業人士的遊戲。《當代戰略全書》的前兩個經典版本主要著重在一九四五年之前的時期。不出所料，內容主要反映政治經濟學和安全研究之間的傳統區別。此外，這兩個版本幾乎皆以歐洲為中心。

不過，初版的特色是包含愛德華．米德．厄爾對經濟和戰略的重要陳述：「亞當．斯密（Adam Smith）、漢彌爾頓以及弗里德里希．李斯特（Friedrich List），皆為軍事力量的經濟基礎。」厄爾的貢獻引起人們關注重要且違反常理的言論，也就是儘管這三位著名的思想家經常被視為相互對立，但他們的分歧可能被誇大了。亞當・斯密是自由主義和自由貿易的支持者，而漢彌爾頓和李斯特則被視為保護主義者和自治強國的擁護者。但鮮明的差異掩蓋了他們的思想與用意之間的連貫性。重要的是，許多人忽略了這一點：漢彌爾頓和李斯特並沒有排斥亞當・斯密對重商主義貿易理論的尖刻批評。該理論根植於深刻的洞察力，也就是國家的財富和權力終究來自生產能力，而不是貴金屬的儲備。相反的，他們接受這種創新思維，並將他們對自由貿易的反對意見應用在其他部分。

漢彌爾頓和李斯特都不斷停下來思考，並觀察到亞當・斯密的大部分言論都很明智。李斯特明確地表示：「創造財富的力量……絕對比財富本身更重要。」漢彌爾頓將自己的異議描述為亞當・斯密建立的一般自由主義規則的「例外」。但他們確實提出了與自由貿易大相徑庭的理念，尤其是各自闡述「初創產業」的論點。漢彌爾頓說：「美國無法與歐洲平等交流。在國家先前享有優越地位的背景下，創業是很困難的事。」英國思想家亞當・斯密的政策建議更尖刻，但他沒有充分考慮到國家安全的當務之急。「和平的永恆狀態是亞當・斯密的論點基礎。」李斯特巧妙地迴避問題。自由貿易的抽象案例是穩健的，但在實務方面，「戰爭的影響」需要從柏拉圖式理念中抽離。國際貿易對國家安全有重要的影響，即便要以短期的經濟損失為代價也不容忽視。[2]

相反的，在國家安全事務方面，亞當·斯密的思想與他的智力對手並非不協調。他們之間的許多差異（正如李斯特和其他評論家提到的）源自不同的國情。厄爾觀察到：「顯然，亞當·斯密認為國家的經濟實力應該用作治國的手段。」[3] 此外，亞當·斯密在《國富論》（The Wealth of Nations）中，明確地支持英格蘭的貿易保護主義航海條例和其他的干涉主義措施，理由是為了確保王國的防禦「比富裕更重要」。[4]

亞當·斯密、漢彌爾頓和李斯特都明白經濟學與戰略之間的關係。他們都將國家安全視為首要任務，也都認同亞當·斯密提出的見解——財富和權力終究來自於國家的生產能力。他們也理解，從長遠來看，追求財富和權力都很重要、密切相關且不容易分離。不只有厄爾觀察到這種整合性觀點——推論結果也被雅各·維納（Jacob Viner）應用在一九四八年的《世界政治》（World Politics）；他在有影響力的文章〈十七世紀和十八世紀的權力與治國目標〉（Power versus Plenty as Objectives of Statecraft in the Seventeenth and Eighteenth Centuries）中強調了這一點。漢彌爾頓和李斯特的觀點都與亞當·斯密不同，他們堅決認為，對那些希望有朝一日在世界舞台上發揮更大作用的開發中國家或二流勢力而言，偏離自由貿易理念是必要的。不只他們有這種想法。

在這篇文章中，我們透過兩種方式進一步探討厄爾的經典文本。首先，我們試著擴展一九四五年之前關於國家安全戰略的經濟思想史，範圍超越厄爾提到的三位著名西方思想家。由於中國在當代的全球政治經濟中扮演重要角色，我們把焦點放在中國的思想傳統。二十世紀初，這種傳統在孫中山的思想中充分地實現了。其次，我們將厄爾的分析延伸到在二戰後強調這個主題的思想家。我們突顯了羅伯特・吉爾平（Robert Gilpin）、艾伯特・赫緒曼（Albert Hirschman）以及蘇珊・史翠菊（Susan Strange）在戰後對經濟與國家安全概念付出的重要貢獻。在整個章節中，我們的目標是介紹一些經濟戰略基礎的其他「制定者」。

I

關於戰略的經濟層面，亞當・斯密、漢彌爾頓和李斯特的思想為西方思想留下了重要的精神財富。但在一九四五年之前的西方以外地區，也有許多思想家針對這個主題闡述重要的創新觀點，包括十九世紀和二十世紀初的中國思想家。在西方國際關係或國際政治經濟的教科書中，他們的著作很少被提及。基於一些原因，中國思想家的想法值得贏得更多人的關注。首先，其中的某些人在經濟學和戰略之間建立的連結，比亞當・斯密、漢彌爾頓和李斯特更宏大。其次，他們的思想為中國的治國方略留下了知識遺產，持續在當代引起共鳴，而此時的中國已成為全球政治經濟中的主導勢力。

在一九四五年之前的時期，中國思想家借鑒的思想傳統比亞當．斯密、漢彌爾頓和李斯特相信的歐洲重商主義思想更有深度。特別重要的是，法家的著作在中國歷史的戰國時期（西元前四五三年至前二二一年）挑戰了傳統儒家重視節儉、仁慈、道德領導等價值觀。當時，在激烈的競爭背景下，法家主張將注意力集中在追求國家權力最大化的目標，而不是培養儒家的價值觀。後來對國家安全戰略的經濟方面感興趣的中國思想家則認為，重要的參考標準是於西元前三世紀撰寫的《商君書》。商鞅曾經是秦孝公的輔臣，最後終於在那個時代的戰爭中勝出。他強調國家實力不只來自強大的軍隊，也來自國家的財富。他在《商君書》提過：「故治國者，其摶力也，以富國強兵也。」[5]

鴉片戰爭（一八三九至一八四二年，一八五六至一八六〇年）結束後，十九世紀的許多中國思想家呼應商鞅強調的「富國強兵」需求，甚至直接將商鞅的戰國時期與自己的時代做對照，並認為整個中國面臨西方列強的軍事威脅，與早期中國內部的衝突環境很相似。他們認為西方勢力不只依賴軍事優勢，也仰賴重要的經濟基礎。如果中國要抵禦新的外部威脅，領導者就需要領悟到西方國家的財富與權力之間的密切關聯，並發起適當的國內經濟改革。

在這些思想家中，最重要的學者是魏源。第一次鴉片戰爭結束後（與李斯特最著名的作品《政治經濟學的國民體系》〔The National System of Political Economy，一八四一年〕的出版時間很接近），他出版了兩部重要書籍：《聖武記》（一八四二年）和《海國圖志》（一八四三年）。他感嘆中國在第一次鴉片戰爭中受到的屈辱，並鼓勵中國領導者針對這種新的外部威脅，透過各種改革來增強帝國的實力，包括引進西方的軍事技術，以及加強中國對西方知識與技能的研究。與商鞅相似的是，魏源也強調國家財富與權力之間的關聯：「官無不材，則國楨富；境無廢令，則國柄強……如是何患於四夷，何憂乎御侮。」6

但，關於如何促進中國的財富，魏源的想法與商鞅不同。商鞅將農業視為財富的基礎，並且對商業活動深表懷疑，認為應該強烈反對商業活動。但商鞅對這個主題的看法並不代表該時期所有法家的思想。有些法家人物表達支持商業的觀點，包括《管子》的作者以及西元前八十一年的鹽鐵辯論中的思想家。與這些後來的觀點更相近的是，魏源主張中國當局需要瞭解對外貿易是西方國家勢力的重要基礎。他在《海國圖志》中力勸中國當局在逐漸強化的軍事實力支持下，更積極地推動對外貿易。

魏源的思想建立在他早期參與的「治國」學派——在第一次鴉片戰爭前，持續關注中華帝國所面臨的日益嚴重的問題。他與這個學派的其他成員一樣，都將儒家的道德領導思想與經濟政治改革的實務研究結合起來，目的是解決這些問題。魏源強調儒家的價值觀與促進國富強兵的目標是一致的：「自古有不王道之富強，無不富強之王道。」[7]將國富強兵的目標融入儒家思想的觀點，呼應了某些早期儒家思想家的想法，包括十八世紀的著名官員陳宏謀——同樣支持促進對外貿易，並受到治國思想家和後來的中國改革者的讚譽。

第二次鴉片戰爭結束後，這種觀點在中國知識分子的圈子變得越來越重要，創造出班傑明·許瓦茲（Benjamin Schwartz）所謂的「近似法家的儒家思路」。[8]當時，在支持各種對帝國進行改革的自強運動中，此觀點相當有影響力，包括旨在增強中國實力的經濟改革。自強運動的靈感來自魏源、治國學派以及早期中國思想家的觀點。最重要的知識倡導者是鄭觀應；他是商人，也是學者，最知名的作品為《盛世危言》（一八九三年）。該書借鑑了他從一八七〇年代以來提倡的思想。

與魏源相似的是，鄭觀應強調國家財富和權力之間的關聯性：「可知非富不能圖強，非強不能保富。」[9]但，關於中國的經濟該如何改革，才能增強抵禦西方勢力的能力，他的想法更宏大。鄭觀應認為中國需要在製造業、航運業、採礦業等領域設立並支持新的企業，才能在中國境內和全球市場上與外國企業競爭。另外也需要提高外部關稅，才能幫助當地的企業，但這意味著挑戰西方列強對中國施加的貿易條約。他還主張對中國的農業、金融、貨幣體系以及基礎建設進行現代化的改革，同時在國外設立新的外交服務機構，以及在國內設立新的教育機構。此外，他呼籲廢除國內貿易稅，並且在中國社會中更重視商人的價值。

這種以加強中國實力為目標的廣泛經濟改革計畫，與李斯特對於需要提升國家整體生產力的宏大想法很相似。然而，鄭觀應似乎不瞭解李斯特的著作、或傳達了類似觀點的西方政治經濟學的文獻。鄭觀應提出改革的理由是，中國需要提升對抗其他國家的能力，也就是他所謂的「商戰」。[10] 這個詞不是來自西方思想，而是最早在一八六〇年代初期，另一位與自強運動有關的中國思想家曾國藩初次提及，其從商鞅提到的「農戰」得到靈感。[11] 在鄭觀應的分析中，商戰是指新型的戰爭，國家在世界各地爭奪利潤和財富。在這種經濟競爭中不太成功的國家，會發現財富枯竭、實力變弱，隨時可能遭到軍隊入侵。

鄭觀應擔心中國漸漸陷入這般處境，敦促中國當局必須意識到這一點，並彌補帝國的軍事弱點，學習如何在商戰中取得更多成功。他認為中國需要明白「習兵戰，不如習商戰」。[12] 鄭觀應與當時的其他中國思想家相同，將自身所處時代的世界政治衝突，與戰國時期的衝突本質進行比較。他認為在這種危險的背景下，帝國的安全取決於大規模的經濟改革。

鄭觀應也以日本為例，為成功應對西方挑戰的典範，能透過他建議的經濟改革來促進財富和實力。鄭觀應似乎不瞭解在明治時期推動這些改革的某些日本人物的想法，但值得注意的是，當中有許多人的觀點呼應了中國改革者援引商鞅倡導的「富國強兵」。事實上，這個詞在明治時代的初期很流行，甚至被福澤諭吉等倡導引進西方思想的人提及。許多日本人也瞭解魏源和鄭觀應的觀點，這再次突顯在更廣泛的區域性知識背景下，日本出現了關於國家安全戰略的經濟思想。

II

鄭觀應的想法得到某些中國決策者的支持，例如李鴻章（在一八七〇年代和一八八〇年代支持創立由國家資助的企業；鄭觀應曾經在其中一家企業短暫工作）。然而，中國官僚的保守主義經常使鄭觀應的想法無法在政府的圈子觸及更廣泛的受眾。這個情況一直持續到日本在一八九五年戰勝中國，戰爭的結果最終引起官方對經濟改革的興趣，有意強化中華帝國的安全性，促成鄭觀應的觀點在一八九八年的短暫改革運動中被廣泛引用。

新的政治背景也引起許多人對政治經濟學的西方文獻感興趣。大多數的早期中國思想家都對西方文獻知之甚少，包括魏源和鄭觀應。即使是《國富論》這種經典的西方作品，也沒有中譯本。有趣的是，當亞當．斯密的第一部中譯本終於在一九〇一年出現時，內容被詮釋為強調經濟基礎對中國國家安全的影響。

《國富論》的譯者是嚴復。一八七七至一八七九年，他在英格蘭留學期間對英國的政治經濟學產生濃厚的興趣，這在當時的中國學者圈子很罕見。他回到中國後，加入李鴻章的智囊團。接著，嚴復在一八九五年發表一些文章，主張西方實力的基礎不在於技術或政治經濟的安排，而是在於思想，因而聲名大噪。他大膽地表示西方思想可能優於中國思想，包括儒家思想。嚴復為了強調自己傳達的觀點，開始翻譯和評論一些重要的西方學術作品。

一九〇一年，嚴復翻譯的《國富論》中包含了為中國讀者提供的大量評論。他認為亞當·斯密為英國在世界上取得的財富和權力奠定了知識基礎，值得受到讚譽。他的解讀是，亞當·斯密對個人經濟自由的支持、以及消除商業障礙的主張，釋放了英國人民的動力。同時，他強調亞當·斯密的觀點如何與公共精神連結在一起，而這種公共精神成功地駕馭了新的動力，朝著國家的集體目標邁進。從嚴復的觀點來看，個人活力和國家公共精神的結合，正是英國成功促進財富和實力的核心。許瓦茲認為嚴復傳達的訊息是：「亞當·斯密提出的經濟自由主義體系令人欽佩，宗旨是實現富國強兵。」[13]

這句對亞當·斯密的詮釋，淡化了該蘇格蘭思想家對個人自由作為本身目標的自由主義承諾。同時，許瓦茲的分析提醒我們，嚴復的解讀並非不準確，因為厄爾也強調亞當·斯密很關心國家的財富和權力。亞當．斯密關切的問題經常被十九世紀的西方經濟自由主義者低估，因為他們認同更國際化的世界觀。這一點與嚴復和當時的其他中國思想家產生共鳴，他們都很擔心國家岌岌可危。以嚴復為例，嚴復認同社會達爾文主義的思想，也認為中國人民為了生存而參與國際鬥爭，因此他更加擔憂了。嚴復把經濟自由的思想視為促進中國財富和勢力的工具，這一點很像幾十年前，福澤諭吉在日本對西方的經濟自由主義感興趣的情形。

嚴復受到亞當．斯密的思想吸引，而其他的中國思想家則受到西方的政治經濟學家吸引——他們批評亞當．斯密提議的自由經濟。其中，最重要的人是梁啟超，其為二十世紀頭十年最有影響力的中國思想家之一。一八九八年的戊戌變法後，梁啟超流亡日本，然後開始仔細研究西方的政治經濟學。與嚴復相似的是，他之所以對西方文獻感興趣，是因為他希望能理解西方鞏固財富與權力的思想。在這段時期，梁啟超與嚴復都對社會達爾文主義感興趣，也擔心中國的生存前景。

不久，梁啟超受到德國歷史學派的民族主義思想吸引。該學派批判李斯特提出的自由貿易（此時正值李斯特的作品開始在中國引起關注）。與鄭觀應相似的是，梁啟超認為中國正在參與國際性的貿易戰爭，而貿易保護主義的政策需要發揮重要的作用。[14] 他說：「中國的私營企業無法與有政府支持的西方對手競爭。」[15] 梁啟超將自由貿易描述成外國統治的工具：「上海、漢口等商埠不是被稱為租借地嗎？如果不是殖民地，不就是租借地嗎？如果整個國家都變成自由貿易區，不就相當於變成殖民地嗎？」[16]此外，他警告要防止中國被大型外國公司剝削，並暗示外國投資可能是殖民化的第一步。

雖然梁啟超對西方的經濟思想感興趣，但他的想法也根植於某些已討論過的中國知識傳統。在抵達日本前，梁啟超就認同了自強運動的理念。一八九七年，他更新了魏源於一八二六年編輯的著名治國文集。到日本後，梁啟超依然對中國經濟思想感興趣，包括《管子》、《商君書》等法家書籍，內文都強調經濟學對國家實力的重要性。一九〇三年，他甚至宣稱：「我只希望國家能出現像管子、商鞅、雷克格斯、克倫威爾（Cromwell）等人物，實行嚴厲的法規，並長期積極鍛鍊我們的同胞二十年、三十年、甚或五十年。」[17]

III

一戰結束後，梁啟超對這些想法大失所望，也對戰爭破壞下的民族主義、唯物主義和社會達爾文主義不抱幻想。然而，其他的中國思想家仍然致力於促進中國的財富和勢力。其中，特別重要的思想家是孫中山。二十世紀的頭十年，孫中山在海外華人當中是梁啟超的政治對手，並且在辛亥革命結束後短暫地擔任中華民國的臨時大總統。正當梁啟超不再對促進中國財富與勢力感興趣時，孫中山提出如何實現此目標的想法，比鄭觀應、亞當・斯密、漢彌爾頓和李斯特更有抱負。後來，孫中山的思想在中國產生很大的影響力，至今依然被提及，包括中國的高階領導者。

孫中山比魏源、鄭觀應等人更熟悉西方的經濟思想，但關於經濟學與國家安全戰略之間的關聯，他的觀點也深受中國知識傳統的影響，這種影響力在他寫第一篇關於經濟議題的文章中非常明顯。一八九四年，孫中山在寫給李鴻章的備忘錄中強調透過經濟改革促進中國勢力的重要性。他的論點或措辭都與早期中國思想家對這個主題表達的觀點很相似，而這些思想家都與自強運動有關，包括鄭觀應。與鄭觀應很相似的是，孫中山呼籲人們關注英國在商業實力方面的經濟基礎：

> 英國之所以能征服印度、控制東南亞、占領非洲，並併吞澳洲，是因為擁有商業優勢。一旦缺乏資金，國防就無法運作；一旦沒有商業，軍隊就無法累積資金。[18]

孫中山的思想與鄭觀應的相似之處，反映出兩人從一八八〇年代晚期後的密切往來，孫中山甚至可能對鄭觀應於一八九三年寫的《盛世危言》有所貢獻。當他帶著備忘錄去見李鴻章時，還順便拜訪了鄭觀應，當時鄭觀應的工作夥伴王韜為他校訂了備忘錄。

在接下來的幾年，孫中山的思想繼續反映了鄭觀應和其他自強運動成員的核心主題。辛亥革命結束後，孫中山也提到《管子》等古老的文獻，暗示內文表明了「經濟學最初源自中國」。[19] 早期中國思想的影響，在孫中山最有抱負的經濟改革思想中顯而易見，尤其是他在一戰後發表的某些刊物。當時，一九二〇年的英文書《International Development of China》（實業計畫）特別重要。他從一九二四年開始發表的一系列演講內容，後來被出版為《三民主義》。

孫中山在晚年階段，曾對中國的疲弱經濟導致在世界政治中處於危險境地表示擔憂。[20] 他強調這種情況漸漸導致中國遭受到外國各種形式的「經濟壓迫」。[21] 孫中山很關心外國強加的貿易條約如何阻止中國透過關稅保護當地企業免於外國進口的影響，他說：「在港口的入口處建造堡壘，可以防禦外國軍隊入侵；同理，對外國商品徵收關稅，能保護國家的收入，並促進本地產業的發展。」[22] 他還表示：「貿易條約導致中國在貿易戰爭中失敗，因為外國人開始主宰當地的市場，以及中國的貿易逆差擴大，導致國家經歷慘重的財富損失。」[23] 此外，孫中山堅決認為貿易條約在其他的經濟方面壓迫中國，例如在商埠和其他的地方賦予外國人特權，讓他們能獲取本來應屬於中國人的利潤。

孫中山表示中國受到的經濟壓迫帶來了巨大的經濟虧損，最後可能導致喪失領土和種族滅絕。他認為這一點比帝國主義或政治壓迫更嚴重，但也指出後者如何使經濟壓迫的情況惡化。孫中山談到歐洲和美國時，說過：「當他們的經濟力量偶爾薄弱時，就會利用海軍和陸軍的政治力量介入。他們的政治與經濟力量結合的方式，如同左手協助右手。」[24]

他認為對抗外國勢力壓迫中國的最佳方法是，促進快速的經濟發展，就像日本所做的。這種辦法不只能使中國找回失去的市場和利潤，還能創造政治與軍事勢力，並用來抵制貿易條約和政治壓迫。孫中山把日本當成典範時，主張中國可以變得更強大：「中國的人口是日本的十倍，面積是日本的三十倍，資源也遠遠超過日本。如果中國能達到日本的水準，就相當於十個強國。」促進中國工業化的任務非常重要，因為他認為這是提升生活水準、政治與軍事實力的關鍵。他也提到：「在國際貿易中，工業化國家比農業國家更具有優勢。」[25]

在促進工業化和經濟發展方面，孫中山賦予中國政府很重要的功能。除了提高關稅，保護本地產業的發展外，政府還可以設立國營企業，促進新的工業部門發展，讓全國能共享這些部門的利潤。政府也需要支持新的交通建設與通訊基礎設施，例如大規模的鐵路網、道路、港口、運河、電報、電話系統。此外，孫中山在一九二〇年出版的書中概述由政府主導的宏大計畫，能促進農業現代化、採礦、能源、重新造林以及都市的發展。柯偉林（William Kirby）在該書中描述了孫中山的整體願景：「第一次嘗試設計統一中國的整體經濟發展。」二〇〇〇年，柯偉林寫道：「如今，經過許多三年、四年、五年和十年的計畫，孫中山所提的願景依然是大膽又令人難忘的國家發展計畫。」[26]

孫中山讓中國政府處理的另一項重要任務是：管理外資。在支持中國經濟發展方面，他對外資的潛在功用抱持著比當時的許多中國思想家（包括梁啟超）更積極的心態。他在一九二〇年的著作中解釋：「在工業發展方面，歐洲和美國領先我們一百年。因此，為了在短期內迎頭趕上，我們必須利用他們的資本，主要是機械。」[27] 一九一八年後期，孫中山在為中國讀者而寫的著作中更明確地表達這一點，將議題與中國的國家安全結合在一起：「在這個關鍵時刻，若要振興國家並讓國家免於毀滅，我們必須歡迎大規模的外資湧入。」[28]

然而，孫中山也批判外國財政家忽視中國人的意願和參與經濟壓迫。因此，他要求中國政府管理所有的外債，並確保所有由外資支援的中國專案變成「國家事業」。雖然外國人可以協助管理和監督這些專案，但他們只能在「受僱於中國」的前提下執行，並需要負責培訓中國人員，以便在未來接替他們的工作。孫中山也建議中國政府應該借款，但不是向私人金融家借款，而是向新型的國際公共機構借款（由資本供應方的各個政府管理）。他暗示這種國際發展組織能成為國際聯盟的一部分，並需要在與中國政府簽訂任何合約前，獲得中國人民的信任。[29]

關於中國的財富和勢力，孫中山的想法還有一部分值得提及。他展望未來時，表示中國在財富和勢力成長的同時能發揮重要的國際功用。儘管梁啟超在一戰爆發前寫作時，曾希望中國未來能成為帝國主義強國，但孫中山提出異議，反而認為中國應該發揮截然不同的作用：

> 如果我們希望中國崛起，不只必須恢復國家地位，也必須對世界負起重大的責任……我們要幫助弱小的民族，並對抗世界強國……在中國的發展開始前，我們一起許諾扶起倒下的人，並幫助弱者吧！然後，當我們變得強大，回顧自己在列強的政治與經濟主宰下承受的苦難，以及看到更弱小的民族正在經歷類似的處境時，我們將起身打擊帝國主義。[30]

孫中山於一九二五年去世，但他的經濟思想在兩次世界大戰之間的時期對中國（不只是國民政府）產生很大的影響。甚至連共產主義者也忠於他的思想，包括在年輕時受到鄭觀應著作啟發的毛澤東。一九四九年，國共內戰結束後，毛澤東轉而投入不一樣的經濟戰略，先是遵循史達林主義的發展模式，接著在他與蘇聯決裂後，採取更經濟獨立的政策。不過，當鄧小平於一九七八年掌權時，孫中山的經濟思想在中國重新引起關注，因為中國的領導階層轉而致力於外部導向、由政府主導的工業化戰略，並得到多國開發銀行的外資支持。與自強運動有關的人物，也開始獲得更正面的評價，包括鄭觀應。最近，中國主席習近平也讚揚孫中山的經濟思想。二〇一六年，在孫中山誕辰一百五十週年紀念的演講中，習近平誇耀中國共產黨已超越孫中山在一九二〇年的著作中設定的經濟目標。[31]

IV

二戰結束後，儘管經濟外交的作法很普遍（例如：在和平時期，馬歇爾計畫是昂貴且艱鉅的資源分配辦法，用於達成大戰略的目標），但經濟戰略的研究受到了諸多限制，尤其是在美國。美國的龐大經濟規模、對國際競爭的隔絕，以及與冷戰對手的商業互動受到嚴格的限制，都導致對國家安全的經濟層面漸漸不受到學術界重視。冷戰的陰暗面也阻礙了這類研究的進展——麥卡錫主義（McCarthyism）在一些美國大學產生寒蟬效應，不鼓勵學者涉足暗示馬克思主義勢力的概念。另外，雖然政治能塑造經濟活動的觀點顯然正確，卻與經濟學中普遍存在的「新古典綜合學派」產生矛盾，並且與極左派的少數異議有關。

在這種常見的情況中，赫緒曼寫的《國家權力與對外貿易的結構》（National Power and the Structure of Foreign Trade，一九四五年）是例外。他在書中探討過去的許多國家如何操縱商業關係，藉此提升國家實力。也探討各國在一戰之前和一戰期間從實務中汲取的教訓，尤其是納粹德國在一九三〇年代的貿易實務，深植於為二戰做準備、更宏大經濟戰略。值得注意的是，德國決定要在下一場戰爭中確保經濟的永續性，主要是透過培養自立的領域，並且占主導地位。這一點與德國在一戰期間的經歷相反；當時，協約國的封鎖差點使德國因挨餓而屈服。在兩次世界大戰之間，國際經濟陷入困境的背景下，赫緒曼的見解清楚顯示了德國與南部和東部小鄰國的關係，具有普遍性、意義重大且深遠的影響力。

《國家權力與對外貿易的結構》的兩種結論值得注意。首先，關於不對等經濟關係的後果，以及出於政治動機的強國能操縱這種關係的方式，赫緒曼的論點貫穿全書。他說明了德國有意將國際貿易的模式重新導向較小的鄰國，經常是以過於慷慨的貿易條件——從經濟學的角度來看很反常，或許是培養區域性經濟自立的代價。這種作法的潛在影響是，德國和經濟體制規模較小的國家（例如保加利亞）之間的貿易，可能占了後者的大部分國際貿易額，卻只占前者的整體貿易的極小比例。因此，較小型的貿易往來國家都有可能受到德國的擺佈。雙方都知道，貿易突然中斷對較小的國家傷害較大，但是對較大的國家幾乎沒什麼影響——這種不對稱性意味著，雙方都明白這種威脅就像達摩克利斯之劍懸停在小國的經濟之上，象徵著強大的壓制力量。

第二種結論在該書的開頭著墨不多，但一些學者在幾十年後遵循這個傳統，加以發揚光大。這與強制無關，而與政治的影響有關。赫緒曼強調的這種有趣現象特別引人注意，因為是在兩次世界大戰之間缺乏特殊因素的情況下運作：納粹、經濟蕭條，以及公然恐嚇，經常在軍事和經濟不對稱的陰影下發生。他觀察到，隨著貿易的重新定向，較小國家的經濟可能越來越受制於較大的國家——在任何不對等的關係中發展（值得注意的是，可能會在本質上不平等的重要經濟關係中產生強大的動機）。這種依賴關係可以為主導國家帶來政治的利益，但不是因為有暗示性的強制威脅，而是經由改變小國對自身利益的認知。原因在於某些經濟部門（在這種情況下漸漸蓬勃發展和擴張，往往在國內的政治經濟中變得更有影響力）自然而然地發現本身的利益與重要的貿易夥伴趨於一致。赫緒曼說：「這培養了強大的影響力，有利於塑造對待進口國家的友好態度。」這種現象不只能從德國與東歐的貿易往來國家觀察得到，也在拉丁美洲顯現（讓美國的戰略思想家和決策者很失望）。[32]

《國家權力與對外貿易的結構》中闡述的「赫緒曼效應」，在最初出版後的幾十年內沒有得到廣泛的重視，即便推理方式影響到了馬歇爾計畫的引進，而且似乎與戰後的美國有明顯的相關。其中，大部分的雙邊經濟關係難免不相稱，這不只是因為先前提到冷戰對經濟戰略研究的寒蟬效應，也因為當時寫作的意識形態背景。二戰結束後，尤其是美國的外交政策精英漸漸對兩次世界大戰之間特有的貿易保護主義、孤立主義和「美國優先」政策感到後悔，他們的共識是封閉、經濟陰謀和國際經濟的嚴格管制促成了戰爭。因此，教訓是：所有的好事情都需要一起發生——從經濟的觀點來看，自由貿易是合理的，也能對世界政治產生改善。直到國際政治經濟學的出現，經濟戰略的實務面（以及經濟自由化和自由貿易對「高階政治」和權力平衡產生深遠且多樣化的影響）才受到更多的重視。

V

從一九六〇年代晚期至一九七〇年代，即使是掌握霸權的美國，經濟因素對國際政治的影響也變得太過顯著而難以忽視。與資助越戰有關的通膨壓力，最終有可能破壞美國主導的布列敦森林（Bretton Woods）國際貨幣體系。國際貿易持續蓬勃發展和擴張，對先前無可匹敵的產業施加新的競爭壓力。第一次石油危機恰逢一九七三年的以阿戰爭，直接為仰賴進口的經濟體帶來創傷性的衝擊，能源價格突然漲了四倍。二十五年的經濟成長時期（資本主義的黃金時期）結束後，進入痛苦的一九七〇年代，經濟壓力免不了被視為對世界政治的格局產生深遠的影響。

不出所料，國際關係（IR）的學術子領域國際政治經濟學此時在英美世界出現了。在這個新的專業領域中，焦點是發現經濟相互依存的結果，對相對保守的美國而言是新奇的發現。起初，國際政治經濟學強調新發現的起點，尤其是羅伯特・基歐漢（Robert Keohane）和約瑟夫・奈伊（Joseph Nye）編輯的《國際組織》（International Organization，一九七一年）期刊中的專題。「跨國關係與世界政治」這項專案，最初是在一九六八年構思的（理查・庫珀〔Richard N. Cooper〕寫的《相互依存的經濟學》〔The Economics of Interdependence〕也在同年出版），並收錄一九七〇年哈佛大學會議上發表的論文。當時，許多學者都表示相互依賴的關係漸漸從根本上轉變了世界政治的性質。許多論文都強調跨國公司帶來的新結果。在後來具有影響力的作品中，包括雷蒙德・弗農（Raymond Vernon）於一九六八年寫下關於經濟主權即將消失的文章。一九六九年，查爾斯・金德伯格（Charles Kindleberger）宣稱：「民族國家作為一個經濟單位的情形已逐漸消失。」[33]

在哈佛大學會議上，至少有一位參與者提出異議。接下來的二十年，吉爾平在一系列有深遠影響的論文中，重新構思（但不夠詳細）亞當・斯密的自由主義與漢彌爾頓、李斯特的新重商主義的異議之間所隱含的辯論精神。關於《國際組織》的專題，吉爾平巧妙地迴避傳統的觀點：「我認為更接近事實的說法是，在經濟和政治生活中，民族國家的作用逐漸增強，而跨國企業彷彿是國家權力進一步延伸的刺激物。」[34]與國際政治經濟學偏向自由主義的理論相比後，他以國家主義的角度闡述國際經濟關係的模式和政治，並在他後來寫的三本重要著作中做出總結。吉爾平在《美國權力與跨國公司》（U.S. Power and the Multinational Corporation，一九七五年）概述了國際政治經濟學的三種不同模式：自由主義、馬克思主義以及他稱為「重商主義」的願景（但要謹慎使用這個術語）。他認為重商主義是指：「政府為了追求私利最大化，試圖操縱經濟的安排，不考慮是否會犧牲別人的利益。」[35]

基本上，吉爾平創造了國際政治經濟學的國家主義解釋，這一點與傳統／新重商主義有相似之處。與自由主義相比，國際政治經濟學強調自治國家的重要性，其利益不同於社會中的個體利益總和，也不能如此簡化。吉爾平對照了自由主義強調個人在不受約束的市場力量下（由更具有國家主義概念的中立被動政府裁決）追求物質利益，以及在國際無政府狀態的背景下，由國家權威引導群體追求政治塑造的目標。顯然，這些都是理想化的模式，但從國家主義的觀點來看，則是由政治主導，而經濟緊隨其後。

這種主導地位反映在吉爾平的代表作品《世界政治中的戰爭與變革》（War and Change in World Politics，一九八一年）。他在書中主張，全球經濟的格局在現代史中積極地反映出體系中主導國家的權力、利益和意識形態傾向。他也在《國際關係的政治經濟學》（The Political Economy of International Relations，一九八七年）寫下總結性的論述，並再次強調國際政治如何全面塑造國際經濟活動的模式。在這些論述中，尤其是最後兩本書，吉爾平的觀點受到了愛德華·卡爾（E. H. Carr）的影響，特別是卡爾寫的《二十年危機：1919-1939》（The Twenty Years' Crisis 1919–1939，一九三九年）。卡爾對自由主義經濟學的批判，顯然呼應了李斯特的觀點。他認為受到亞當·斯密影響的互利交換理論，排除了強權政治的潛在影響和戰爭的前景，有些國家從自由貿易中獲得的利益（或預期的利益）不成比例。固有的權力結構支撐著經濟組織的體系，並使之得以運作，而不是靠著市場力量的自發性運作。卡爾堅決認為（吉爾平也在自己的作品中一再附和）：「經濟學預先假定了政治秩序，無法在脫離政治的條件下進行有益的研究。」[36]

吉爾平對國際政治經濟學的觀點有深遠的影響，但依然保有在以自由主義為主的子領域中的少數觀點。史蒂芬·克拉斯納（Stephen Krasner）是推動吉爾平所提計畫的學者之一，在《捍衛國家利益：原料投資與美國外交政策》（Defending the National Interest: Raw Materials

Investments and U.S. Foreign Policy，一九七八年，書名有雙關語）和《結構性衝突：第三世界對抗全球自由主義》（Structural Conflict: The Third World Against Global Liberalism，一九八五年）中，克拉斯納強調了國家在塑造經濟活動模式方面的特殊作用，並指出偏好與結果如何偏離無益的市場力量壓力下所暗示的預設情況。

在這方面，克拉斯納最著名且影響深遠的貢獻是其論文〈國家權力與國際貿易的結構〉（State Power and the Structure of International Trade，一九七六年），將這次討論的幾個部分連結在一起。「國家權力」（聽起來很熟悉吧）是一種國家主義的概念，後來被稱為「霸權穩定論」，由金德伯格在其最有影響力的著作《經濟蕭條的世界：1929-1939》（The World in Depression, 1929–1939，一九七三年）首次提及。他認為經濟大蕭條之所以影響如此深遠且持久，是因為缺乏願意並能夠接受領導角色的國家，因而無法採取穩定並恢復世界經濟的必要措施。一般而言，霸權穩定論將權力的集中（霸權）與全球經濟的開放性連結在一起，因而使更高的效率和經濟成長產生關聯（吉爾平在《世界政治中的戰爭與變革》中強調的主題之一）。金德伯格的思維與亞當・斯密很像，認為問題出自市場失靈——世界經濟依賴公共財的供應，以促進繁榮。只有霸權能大到使特殊利益與公共利益一致，因而採取確保體制穩定的必要措施，例如在艱困時期保持開放的市場，並更廣泛地策劃和監督全球自由貿易的體系。

克拉斯納深深受到吉爾平的影響後，為同樣的模式尋求赫緒曼式解釋。他認為開放性與霸權有關，是因為霸權有可能在相對的經濟意義上提升，但重要的是在這般環境下是一種政治考量。這種邏輯出現於赫緒曼的《國家權力與對外貿易的結構》：

> 政治權力與國際貿易結構之間的關係，可根據限制貿易活動對貿易夥伴而言的相對機會成本來分析。限制貿易活動的相對成本越高，國家的政治地位就越低。[37]

因此，舉例來說，在二戰結束後，美國推行開放的國際貿易體制，部分原因是美國瞭解到自己相對於其他州，在貿易中斷後的損失最少，因此在政治上更有自主權。

VI

赫緒曼和克拉斯納認為，與影響力概念互補的是與之相關但不同的結構性權力概念，而後者與史翠菊有關。她的著作包括〈國際關係和國際經濟：相互忽視的案例〉（International

Relations and International Economics: A Case of Mutual Neglect，一九七〇年）和《英鎊與英國政策：國際貨幣貶值的政治研究》（Sterling and British Policy: A Political Study of an International Currency in Decline，一九七一年），後者說明了英鎊作為「世界貨幣」的廣泛使用如何在一開始升值，但後來又如何影響英國的權力。因此，她對國際政治經濟學的形成也有貢獻。

史翠菊將結構性權力定義為：「決定事物應該如何完成的權力，以及塑造國家之間相互交流準則的權力。」[38]因此，這不是關於強迫別人屈從於某人的意志，而是暗中創造出讓參與者決定哪些措施最符合本身利益的背景。如同赫緒曼效應，結構性權力反映出國家之間的經濟關係模式如何影響到狹義的政治利益評估，以及與強制性權力的不同——卻是普遍存在的，並產生對國際政治具有重大影響的激勵結構。

史翠菊敏銳地觀察到國際貨幣關係的政治局勢，以及美國權力與美元的國際作用之間的關係。最具洞察力的部分是，在艱困的一九七〇年代，當其他人認為布列敦森林體系的崩潰預示著美國的衰退時，史翠菊卻始終質疑「喪失霸權的迷思」，並從中看到了非凡的力量。[39]美國憑著單方面改變規則的能力，擺脫美元作為世界貨幣的某些成本和限制，同時保留了其持續的全球角色所累積的結構性權力。美元作為「重要貨幣」的作用不是可兌換成黃金（被凱恩斯貶低為「粗俗的遺物」），而是由於其國際應用的廣泛性，以及美國金融體系的強度、安全性、公認的穩定性以及缺乏可行的替代方案，意味著無論好壞，全球總體經濟的考量都是在美元主導的背景下進行（美元的獨特核心作用，也使得美國更容易對敵人施加金融制裁，並迅速地放寬其他國家面臨的總體經濟約束，暗中在國外發揮影響力，藉此促進美國的「硬實力」）。

在以美元為基礎的世界中，其他國家會發現自己的利益取決於與美元之間的關係，甚至包括沒有主動加入美國體系的利益相關者。因此不難發現，美國為了加強美元的國際功能而採取措施，正值美元顯得不堪一擊的時刻。例如，美國在一九七〇年代與海灣國家達成祕密協議，條件顯然是換取安全保障。一九九〇年代晚期，美國官員積極地鎮壓日本建立亞洲貨幣基金組織（Asian Monetary Fund）的新計畫，而該組織可能迴避了國際貨幣基金組織（International Monetary Fund）的影響（並提升日元的區域性功能）。

一般而言，史翠菊與吉爾平能輕易地發現，經濟全球化在一九九〇年代出現，並不是無法抵擋的市場力量所造成的無情後果，而是冷戰後的美國積極促成所致。美國是頂尖的超級大國，其評估的結果是這種環境相對有利。美國推動全球化——以金融全球化引領潮流，主要是地緣政治戰略的表現，與互補的經濟願景密切相關。[40]

美國結構性權力的非凡影響力，在二〇〇八年的全球金融危機中得以證明。驚人的是，以起源於美國、深植於其經濟行為，並揭露整體金融腐敗的危機，竟然導致資金流向美國經濟和美元（而非逃離）。同樣驚人的是，中國（美國最重要的地緣政治對手）很快就意識到自己是美國秩序中的重要利益相關者。在關鍵時刻，他們的行動是為了穩定體系，而非破壞。當主要的政治對手不只無法利用自己造成的災難，反而是採取措施，鞏固對手建立和經營的不穩定現狀時，這就是結構性權力。

VII

當然，即使是美國的權力也有極限，這一點可以從西太平洋軍事硬實力的平衡變化中看出。此外，在實務上也許更重要的是，在區域性的範圍或世界各地，赫緒曼式影響力和史翠菊的結構性權力的潮流漸漸對美國不利。我們否定國際關係中的預測企圖，因為充滿不確定和偶然性，而關鍵的轉折點通常是由意外的衝擊形成。不過，如果目前的趨勢繼續循著合理的軌跡發展，有望預測可能的結果。

中國經濟的崛起是全球經濟的核心支柱和驅動力。根據先前陳述的邏輯，中國的經濟能從根本上塑造世界政治的新格局。例如，如果美元的強勢貨幣地位減弱，或者美國放棄追求阿諾德・沃弗斯（Arnold Wolfers）描述的「社會環境目標」，轉而採取更短視近利、交易主義的「美國優先」外交政策，那麼結構性權力就會變弱。[41]在雙邊談判中，美國可以成功地從別人那裡獲得更大的讓步，但這些利益的代價是犧牲廣泛的國際政治影響力。

同時，對許多國家而言，與中國的經濟關係日益重要，將導致他們對中國的外交政策偏好更敏感。鑑於在戰爭的範圍外（有可能，但很罕見），若想在世界舞台上獲得想要的事物，所需的是影響力而非武力，因此這種轉變具有顯著和重大的潛在影響。但，無論世界政治的新格局迎向何方，國際關係和國際政治經濟學的學者都能從赫緒曼、吉爾平、史翠菊等思想家的貢獻中學到許多知識。這些思想家深入瞭解國家安全戰略的經濟層面，超越了亞當・斯密、漢彌爾頓、李斯特等早期西方思想家的見識。

當代學者也需要更瞭解中國對這個主題的看法。中國在全球經濟中日益增強的影響力，是政策制定者從一九七〇年代晚期以來，優先追求經濟發展的戰略選擇促成。這些選擇與中國思想家長期強調國家安全戰略的經濟思想一致。在此主題上，十九世紀末和二十世紀初的著作比亞當・斯密、漢彌爾頓和李斯特提出的想法顯得更有抱負。當時，中國學者見證了中國經濟脆弱導致的戰略後果，於是優先考慮將中國經濟的全面轉型當作抵禦、並挑戰西方勢力的關鍵第一步。透過這段中國歷史和本土的思想傳統，我們可以更理解一九七八年後期對戰略的經濟基礎有多麼重視，包括追求國家主導經濟發展的大膽計畫。現在，中國是否利用不斷擴大的權力達成新帝國主義或反帝國主義的目標，也讓人想起梁啟超和孫中山在二十世紀初進行過相關的辯論。

在《當代戰略全書》初版中，在強調某些解決經濟與國家安全之間的關係方面，關於厄爾的章節列出了重要的西方經典著作。現在，透過分析厄爾的思想史，才能讓我們探索中國和其他國家與這個主題有關的思想傳統。

註釋

前言

1. There is a robust literature on the meaning and nature of strategy. As examples, see Lawrence Freedman, *Strategy: A History* (New York, NY: Oxford University Press, 2014); Hal Brands, *What Good is Grand Strategy? Power and Purpose in American Statecraft from Harry S. Truman to George W. Bush* (Ithaca, NY: Cornell University Press, 2014); John Lewis Gaddis, *On Grand Strategy* (New York, NY: Penguin, 2018); Paul Kennedy, Grand Strategies in War and Peace (New Haven, CT: Yale University Press, 1992); Edward Luttwak, Strategy: The Logic of War and Peace (Cambridge, MA: Harvard University Press, 2002); Hew Strachan, *The Direction of War: Contemporary Strategy in Historical Perspective* (New York, NY: Cambridge University Press, 2013); Beatrice Heuser, *The Evolution of Strategy: Thinking War from Antiquity to the Present* (Cambridge: Cambridge University Press, 2012).
2. Edward Mead Earle, "Introduction," in *Makers of Modern Strategy: Military Thought from Machiavelli to Hitler*, Earle, ed. (Princeton, NJ: Princeton University Press, 1943 [republished New York, NY: Atheneum, 1966]), vii.
3. Many of the Europeans were refugees from Hitler's Germany. See Anson Rabinach, "The Making of Makers of Modern Strategy: German Refugee Historians Go to War," *Princeton University Library Chronicle* 75:1 (2013): 97–108.
4. Earle, "Introduction," viii.
5. See Lawrence Freedman's essay "Strategy: The History of an Idea," Chapter 1 in this volume; also, Brands, *What Good is Grand Strategy?*
6. See Hew Strachan's essay "The Elusive Meaning and Enduring Relevance of Clausewitz," Chapter 5 in this volume; also, Michael Desch, *Cult of the Irrelevant: The Waning Influence of Social Science on National Security* (Princeton, NJ: Princeton University Press, 1943); Fred Kaplan, *The Wizards of Armageddon* (Stanford, CA: Stanford University Press, 1991).

7. On the evolution of the franchise, see Michael Finch, *Making Makers: The Past, The Present, and the Study of War* (New York, NY: Cambridge University Press, forthcoming 2023).
8. Perhaps because the Cold War still qualified as "current events" in 1986, the book contained only three substantive essays, along with a brief conclusion, that considered strategy in the post-1945 era.
9. Peter Paret, "Introduction," in *Makers of Modern Strategy: From Machiavelli to the Nuclear Age*, Paret, ed. (Princeton, NJ: Princeton University Press, 1986), 3, emphasis added.
10. See, as surveys, Thomas W. Zeiler, "The Diplomatic History Bandwagon: A State of the Field," *Journal of American History* 95:4 (2009): 1053–73; Hal Brands, "The Triumph and Tragedy of Diplomatic History," *Texas National Security Review* 1:1 (2017); Mark Moyar, "The Current State of Military History," *Historical Journal* 50:1 (2007): 225–40; as well as many of the contributions to this volume.
11. The essays on them, however, are entirely original to this volume.
12. A point that the second volume of *Makers* also stressed. See Paret, "Introduction," 3–7.
13. See the essays by Francis Gavin ("The Elusive Nature of Nuclear Strategy," Chapter 28) and Eric Edelman ("Nuclear Strategy in Theory and Practice," Chapter 27) in this volume.
14. See Earle, "Introduction," viii; Paret, "Introduction"; as well as Lawrence Freedman's contribution ("Strategy: The History of an Idea," Chapter 1) to this volume.
15. The chronological breakdown of the sections is, necessarily, somewhat imprecise. For example, certain themes that figured in the world wars—the concept of total war, to name one—had their roots in earlier eras. And some figures, such as Stalin, straddled the divide between eras.
16. The same point could be made about the strategies being pursued by other US rivals today. See Seth Jones, *Three Dangerous Men: Russia, China, Iran, and the Rise of Irregular Warfare* (New York, NY: W. W. Norton, 2021); Elizabeth Economy, *The World According to China* (London: Polity, 2022).
17. On this debate, see the essays in this volume by (among others) Walter Russell Mead ("Thucydides, Polybius, and the Legacies of the Ancient World," Chapter 2), Tami Biddle Davis ("Democratic Leaders and Strategies of Coalition Warfare: Churchill and Roosevelt in World War II," Chapter 23), and Matthew Kroenig ("Machiavelli and the Naissance of Modern Strategy," Chapter 4).
18. The point is also made in Richard Betts, "Is Strategy an Illusion?" *International Security* 25:2 (2000): 5–50; Freedman, Strategy.
19. Lawrence Freedman, "The Meaning of Strategy, Part II: The Objectives," *Texas National Security Review* 1:2 (2018): 45.
20. On strategic failures as failures of imagination, see Kori Schake's "Strategic Excellence: Tecumseh and the Shawnee Confederacy,"

Chapter 15 in this volume.

21. Hal Brands, "The Lost Art of Long-Term Competition," *The Washington Quarterly* 41:4 (2018): 31–51.

22. This point runs throughout Alan Millett and Williamson Murray, *Military Effectiveness*, Volumes 1–3 (New York, NY: Cambridge University Press, 2010).

23. Henry Kissinger, *White House Years* (Boston, MA: Little, Brown, 1959), esp. 54.

24. Hal Brands, *The Twilight Struggle: What the Cold War Can Teach Us About Great-Power Rivalry Today* (New Haven, CT: Yale University Press, 2022).

第 1 章

1. Bruno Colson, *Napoleon on War* (Oxford: Oxford University Press, 2015), 84.

2. I have drawn extensively from Lawrence Freedman, "The Meaning of Strategy, Part I: The Origins," *Texas National Security Review* 1:1 (2017): 90–105; and "The Meaning of Strategy, Part 2: The Objectives," *Texas National Security Review* 1:2 (2018): 34–57. These provide more details and full references on many of this chapter's themes. Two books by Beatrice Heuser provide valuable accounts of developments in strategic thinking—*The Evolution of Strategy: Thinking War from Antiquity to the Present* (Cambridge: Cambridge University Press, 2010) and *The Strategy Makers: Thoughts on War and Society from Machiavelli to Clausewitz* (Santa Barbara, CA: Praeger Security International, 2010). Azar Gat's trilogy provides a fine history of military thought—*The Origins of Military Thought: From the Enlightenment to Clausewitz, The Development of Military Thought: The Nineteenth Century, and Fascists and Liberal Visions of War* (Oxford: The Clarendon Press, 1899, 1992, and 1998, respectively). Edward Luttwak discusses definitions in his *Strategy: The Logic of War and Peace* (Cambridge, MA: Harvard University Press, 2002) while Hew Strachan provides a critical account of tendencies in strategic thinking in *The Direction of War: Contemporary Strategy in Historical Perspective* (Cambridge: Cambridge University Press, 2014). On grand strategy see Lukas Milevski, *The Evolution of Modern Grand Strategic Thought* (Oxford: Oxford University Press, 2016).

3. Herodian of Alexandria, *History of Twenty Roman Caesars and Emperors (of his Time)*, trans. James Maxwell (London: Printed for Hugh Perry, 1629).

4. Ephraim Chambers, *Cyclopadia, or, An Universal Dictionary of Arts and Sciences* (London: J. and J. Knapton, 1728), 135.

5. Freedman, "The Meaning of Strategy: Part I."

6. Emperor Maurice, *Strategikon: Handbook of Byzantine Military Strategy*, trans. George T. Dennis (Philadelphia, PA: University of Pennsylvania Press, 1984).
7. Freedman, "The Meaning of Strategy: Part I."
8. Paul Gedeon Joly De Maizeroy, *Théorie de la guerre* [Theory of War] (Lausanne: Aux depens de la Societe, 1777).
9. Jacques Antoine Hippolyte Comte de Guibert, *Essai général de Tactique* [General Essay on Tactics] (Liege: C. Plomteaux, 1773).
10. Jacques Antoine Hippolyte Comte de Guibert, *Maximes de Guerre de Napoleon [Military Maxims of Napoleon*] (Paris: Chez Anselin, 1830).
11. Freedman, "The Meaning of Strategy, Part II."
12. Dietrich Heinrich von Bulow, *The Spirit of the Modern System of War*, trans. Malorti de Martemont (Cambridge: Cambridge University Press, 2013).
13. Antoine Henri de Jomini, *The Art of War [Traité de Grande Tactique*], trans. G.H. Mendell and W.P. Craighill (El Paso, TX: El Paso Norte Press, 2005 [1838]), 79–100.
14. Jomini, *The Art of War*.
15. Peter Paret, *Essays on Clausewitz and the History of Military Power* (Princeton, NJ: Princeton University Press, 1992), 100.
16. Carl von Clausewitz, *On War,* trans. Michael Howard and Peter Paret (Princeton, NJ: Princeton University Press, 1989), 128–32, 206–8.
17. Guillame-Henri Dufour, *Strategy and Tactics* (New York, NY: Van Nostrand, 1864), 8.
18. Charles James, *New and Enlarged Military Dictionary* (London: T Egerton, 1805).
19. William Napier, "Review of *Traité des grandes opérations militaires*," *Edinburgh Review* XXXV (1821): 377–409.
20. Committee of the Corps of Royal Engineers, eds., *Aide-memoire to the Military Sciences*, 3 Volumes (London: John Weale, High Holbern, 1846–52), 5–7.
21. Lt. Col. P. L. McDougall, *The Theory of War: Illustrated by Numerous Examples from Military History* (London: Longmans, 1856), 2–3.
22. As cited in Beatrice Heuser, "Clausewitz, *Die Politik*, and the Political Purpose of Strategy," in *The Oxford Handbook of Grand Strategy*, Thierry Balzacq and Ronald Krebs, eds. (New York, NY: Oxford University Press, 2021), 69.
23. Edward Bruce Hamley, *The Operations of War: Explained and Illustrated* (London: William Blackwood, 1866).

24. Col. G. F. R. Henderson, *Science of War: A Collection of Essays and Lectures 1891–1903* (London: Longmans, Green & Co.: 1906), in Freedman, "The Meaning of Strategy, Part II," 42.
25. Gen. W. T. Sherman, "The Grand Strategy of the Wars of the Rebellion," *The Century Magazine*, February 1888, 582–97.
26. John Bigelow Jr., *Principles of Strategy: Illustrated Mainly from American Campaigns* (Philadelphia, PA: J. B. Lippincott, 1894).
27. Wilhelm von Blume, *Strategie* (Berlin: E.S. Mittler und Sohn, 1882).
28. Moltke as quoted in Daniel Hughes, *Moltke on the Art of War: Selected Writings* (Novato, CA: Presidio Press, 1995), 35.
29. Lt. Col. G. F. R. Henderson, "Strategy and its Teaching," *Journal of the Royal United Services Institution* 42:1 (1898): 761.
30. On Columb's contributions, see Freedman, "The Meaning of Strategy, Part II."
31. Alfred Thayer Mahan, *The Influence of Sea Power Upon History, 1660–1783* (Boston, MA: Little, Brown, and Company, 1890), 8.
32. Alfred Thayer Mahan, *Mahan on Naval Strategy: Selections from the Writings of Rear Admiral Alfred Thayer Mahan* (Annapolis, MD: Naval Institute Press, 1991), 22.
33. Julian Corbett, *Some Principles of Maritime Strategy* (London: Longmans, Green & Co., 1911). The "Green Pamphlet" of 1909 appears as an appendix.
34. Sir Charles Oman, "A Defence of Military History," in *The Study of War for Statesmen and Citizens* (London: Longmans, Green & Co., 1927), 40–41.
35. J. F. C. Fuller, *The Foundations of the Science of War* (London: Hutchinson, 1926).
36. Basil Liddell Hart, *Strategy: The Indirect Approach* (London: Faber, 1967).
37. Lord Wavell, *Soldiers and Soldiering* (London: Jonathan Cape, 1953), 47.
38. Michael Howard, "The Classic Strategists," in *Problems of Modern Strategy*, Alastair Buchan, ed. (London: Chatto & Windus for the Institute for Strategic Studies, 1970), 47.
39. Col. Arthur Lykke Jr., "Strategy = E + W + M," *Military Review* LXIX:5 (1989): 2–8.
40. Andre Beaufre, *Introduction to Strategy* (New York, NY: Praeger, 1965)
41. J. C. Wylie, *Military Strategy: A General Theory of Power Control* (Annapolis, MD: Naval Institute Press, 1989)
42. Joint Staff, Joint Doctrine Note 1–18, *Strategy*, April 25, 2018.
43. Edward Meade Earle, ed. *Makers of Modern Strategy* (Princeton, NJ: Princeton University Press, 1943), vi–viii.

44. Paul Kennedy, ed., *Grand Strategy in War and Peace* (New Haven, CT: Yale University Press, 1991), 1–5.
45. Williamson Murray, Richard Hart Sinnreich, and James Lacey, eds., *The Shaping of Grand Strategy* (New York, NY: Cambridge University Press, 2011), 9.
46. Barry R. Posen, *The Sources of Military Doctrine: France, Britain, and Germany between the World Wars* (Ithaca, NY: Cornell University Press, 1984), esp. 13; John Gaddis, *On Grand Strategy* (New York, NY: Penguin Press, 2018), 21; Peter Feaver, "What Is Grand Strategy and Why Do We Need It?" *Foreign Policy*, April 8, 2009.
47. Bernard Brodie, *Strategy in the Missile Age* (Princeton, NJ: Princeton University Press, 1959), esp. 7.
48. John von Neumann and Oskar Morgenstern, *The Theory of Games and Economic Behavior* (Princeton, NJ: Princeton University Press, 1944).
49. Thomas Schelling, *The Strategy of Conflict* (Cambridge, MA: Harvard University Press, 1960).
50. For a discussion, see Justin Kelly and Mike Brennan, *Alien: How Operational Art Devoured Strategy* (Carlisle, PA: Strategic Studies Institute, 2009).
51. Edward Luttwak, *Strategy: The Art of War and Peace* (Cambridge, MA: Harvard University Press, 1987).
52. Michael Howard, "The Forgotten Dimensions of Strategy," *Foreign Affairs* 57: 5 (1979): 975–86.

第1章

1. Thucydides, *The Peloponnesian War* (Boston, MA: E. P. Dutton, 1910), Book 4, Section 104. Unless otherwise noted, citations of this source are given as Thucydides, *The Peloponnesian War*, followed by book and section number.
2. Polybius, *Histories* (Bloomington, IN: Indiana University Press, 1962), Book 39, Section 4. Unless otherwise noted, citations of this source are given as Polybius, *Histories*, followed by book and section number.
3. Thucydides, *The Peloponnesian War*, 4.28.
4. Thucydides, *The Peloponnesian War*, 1.2.
5. Polybius, *Histories*, 1.39.
6. Thucydides, *The Peloponnesian War*, 2.13; Polybius, *Histories*, 3.89.
7. Francis Fukuyama, "The End of History?" *The National Interest* (Summer 1989): 3–18.

8. A. M. Eckstein, "Josephus and Polybius: A Reconsideration," *Classical Antiquity*, 9:2 (1990): 175–208.
9. Polybius, *The Histories: A New Translation*, trans. Robin Waterfield (Oxford: Oxford University Press, 2010), Book 1, Paragraph 3. Unless otherwise noted, citations of this source are given as Polybius, *Histories: A New Translation*, followed by book and paragraph number.
10. Polybius, *The Histories: A New Translation*, 1.3.
11. Thucydides, *The Peloponnesian War*, 1.18.
12. Thucydides, *The Peloponnesian War*, 1.24.
13. Thucydides, *The Peloponnesian War*, 1.23.
14. Donald Kagan, *The Peloponnesian War* (New York, NY: Penguin, 2003), 8.
15. Thucydides, *The Peloponnesian War*, 4.80.
16. Polybius, *Histories,* 6.10.
17. Thucydides, *The Peloponnesian War*, 1.38.
18. Thucydides, *The Peloponnesian War*, 1.36.
19. Thucydides, *The Peloponnesian War*, 2.65.
20. Thucydides, *The Peloponnesian War*, 2.65.
21. Thucydides, *The Peloponnesian War*, 7.2.
22. Polybius, *The Histories: A New Translation*, i.
23. Polybius, *Histories*, 7.4.
24. Polybius, *Histories*, 7.1.
25. Polybius, *Histories*, 3.84.
26. Polybius, *Histories*, 3.118.
27. Polybius, *Histories*, 3.97.
28. Polybius, *Histories*, 3.94.
29. Polybius, *Histories*, 6.1.
30. For more on the breakdown in this era see Appian, *Roman History*, trans. Horace White (Cambridge, MA: Harvard University Press, 1912).

31. Even at the time, individuals such as Cato the Elder raised the alarm bells on the moral decline they perceived and the outside influences they blamed.
32. Polybius, *The Histories: A New Translation*, 1.3.

第三章

1. B.H. Liddell Hart, "Foreword," in *Sun Tzu: The Art of War*, trans. Samuel B. Griffith (London: Oxford University Press, 1963), v.
2. "Introduction" to Sun Tzu, *The Art of War: Sun Zi's Military Methods*, trans. Victor H. Mair (New York, NY: Columbia University Press, 2007), 28.
3. Andrew Meyer and Andrew Wilson, "Sunzi Bingfa as History and Theory," in *Strategic Logic and Political Rationality: Essays in Honor of Michael I. Handel*, Bradford Lee and Kurt F. Walling, eds. (London: Frank Cass, 2003), 100.
4. Andrew Meyer and Andrew Wilson, "Inventing the General: A Re-appraisal of the *Sun Zi bingfa*," in *War, Virtual War and Society*, Andrew Wilson and Mark Perry, eds. (New York, NY: Rodopi, 2008), 166.
5. Michael Howard, *The Causes of Wars and Other Essays* (Cambridge, MA: Harvard University Press, 1983), 101–15.
6. Bradford A. Lee, "Teaching Strategy: A Scenic View from Newport," in *Teaching Strategy: Challenge and Response*, Gabriel Marcella, ed. (Carlisle, PA: Strategic Studies Institute, 2010), 120.
7. Sun-tzu, *The Art of War*, trans. Ralph Sawyer (New York, NY: Fall River Press, 1994), 131.
8. Michael I. Handel, *Masters of War: Classical Strategic Thought* (London: Frank Cass, 2001), 77.
9. See the "Introduction" to Sun-Tzu, *The Art of Warfare*, trans. Roger Ames (New York, NY: Ballantine Books, 1993), 92.
10. Bradford A. Lee, "Strategic Interaction: Theory and History for Practitioners," *in Competitive Strategies for the 21st Century: Theory, History, and Practice*, Thomas Mahnken, ed. (Stanford, CA: Stanford University Press, 2012), 30.
11. Handel, *Masters of War*, 225–28, 242–43.
12. Lee, "Teaching Strategy," 123.
13. William A. Owens, *Lifting the Fog of War* (Baltimore, MD: Johns Hopkins University Press, 2001).
14. Office of the Chairman of the Joint Chiefs of Staff, *Joint Vision 2020: America' s Military—Preparing for Tomorrow* (Arlington, VA: Department of Defense, June 2000).

15. *Sun Tzu: The Art of War*, trans. Griffith, 93.
16. Derek M.C. Yuen, *Deciphering Sun Tzu: How to Read "The Art of War"* (London: Oxford University Press, 2014), 13–39.
17. John K. Fairbank, "Introduction: Varieties of the Chinese Military Experience," in *Chinese Ways in Warfare*, Frank Kierman, Jr., ed. (Cambridge, MA: Harvard University Press, 1974), 11.
18. *Sun Tzu: The Art of War*, trans. Griffith, 77, 79.
19. Alastair Iain Johnston, *Cultural Realism: Strategic Culture and Grand Strategy in Chinese History* (Princeton, NJ: Princeton University Press, 1995), 95–96.
20. Johnston, *Cultural Realism*, 97.
21. Johnston, *Cultural Realism*, 27.
22. Ralph Sawyer, "Chinese Warfare: The Paradox of the Unlearned Lesson," *American Diplomacy*, April 2001.
23. Ralph Sawyer, "Chinese Strategic Power: Myths, Intent, and Projections," *Journal of Military and Strategic Studies*, 9:2 (2006/07): 19.
24. Huiyun Feng, *Chinese Strategic Culture and Foreign-Policy Decision-Making: Confucianism, Leadership, and War* (London: Routledge, 2007), 22–23.
25. Henry Kissinger, *On China* (New York, NY: The Penguin Press, 2011), 30–32; Michael Pillsbury, *The Hundred-Year Marathon: China's Secret Plan to Replace America as the Global Superpower* (New York, NY: Henry Holt, 2015), 42–51.
26. Mair, *The Art of War*, xlv; and Ames, The Art of Warfare, 71.
27. Sawyer, *The Art of War*, 143.
28. Terms in order of appearance: Sawyer, *The Art of War*, 143; Ames, *The Art of Warfare*, 71; Francois Jullien, *A Treatise on Efficiency: Between Western and Chinese Thinking*, trans. Janet Lloyd (Honolulu, HI: University of Hawaii Press, 2004), 17; Mair, The Art of War, xlv; Griffith, *The Art of War*, 90; Lionel Giles, trans. *Sun Tzu on the Art of War: The Oldest Military Treatise in the World* (London: Luzac & Co., 1910) 33; and Sun-Tzu, *The Art of War*, trans. J.H. Huang, (New York, NY: Harper Perennial, 1993), 57.
29. Sun Tzu, *The Art of War*, trans. Denma Translation Group (Boulder, CO: Shambhala, 2009), 75.
30. Sawyer, *The Art of War*, 145.
31. Waldron, "The Art of Shi," *The New Republic*, June 23, 1997, 39.
32. Ames, *The Art of Warfare*, 82.
33. Ames, *The Art of Warfare*, 78.

34. Jullien, *A Treatise on Efficiency: Between Western and Chinese Thinking*, 18.
35. *The Art of War*, trans. Denma Translation Group, 77.
36. 李殿仁 [Li Dianren, ed.], 孙子兵法通论 [*A General Theory of Sun Zi's Military Methods*] (Beijing: National Defense University, 2006), 7–251.
37. 任力 [Ren Li], 孙子兵法教程 [*Course Materials on Sun Zi's Military Methods*] (Beijing: Academy of Military Science, 2013).
38. 陈宇 [Chen Yu], 孙子兵法：精读 [*Sun Zi's Military Methods: A Close Reading*] (Beijing: Contemporary World Press, 2013), 294–300.
39. Ren Li, *Course Materials on Sun Zi' s Military Methods,* 157.
40. Mao Zedong, "On Protracted War," in *Selected Military Writings of Mao Tse-Tung* (Beijing: Foreign Language Press, 1963), 238; Mao Zedong, "Problems of Strategy in China's Revolutionary War," in *Selected Military Writings of Mao Tse-Tung,* 86.
41. Gary J. Bjorge, *Moving the Enemy: Operational Art in the Chinese PLA's Huai Hai Campaign* (Fort Leavenworth, KS: Combat Studies Institute Press, 2003), 58.
42. William Mott and Jae Chang Kim, *The Philosophy of Chinese Military Culture: Shih vs. Li* (London: Palgrave Macmillan, 2006), esp. 103–30.
43. Mott and Kim, *The Philosophy of Chinese Military Culture*, 118.
44. Harold M. Tanner, *Where Chiang Kai-shek Lost China: The Liao-Shen Campaign, 1948* (Bloomington, IN: Indiana University Press, 2015), 19.
45. Andrew R. Wilson, "The Chinese Way of War," in *Strategy in Asia,* Thomas Mahnken, ed. (Stanford, CA: Stanford University Press, 2014), 120.

第四章

1. This chapter considers Machiavelli's three major political works. The Prince, *The Discourses on Livy, and The Art of War* are all available in Niccolo Machiavelli, *The Essential Writings of Machiavelli,* trans. Peter Constanstine (New York, NY: Modern Library, 2007). The commentary on Machiavelli over the centuries is voluminous. Machiavelli provoked responses from, among others, Frederick the Great and Voltaire, *Anti-Machiavel: Or, an Examination of Machiavel's Prince: With Notes Historical and Political* (Farmington Hills, MI: Gale ECCO, 2018); Isaiah Berlin, "The Originality of Machiavelli," in *Against the Current: Essays in the History of Ideas*, Isaiah

Berlin, ed. (Princeton, NJ: Princeton University Press, 2013), 33–100; Leo Strauss, *Thoughts on Machiavelli* (Seattle, WA: University of Washington Press, 1969). The most prominent contemporary interpreters of Machiavelli include: Quentin Skinner, *Machiavelli: A Very Short Introduction* (New York, NY: Oxford University Press, 2019); and Harvey Mansfield, *Machiavelli's New Modes and Orders: A Study of the Discourses on Livy* (Chicago, IL: University of Chicago Press, 2001). For biographies, see Christopher S. Celenza, *Machiavelli: A Portrait* (Cambridge, MA: Harvard University Press, 2015); and Paul Strathern, *The Artist, the Philosopher, and the Warrior: The Intersecting Lives of Da Vinci, Machiavelli, and Borgia and the World They Shaped* (New York, NY: Bantam, 2009). This chapter was inspired by Felix Gilbert, "Machiavelli: The Renaissance of the Art of War," in *Makers of Modern Strategy from Machiavelli to the Nuclear Age*, Peter Paret, Gordon A. Craig, and Felix Gilbert, eds. (Princeton, NJ: Princeton University Press, 1986).

2. Machiavelli, *The Prince*, Chapter XV.
3. Machiavelli, *The Discourses on Livy*, Preface.
4. William Shakespeare, *Henry VI* (New York, NY: Simon and Schuster, 2008), Act 3, Scene 2.
5. Machiavelli, *The Discourses*, Preface.
6. See, for example, Machiavelli, *The Prince*, Chapter XIV.
7. Machiavelli, *The Prince*, Chapter III.
8. Niccolo Machiavelli, *Letter to the Florentine Signoria*, 1502.
9. William Samuel Lilly, *The Claims of Christianity* (New York, NY: Palala Press, 2016).
10. Niccolo Machiavelli, *Letter to Francesco Vettori*, December 10, 1513, in *The Essential Writings of Machiavelli*, trans. Peter Constantine (New York, NY: Modern Library, 2007).
11. Merriam-Webster, "strategy," https://www.merriam-webster.com/dictionary/strategy, accessed November 26, 2021.
12. Merriam-Webster, "strategy."
13. Machiavelli, *The Prince*, Chapter XV.
14. Machiavelli, *The Prince*, Chapter VIII.
15. Machiavelli, *The Prince*, Chapter XXV.
16. Machiavelli, *The Prince*, Chapter XV.
17. Machiavelli, *The Prince*, Chapter XVII.
18. Machiavelli, *The Prince*, Chapter XVII.

19. Machiavelli, *The Prince*, Chapter XVIII.
20. Machiavelli, *The Prince*, Chapter XVIII.
21. Machiavelli, *The Prince*, Chapter XVIII.
22. Machiavelli, *The Prince*, Chapters XVI, XVIII.
23. Machiavelli, *Letter to Francesco Vettori*, April 16, 1527, in *The Letters of Machiavelli*, trans. Allan Gilbert (Chicago, IL: University of Chicago Press, 1961).
24. Machiavelli, *The Discourses*, Book II, Preface.
25. Machiavelli, *The Discourses*, Book II, Chapter 2.
26. Machiavelli, *The Discourses*, Book I, Chapter 58.
27. Machiavelli, *The Discourses*, Book I, Chapter 58.
28. Machiavelli, *The Discourses*, Book I, Chapter 58.
29. Machiavelli, *The Discourses*, Book I, Chapter 4.
30. Machiavelli, *The Discourses*, Book I, Chapter 6.
31. Machiavelli, *The Discourses*, Book I, Chapter 10.
32. Machiavelli, *The Discourses*, Book I, Chapter 10.
33. Machiavelli, *The Discourses*, Book I, Chapter 11.
34. Machiavelli, *The Discourses*, Book I, Chapter 11.
35. President Joseph R. Biden, Remarks at the 2021 Virtual Munich Security Conference, February 19, 2021.
36. Matthew Kroenig, "Why Democracies Dominate: America's Edge over Russia and China," *The National Interest* 138 (2015): 38–46; Hal Brands, "Democracy vs Authoritarianism: How Ideology Shapes Great-Power Conflict," *Survival*, 60:5 (2018): 61–114; Matthew Kroenig, *The Return of Great Power Rivalry: Democracy versus Autocracy from the Ancient World to the U.S. and China* (New York, NY: Oxford University Press, 2020).
37. Voltaire, "Battalion," in *The Works of Voltaire: A Contemporary Version: A Critique and Biography*, John Morley, ed. (New York, NY: E.R. DuMont, 1901), Volume III.
38. Machiavelli, *The Art of War,* Book I.
39. Machiavelli, *The Art of War*, Book VII.

40. Machiavelli, *The Art of War*, Book VII.

第五章

1. As quoted and cited in Bernd Boll and Hans Sagrian, "On the Way to Stalingrad: The 6th Army in 1941–1942," in *Wars of Extermination: The German Military in World War II, 1941–1944*, Hannes Heer and Klaus Naumann, eds. (New York, NY: Berghahn, 2000), 238.
2. Christopher Bassford, *Clausewitz in English: The Reception of Clausewitz in Britain and America 1815–1945* (New York, NY: Oxford University Press, 1994), 174; see also *Michael Finch's forthcoming book, Making Makers: The Past, the Present, and the Study of War* (Oxford: Oxford University Press, 2023), Chapter 2.
3. Carl von Clausewitz, *Historical and Political Writings*, Peter Paret and Daniel Moran, trans. and eds. (Princeton, NJ: Princeton University Press, 1992), 290; the full text of the three declarations is to be found in Carl von Clausewitz, *Schriften-Aufsätze-Studien-Briefe*, Werner Hahlweg, ed., Volume 1 (Gōttingen: Vandenhoeck und Ruprecht, 1966–1990), 678–751.
4. Carl von Clausewitz, *Vom Kriege*, Friedrich von Cochenhausen, ed. (Leipzig: Insel, 1937), 5.
5. Samuel P. Huntington, *The Soldier and the State: The Theory and Politics of Civil-Military Relations* (Cambridge, MA: Belknap Press, 1957), 31, 56, 58.
6. Carl von Clausewitz, "Strategische Kritik von Feldzugs von 1814 im Frankreich," *in Sämtliche hinterlassen Werke über Krieg und Kriegführung*, Volume 3, Wolfgang von Seidlitz, ed. (Stuttgart: Mundus, 1999), 235; Carl von Clausewitz, *On War*, Michael Howard and Peter Paret, trans. and eds. (Princeton, NJ: Princeton University Press, 1976), 608. For ease of reference, I have used this edition of *On War* but have corrected the text in line with the original German where Howard and Paret have omitted words or altered their meaning. I have used the Sixteenth German edition, the first to revert to the phrasing in the First German edition: Carl von Clausewitz, *Vom Krieg; hinterlassenes Werk*, Werner Hahlweg, ed. (Bonn: F. Dummler: 1952).
7. Carl von Clausewitz, *Two Letters on Strategy*, Peter Paret and Daniel Moran, trans. And eds. (Carlisle Barracks, PA: US Army War College, 1984), 9.
8. Huntington, *The Soldier and the State*, 57.
9. Carl von Clausewitz, *On War*, trans. O.S. Matthijs Jolles (Washington, DC: Infantry Journal Press, 1950), 45; see also Book 1, Chapter 3 and Book 2, Chapter 3, of Clausewitz, *Vom Kriege*.
10. Clausewitz, *On War*, 69.

11. Clausewitz, *On War*, 69.
12. Julian Corbett, *Some Principles of Maritime Strategy* (London: Longmans, 1911).
13. The English translation of Erich Ludendorff, *Der Totale* Krieg (Munich: Ludendorffs Verlag, 1935) is A.S. Rappoport, trans. *The Nation at War* (London: Hutchinson, 1935): Chapter 1, rendered "total war" as "totalitarian warfare."
14. Walther Malmsten Schering, *Wehrphilosophie* (Leipzig: Barth, 1939), 241, 246–76.
15. Robert Endicott Osgood, *Limited War: The Challenge to American Strategy* (Chicago, IL: University of Chicago Press, 1957), 21, 22–23.
16. Basil Liddell Hart, *The Ghost of Napoleon* (London: Faber, 1933), 118–29.
17. Osgood, *Limited War*, 28.
18. Carl von Clausewitz, *The Campaign of 1812 in Russi*a, foreword by Sir Michael Howard (New York, NY: De Capo, 1995 [1843]), 252–53.
19. Henry Kissinger, *Nuclear Weapons and Foreign Policy* (New York, NY: Council on Foreign Relations, 1957), 225.
20. Kissinger, *Nuclear Weapons*, 341, 440.
21. Clausewitz, *On War*, 70; I have italicized "major" as Howard and Paret omit the word "*großen*" from their translation of the original.
22. The lectures were published in Clausewitz, *Schriften*, Volume 1, 226–558.
23. Sibylle Scheipers, *On Small War: Carl von Clausewitz and People's War* (Oxford: Oxford University Press, 2018).
24. Osgood, *Limited War*, 53–54.
25. Olaf Rose, "Swetschin und Clausewitz. Geistesverwandtschaft und Schicksalsparallelitatit," in *Clausewitz*, Alexander Swetschin, ed. (Bonn: F. Dummler, 1997), 64–69.
26. Aleksandr A. Svechin, *Strategy*, Kent E. Lee, ed. (Minneapolis, MN: East View Publications, 1992), 65.
27. Andree Turpe, *Der vernachlässigte General? Das Clausewitz-Bild in der DDR* (Berlin: C. Links, 2020), 25–31, 117–53, 278–82.
28. Raymond L. Garthoff, *Soviet Military Policy: A Historical Analysis* (London: Faber, 1966), 88.
29. Peter Vigor, *The Soviet View of War, Peace and Neutrality* (London: Routledge, 1975), 90.
30. Turpe, *Der vernachlässigte General*? 247–64.
31. Hans-Ulrich Seidt, "Swetschin als politischer und strategischer Denker," in *Clausewitz*, Swetschin, ed., 35–36.

32. Andrei A. Kokoshin, *Soviet Strategic Thought, 1917–1991* (Cambridge, MA: MIT Press, 1998), 71–73, 140–41, 147–57, 168–69, 173; Hans-Ulrich Seidt, "Swetschin als politischer und strategischer Denker," 38–48; see also the introductory essays by Andrei Kokoshin, Valentin V. Larionov, and Vladimir N. Lobov, in Svechin, Strategy.
33. I am grateful for these calculations to Connor Collins, who worked them out using a Google Books Ngram search and applied them in an essay for the M Litt in Strategic Studies at St Andrews in 2020.
34. Clausewitz, *Schriften*, Volume 2, Part 1, Hahlweg, ed., 625.
35. Herbert Roskinski and Raymond Aron agreed; see most recently Christian Muller, *Clausewitz Verstehen. Wirken, Werk und Wirkung* (Paderborn: Brill, 2021), 49–50.
36. Jan Willem Honig, "Clausewitz's *On War*: Problems of Text and Translation," in *Clausewitz in the Twenty-First Century*, Hew Strachan and Andreas Herberg-Rothe, eds. (Oxford: Oxford University Press, 2007); Hew Strachan, "Clausewitz en Anglaise: La Cesure de 1976," in *De la Guerre? Clausewitz et la Pensée Stratégique Contemporaine*, Laure Bardies and Martin Motte, eds. (Paris: Economica, 2008), 81–122.
37. Michael Howard, "*Temperamenta Belli*: Can War be Controlled?" in *Restraints on War: Studies in the Limitation of Armed Conflict*, Michael Howard, ed. (Oxford: Oxford University Press, 1979), 13–14.
38. Raymond Aron, *Penser la Guerre, Clausewitz* (Paris: Gallimard, 1976).
39. Harry G. Summers, *On Strategy: A Critical Analysis of the Vietnam War* (Novato: Presidio, 1982), 83.
40. Summers, *On Strategy*, 63–80. Emphasis in original.
41. Clausewitz, *On War*, Book 1, Chapter 1; most of the translation is that of Jolles, *On War*, 18, but the phrase on the chameleon is mine. Both Jolles and Howard and Paret translate the German, *Natur,* as "character." For the problems inherent in the Howard and Paret version, and Summers's use of it, see Christopher Bassford, "The Primacy of 'Policy' and the 'Trinity' in Clausewitz's Mature Thought," in *Clausewitz in the Twenty-First Century*, Strachan and Herberg–Rothe, eds.
42. Clausewitz, *Vom Kriege*, 77.
43. Clausewitz, *On War*, 607.
44. Summers, *On Strategy*, 5.
45. Colin Powell and Joseph Persico, *My American Journey* (New York, NY: Random House, 1995), 207–8.
46. Herfried Munkler, *Gewalt und Ordnung. Das Bild des Krieges im politischen Denken* (Frankfurt am Main: Fischer, 1992), 9, 92–110; see also Lennart Souchon, *Strategy in the 21st Century: The Continuing Relevance of Carl von Clausewitz* (Clam: Springer, 2020), 122–26.

47. Donald Alexander Downs and Ilia Murtazashivili, *Arms and the University: Military Presence and the Civic Education of Non-Military Students* (New York, NY: Cambridge University Press, 2012), 288–90.
48. Muller, *Clausewitz Verstehen*, 233.
49. Clausewitz, *Schriften*, Volume 1, Hahlweg, ed., 710–11.
50. Clausewitz, *On War*, 143, 573.
51. Clausewitz, *On War*, 153.
52. The distinction is nicely made by Jean-Jacques Langendorf, whose study of Jomini in two volumes is called *Faire la Guerre: Antoine-Henri Jomini* (Geneva: Georg, 2001–2004), in contradistinction to Aron's book on Clausewitz, *Penser la Guerre*.
53. Arthur Kuhle, *Die Preußische Kriegstheorie um 1800 und ihre Suche nach dynamischen Gleichgewichten* (Berlin: Duncker und Humblot, 2018), 27.
54. Constantin von Lossau, *Der Krieg. Für wahre Krieger* (Leipzig, 1815; Reprint, Vienna: Carolinger, 2009); Johann Jakob Otto August Ruhle von Lilienstern, *Vom Kriege* (1814) and *Apologie des Krieges* (1813; Reprint, Vienna: Carolinger, 1984).
55. Clausewitz, *On War*, 63.
56. Clausewitz, *On War*, 453, 586.
57. Peter Paret, *Clausewitz and the State* (Oxford: Clarendon Press, 1976) 123–36, 147–86; Muller, *Clausewitz Verstehen*, 20.
58. Souchon, *Strategy in the 21st Century*, 58.
59. Clausewitz, *On War*, 141,146–47, 168.
60. Souchon, *Strategy in the 21st Century*, 49, 63, 72.
61. Clausewitz, *On War*, 373–74.
62. Clausewitz, *On War*, 80, 91, 570, 603.
63. Clausewitz, *On War*, 141.
64. Clausewitz, *On War*, 152.
65. Clausewitz, *On War*, 132, 141.
66. Clausewitz, *On War*, 517.
67. Souchon, *Strategy in the 21st Century*, 61.

68. Clausewitz, "Im Jahre 1804," in *Strategie*, 56, 62.
69. Clausewitz, *On War*, 194.
70. Clausewitz, *On War*, 606–7.
71. Clausewitz, *On War*, 86, 90, 606–7. Emphasis in original.
72. Clausewitz, *On War*, 91.
73. Clausewitz, *On War*, 87; Antulio Echevarria, *Clausewitz and Contemporary War* (Oxford: Oxford University Press, 2007), 84–101.
74. Clausewitz, *Two Letters on Strategy*, 12. Emphasis in original.
75. Christopher Coker, *Barbarous Philosophers: Reflections on the Nature of War from Heraclitus to Heisenberg* (London: Hurst, 2010) 12–13.
76. Clausewitz, *On War*, 606. Emphasis in original.

第六章

1. John Shy, "Jomini," in *Makers of Modern Strategy from Machiavelli to the Nuclear Age*, Peter Paret, ed. (Princeton, NJ: Princeton University Press, 1986), 143–85.
2. Carl v. Clausewitz, *Hinterlasseneswerk Vom Kriege* (Berlin: Ferdinand Dummler, 1832–34); Antoine-Henri Jomini, *Traité des grandes operations militaires, contenant l'histoire critique des campagnes de Frederic II, compares a celles de l' Empereur Napoleon, avec un recueil des principes generaux de l' art de la guerre* (Paris: Giguet et Michaud, Magimel, 1805–9); and Jomini, *Precis de l'art de la guerre, ou nouveau tableau analytique des principales combinaisons de la strategie, de la grande tactique et de la politique militaire*, 2 Volumes (Paris: Anselin, G. Laguionie, 1838–39). *Precis de l'art de la guerre, de la grande tactique et de la politique militaire* (Paris: Anselin, G. Laguionie, 1838–39).
3. Christopher Bassford, *Clausewitz in English: The Reception of Clausewitz in Britain and America 1815–1945* (Oxford: Oxford University Press, 1994), 197–211.
4. Col. Richard M. Swain, "The Hedgehog and the Fox: Jomini, Clausewitz, and History," *Naval War College Review* 43: 2 (1990): 98–109.
5. Compare: Bibliotheque historique Vaudois, *Le général. Antoine-Henri Jomini (1779–1869). Contributions a sa biographie* (Lausanne:

Imprimeries reunites, 1969); Xavier de Courville *Jomini ou le devin de Napoléon* (Paris: Plon, 1935); Ferdinand Lecomte, *Le général Jomini: sa vie et ses écrits*. Esquisse biographique et strategique, 1st ed., (Paris: Chez Tanera, 1860). Newer, more objective accounts include: Jean-Jacques Langendorf, *Faire La Guerre: Antoine-Henri Jomini* (Paris: Georg, 2001); and Ami-Jacques Rapin, *Jomini et Strategie: Une approche historique de l'oeuve* (Lausanne: Payot, 2002).

6. Lecomte, *Le général Jomini*, 10.
7. John R. Elting, "Jomini: Disciple of Napoleon?" *Military Affairs* (Spring 1964): 17–26.
8. Clausewitz, *On War*, Book I, Chap. 3.
9. Shy, "Jomini," 148.
10. J.H. Stocqueler, *The Life of Field Marshal the Duke of Wellington* (London: Ingram, Cooke, 1853), Volume II, 330.
11. Kevin D. Stringer, "General Antoine-Henri Jomini," *Swiss-Made Heroes: Profiles in Military Leadership* (Ashland, OR: Hellgate Press, 2012), 57.
12. Shy, "Jomini," 148.
13. Clark Butler and Christine Seiler, trans., *Hegel: The Letters* (Bloomington, IN: Indiana University Press, 1984), esp. letters dated Oct. 13, 1806; Nov. 3, 1806; and Nov. 17, 1806; John R. Williams, *The Life of Goethe: A Critical Biography* (Oxford: Blackwell, 2001), 38–39, 42–34.
14. Azar Gat, *The Origins of Military Thought: From the Enlightenment to Clausewitz* (Oxford: Clarendon Press, 1989), 106.
15. Shy, "Jomini," 147.
16. John I. Alger, *Antoine-Henri Jomini: A Bibliographic Survey* (West Point, NY: US Military Academy, 1975), 10.
17. Shy, "Jomini," 170–72.
18. Antoine de Jomini, *Histoire critique et militaire des campagnes de la révolution* (Paris: Magimel, 1811).
19. David G. Chandler, *The Campaigns of Napoleon* (New York, NY: Macmillan Publishing, 1966), 755–59.
20. Martin Van Creveld, *Supplying War: Logistics from Wallenstein to Patton* (Cambridge: Cambridge University Press, 1980), 67–74.
21. John R. Elting, "Jomini: Disciple of Napoleon?" *Military Affairs* 28:1 (1964): 17–26.
22. Stringer, *Swiss-Made Heroes*, 63.
23. Michael V. Leggiere, *Napoleon and Berlin: The Franco-Prussian War in North Germany, 1813* (Norman, OK: Oklahoma University Press, 2001), 155.

24. Hew Strachan, "Operational Art and Britain, 1909–2009," in *The Evolution of Operational Art from Napoleon to the Present*, John Andreas Olsen and Martin van Creveld, eds. (Oxford: Oxford University Press, 2011), 98.
25. Chandler, *Campaigns of Napoleon*, 133.
26. Dietrich von Bulow, *Spirit of the Modern System of War* (London: C. Mercier, 1806), 18.
27. Jomini, *Treatise*, 445.
28. Michael Howard, "Jomini and the Classical Tradition in Military Thought," in *The Theory and Practice of War*, Michael Howard, ed. (Bloomington, IN: Indiana University Press, 1965), 3–20; David G. Chandler, "Napoleon: Classical Military Theory and the Jominian Legacy," in Chandler, *On the Napoleonic Wars: Collected Essays* (London: Greenhill, 1999), 241–53.
29. Baron de Jomini, *Treatise on Grand Military Operations*, 2 Volumes, trans. Col. S.B. Holabird (New York, NY: D. Van Nostrand, 1865), 177, 278.
30. Baron de Jomini, *The Art of War*, trans. Capt. G.H. Mendell and Lieut. W.P. Craighill (Philadelphia, PA: J.P. Lippincott, 1862), 49–50.
31. Jomini, *Art of War*, 38.
32. Jomini, *Art of War*, 38.
33. Jomini, *Treatise*, 181, 277.
34. Jomini, *Art of War*, 25.
35. Jomini, *Art of War*, 38.
36. Jomini, *Art of War*, 15.
37. Gat, *Origins of Military Thought*, 126–27.
38. Jomini, *Art of War*, 222.
39. Joint Publication 5–0, *Joint Planning* (Washington, DC: Dec. 1, 2020), IV-32 (Hereafter JP 5–0); see also Dept. of Army, *Army Doctrine Publication 3–0* Operations (Washington, DC: July 31, 2019), 2–7 (Hereafter ADP 3–0).
40. ADP 3–0, 2–7.
41. Jomini, *Art of War*, 36.
42. JP 5–0, IV-29–30; see also ADP 3–0, 2–7; italics original.
43. Jomini, *Art of War*, 60.

44. Jomini, *Art of War*, 218.
45. JP 5–0, p. IV–31.

第七章

1. A.T. Mahan, *The Influence of Sea Power Upon History, 1660–1783* (Boston, MA: Little, Brown, 1890), 1.
2. A.T. Mahan, *The Influence of Sea Power Upon the French Revolution and Empire, 1793–1812* (Boston, MA: Little Brown, 1892).
3. Mahan, *Sea Power*, 1660–1783, v.
4. Mahan, *Sea Power*, 1660–1783, 23.
5. For a list of Mahan's writings, see John B. Hattendorf and Lynn C. Hattendorf, *A Bibliography of the Works of Alfred Thayer Mahan* (Newport, RI: Naval War College Press, 1986). A useful selection of Mahan's writings is provided in John B. Hattendorf, ed., *Mahan on Naval Strategy* (Annapolis, MD: Naval Institute Press, 1991). Robert Seager and Doris Maguire, ed., *Letters and Papers of Alfred Thayer Mahan* (Annapolis, MD: Naval Institute Press, 1975), three volumes, provides insights into Mahan's life and work through his voluminous correspondence. Mahan has attracted several major biographies: Charles Carlisle Taylor, *The Life of Admiral Mahan* (New York, NY: George H. Doran, 1920); W.D. Puleston, *The Life and Work of Captain Alfred Thayer Mahan* (New Haven, CT: Yale University Press, 1939); Robert Seager, *Alfred Thayer Mahan: The Man and His Letters* (Annapolis, MD: Naval Institute Press, 1977); Suzanne Gessler, *God and Sea Power: The Influence of Religion on Alfred Thayer Mahan* (Annapolis, MD: Naval Institute Press, 2015). Earlier editions of Makers of Modern Strategy included valuable assessments of Mahan's contribution to the history of strategic thought. In the original 1943 edition, Margaret Tuttle Sprout wrote "Mahan: Evangelist of Sea Power"; the 1986 edition featured Philip A. Crowl, "Alfred Thayer Mahan: The Naval Historian." Theodore Ropp's essay, "Continental Doctrines of Sea Power," also in the 1943 edition, describes the principal strategic tenets of the *Jeune École*. Walter LaFeber, "A Note on the 'Mercantilistic Imperialism' of Alfred Thayer Mahan," *The Mississippi Valley Historical Review* 48:4 (1982): 674–85, examined Mahan's understanding of the international economy and America's growing role in it. George W. Baer, *One Hundred Years of Sea Power: The U.S. Navy, 1890–1990* (Stanford, CA: Stanford University Press, 1994) appraised Mahan's strategic theories for explaining American naval history during the world wars and the Cold War. On the influence of Mahan's strategic thought in current-day China, see Toshi Yoshihara and James R. Holmes, *Red Star Over the Pacific: China' s Rise and the Challenge to U.S. Maritime Strategy.* Second Edition (Annapolis, MD: Naval Institute Press, 2018). Paul Kennedy, *The Rise and Fall of British Naval Mastery* (London: Penguin, 2017), is itself a classic book on sea power that interprets Mahan's work.

6. C. Vann Woodward, "The Age of Reinterpretation," *American Historical Review* 66:1 (1960): 11–19.
7. A.T. Mahan, *From Sail to Steam: Recollections of Naval Life* (New York, NY: Harper, 1907), 324.
8. A.T. Mahan, *The Interest of America in Sea Power, Present and Future* (Boston, MA: Little, Brown, 1897), 214.
9. Norman Angell, " 'The Great Illusion': A Reply to Rear-Admiral A.T. Mahan," *The North American Review* 195:679 (1912): 772.
10. Charles A. Beard, *A Foreign Policy for America* (New York, NY: Knopf, 1940), 39–40, 74–75; Beard, *The Navy: Defense or Portent?* (New York, NY: Harper, 1932), 19, 21.
11. Mahan, *Sail to Steam*, xiv, xvii.
12. Mahan, *Sail to Steam*, 311.
13. Seager and Maguire, eds., *Letters and Papers*, Volume 2, 210–12.
14. John H. Maurer, "The Giants of the Naval War College," *Naval War College Review* 37: 5 (1984).
15. A.T. Mahan, *The Gulf and Inland Waters* (New York, NY: Scribner, 1883).
16. A.T. Mahan, "Naval Education," *Proceedings of the United States Naval Institute* 5:9 (1879): 345–76.
17. Mahan, *Sail to Steam*, 273.
18. Seager, *Mahan*, 162–68, 191–218.
19. Mahan, *Sea Power, 1660–1783*, 84.
20. Frederick J. Turner, "The Significance of the Frontier in American History," American Historical Association, 1893.
21. Mahan, *Interest of America in Sea Power*, 21–22.
22. John H. Maurer, "The Influence of Thinkers and Ideas on History: The Case of Alfred Thayer Mahan," *Foreign Policy Research Institute*, August 2016.
23. Albert Gleaves, *Life and Letters of Rear Admiral Stephen B. Luce* (New York: Putnam, 1925), 304.
24. Sadao Asada, *From Mahan to Pearl Harbor: The Imperial Japanese Navy and the United States* (Annapolis, MD: Naval Institute Press, 2006), 26.
25. A.T. Mahan, "The Panama Canal and the Distribution of the Fleet," *The North American Review* 200:706 (1914): 406–17.
26. Mahan to Roosevelt, August 3, 1914, Assistant Secretary of the Navy Collection, Box 53, Franklin D. Roosevelt Library, Hyde Park, New York.

27. Winston S. Churchill, *The World Crisis, 1911–1914* (London: Thornton Butterworth, 1923), 93.
28. A.T. Mahan, *Naval Strategy: Compared and Contrasted with the Principles and Practice of Military Operations on Land* (Boston, MA: Little, Brown, 1911).
29. Seager and Maguire, *Mahan Letters*, Volume 3, 491.
30. Winston Churchill, "Military History," July 4, 1950, in *Winston S. Churchill: His Complete Speeches, 1987–1963*, Robert Rhodes James, ed. (New York, NY: Chelsea House Publishers, 1974), Volume 8, 8028–31.
31. A.T. Mahan, *Naval Administration and Warfare: Some General Principles* (Boston, MA: Little, Brown, 1908), 235.
32. A.T. Mahan, *Naval Administration and Warfare*, 137, 167–68, 171–72.
33. Mahan, *Sea Power, 1660–1783*, 89.
34. Mahan, *Sea Power, 1660–1783*, 25.
35. Mahan, *Sea Power, 1660–1783*, 7.
36. Mahan, *Naval Administration*, 226.
37. Mahan, *Naval Administration*, 9.
38. Mahan, *Sail to Steam*, 283.
39. Mahan, *Sea Power, 1660–1783*, 138.
40. Mahan, *Sea Power, 1660–1783*, 415–17.
41. Mahan, *Sea Power, 1793–1812*, Volume 2, 118.
42. Sir Julian S. Corbett, *Some Principles of Maritime Strategy* (London: Longmans, Green, 1911), 87, 171.
43. Mahan, *Interest of America in Sea Power*, 193.
44. Mahan, *Sea Power, 1793–1812*, Volume 2, 389–90.
45. Mahan, *Sea Power, 1793–1812*, 389–90.
46. Corbett, *Some Principles*, 14.
47. Mahan, *Sea Power, 1660–1783*, 539.
48. Winston S. Churchill, *Thoughts and Adventures*, James W. Muller, ed. (Wilmington, DE: ISI Books, 2009), 134.
49. Mahan, *Sail to Steam*, 324.

50. Mahan, *Interest of America in Sea Power*, 99–100, 210.
51. As quoted in, Howard K. Beale, *Theodore Roosevelt and the Rise of America to World Power* (Baltimore, MD: Johns Hopkins University Press, 1956), 447.
52. H.J. Mackinder, "The Geographical Pivot of History," *The Geographical Journal* 23:4 (1904): 421–44.
53. A.T. Mahan, *The Problem of Asia and Its Effect upon International Policies* (Boston, MA: Little, Brown, 1900), 167.
54. Brooks Adams, *America's Economic Supremacy* (New York, NY: Macmillan, 1900), 197–98.
55. A.T. Mahan, *The Interest of America in International Conditions* (Boston, MA: Little, Brown, 1918 edition), 163–64.
56. A.T. Mahan, "Germany's Naval Ambitions: Some Reasons Why the United States Should Wake Up to the Facts About the Kaiser's Battleship-Building Program—Great Britain's Danger Exaggerated, But Not Her Fright," *Collier's Weekly*, April 24, 1909, 12–13.
57. Mahan, *Interest of America in International Conditions*, 87.
58. Mahan, *Naval Strategy*, 109; Mahan, *Interest of America in International Conditions*, 163.
59. *Britain and the German Navy: Admiral Mahan's Warning* (London: Associated Newspapers, 1910).
60. Seager and Maguire, *Mahan Letters*, Volume 3, 698–700.
61. Taylor, *Mahan*, 275.
62. Seager, *Mahan*, 689, note 31.
63. Bernard Brodie, *Sea Power in the Machine Age* (Princeton, NJ: Princeton University Press, 1941); Bernard Brodie, ed., *The Absolute Weapon: Atomic Power and World Order* (New York, NY: Harcourt, Brace, 1946); Bernard Brodie, *Strategy in the Missile Age* (Princeton, NJ: Princeton University Press, 1959).
64. John B. Hattendorf and Peter M. Swartz, eds., *U.S. Naval Strategy in the 1980s: Selected Documents* (Newport, RI: Naval War College Press, 2008).
65. S.G. Gorshkov, *The Sea Power of the State* (Annapolis, MD: Naval Institute Press, 1979), 226.
66. Adams, *America's Economic Supremacy*, 196.
67. Mahan, *Problem of Asia*, 88.
68. Mahan, *Naval Administration*, 229.
69. Andrew S. Erickson and Lyle J. Goldstein, "China Studies the Rise of Great Powers," in *China Goes to Sea: Maritime Transformation in*

Comparative Historical Perspective, Andrew S. Erickson, Lyle J. Goldstein, and Carnes Lord, eds. (Annapolis, MD: Naval Institute Press, 2009), 409.

70. Robert D. Kaplan, "America's Elegant Decline" *The Atlantic*, November 2007.
71. John H. Maurer, "Kaiser Xi Jinping," *National Interest*, September–October 2018, 28–35.
72. John W. Lewis and Xue Litai, "China's Security Agenda Transcends the South China Sea," *Bulletin of the Atomic Scientists* 72:4 (2016): 218.

第八章

1. Michael Howard, *The Invention of Peace: Reflections on War and International Order* (New Haven, CT: Yale University Press, 2000), 9–13.
2. Michael Howard, *War and the Liberal Conscience* (New Brunswick, NJ: Rutgers University Press, 1978), 11.
3. On the history of liberal and other approaches to international politics, see F.H. Hinsley, *Power and the Pursuit of Peace: Theory and Practice in the History of Relations between States* (Cambridge: Cambridge University Press, 1963); and Michael W. Doyle, *Ways of War and Peace: Realism, Liberalism, and Socialism* (New York, NY: W. W. Norton, 1997). Readers interested in the history of the balance of power should consult Evan Luard, *The Balance of Power: The System of International Relations, 1648–1815* (New York, NY: St. Martin's Press, 1992). For an introduction to Kant's political thought, see the essays in Immanuel Kant, *Toward Perpetual Peace and Other Writings on Politics, Peace, and History*, Pauline Kleingeld, ed. (New Haven, CT: Yale University Press, 2006). T.C.W. Blanning, *The French Revolutionary Wars, 1787–1802* (New York, NY: Arnold, 1996) offers an excellent overview of its subject. On Italian unification, see Denis Mack Smith, *Cavour and Garibaldi 1860: A Study in Political Conflict* (Cambridge: Cambridge University Press, 1954). Roy Jenkins, *Gladstone: A Biography* (New York, NY: Random House, 1995) is the best one-volume treatment of the British prime minister. On the origins of Wilson's ideas, see Thomas J. Knock, *To End All Wars: Woodrow Wilson and the Quest for a New World Order* (New York, NY: Oxford University Press, 1992).
4. David A. Bell, *The First Total War: Napoleon's Europe and the Birth of Warfare as We Know It* (New York, NY: Houghton Mifflin Harcourt, 2007), 70.
5. Thomas Paine, *Political Writings*, revised edition, Bruce Kuklick, ed. (New York, NY: Cambridge University Press, 2000), 164; and Immanuel Kant, *Political Writings*, Hans Reiss, ed. (New York, NY: Cambridge University Press, 1991), 98 and 130.
6. Paine, *Political Writings*, 94 and 152.

7. Kant, *Political Writings*, 100, 104, and 123.
8. Kant, *Political Writings*, 114; and Paine, *Political Writings*, 208.
9. Kant, *Political Writings*, 47, 108, 114, and 126–28.
10. Paine, *Political Writings*, 164 and 336; and David M. Fitzsimons, "Tom Paine's New World Order: Idealistic Internationalism in the Ideology of Early American Foreign Relations," *Diplomatic History* 19:4 (1995): 579.
11. Paine, *Political Writings*, 183; and Thomas C. Walker, "The Forgotten Prophet: Tom Paine's Cosmopolitanism and International Relations," *International Studies Quarterly* 44:1 (2000): 58–59.
12. Paine, *Political Writings*, 156; and Fitzsimons, "Tom Paine's New World Order," 580.
13. Bell, *The First Total War*, 89.
14. Bell, *The First Total War*, 96, 98, 102, and 104–5.
15. T.C.W. Blanning, *The Origins of the French Revolutionary Wars* (London: Longman, 1986), 73–74; and Marc Belissa, "War and Diplomacy (1792–95)," in *The Oxford Handbook of the French Revolution*, David Andress, ed. (New York, NY: Oxford University Press, 2015), 422–23.
16. Blanning, *Origins of the French Revolutionary Wars*, 111; Bell, *First Total War*, 112–15; speech by Dumouriez, October 10, 1792, *La Vie et les mémoires du général Dumouriez*, Volume 3 (Paris: Baudouin Freres, 1823), 405.
17. Blanning, *Origins of the French Revolutionary Wars*, 110; and Robespierre's Speech to the Jacobin Club, January 2 and 11, 1792, in *The French Revolution: A Document Collection*, Laura Mason and Tracey Rizzo, eds. (Boston, MA: Houghton Mifflin, 1999), 161.
18. R.R. Palmer, *The Age of the Democratic Revolution: A Political History of Europe and America, 1760–1800* (Princeton, NJ: Princeton University Press, 2014), 425–37, 505–29, and 589–613.
19. "Official Communication made to the Russian Ambassador at London," January 19, 1805, *The Foreign Policy of Victorian England, 1830–1902*, Kenneth Bourne, ed. (Oxford: Oxford University Press, 1970), 198.
20. Wolfram Siemann, *Metternich: Strategist and Visionary*, trans. Daniel Steuer (Cambridge, MA: Harvard University Press, 2019), 547.
21. Paul Schroeder, *The Transformation of European Politics, 1763–1848* (New York, NY: Oxford University Press, 1994), 546–47, 557, and 575–82.
22. Giuseppe Mazzini, "On the Duties of Man," in *A Cosmopolitanism of Nations: Giuseppe Mazzini' s Writings on Democracy, Nation Building, and International Relations*, Stefan Recchia and Nadia Urbinati, eds. (Princeton, NJ: Princeton University Press, 2009), 89, 93.
23. Mazzini, "On the Duties of Man," 94.

24. Mazzini, "On the Duties of Man," 12.
25. Mazzini, "From a Revolutionary Alliance to the United States of Europe," in *A Cosmopolitanism of Nations*, Recchia and Urbinati, eds., 135; and Mazzini, "On Publicity in Foreign Affairs," in *A Cosmopolitanism of Nations*, Recchia and Urbinati, eds., 176.
26. Mazzini, "On the Duties of Man," 93; and Mazzini, "Neither Pacifism nor Terror," in *A Cosmpolitanism of Nations*, Recchia and Urbinati, eds., 157.
27. Mazzini, "Principles of International Politics," and Mazzini, "On Nonintervention," in *A Cosmpolitanism of Nations*, Recchia and Urbinati, eds., 236, 216.
28. Mike Rapport, *1848: Year of Revolution* (New York, NY: Basic Books, 2008), 350–51; and Denis Mack Smith, *Mazzini* (New Haven, CT: Yale University Press, 1994), 67–69.
29. Rapport, *1848*, 357; Smith, *Mazzini*, 69–70.
30. Rapport, *1848*, 358; Smith, *Mazzini*, 70–73.
31. Rapport, *1848*, 355.
32. Richard Cobden, *Russia* (Edinburgh: William Tait, 1836), 33; and 132 Parl. Deb. (Third Series) (1854) col. 257–58.
33. Letter from Richard Cobden to Henry Ashworth, April 12, 1842, *The Letters of Richard Cobden*, Volume I, Anthony Howe, ed. (New York, NY: Oxford University Press, 2007), 267; and Hinsley, *Power and the Pursuit of Peace*, 97.
34. 12 Parl. Deb. (Third Series) (1832) col. 661.
35. 13 Parl. Deb. (Third Series) (1832) col. 1138.
36. 132 Parl. Deb. (Third Series) (1854) col. 262.
37. Speech to the House of Commons, June 28, 1850, *Speeches on Questions of Public Policy by Richard Cobden, MP*, Volume II, John Bright and James E. Thorold Rogers, eds. (London: Macmillan, 1870) 228.; and Cobden, Russia, 33.
38. A.J.P. Taylor, *The Trouble Makers: Dissent over Foreign Policy, 1792–1939* (London: Pimlico, 1993), 69–70 and 84; and "Extract from Gladstone's Third Midlothian Campaign Speech, November 27, 1879," Bourne, ed., 420–22.
39. Richard Shannon, *Gladstone*, Volume II (Chapel Hill, NC: University of North Carolina Press, 1999), 87–89.
40. Gary Bass, *Freedom' s Battle: The Origins of Humanitarian Intervention* (New York, NY: Knopf, 2008), 261–62 and 265.
41. William Gladstone, *Bulgarian Horrors and the Question of the East* (London: John Murray, 1876), 9, 11–12, and 31.
42. Shannon, *Gladstone*, 25; and Taylor, *Trouble Makers*, 45 and 82–83.

43. Bass, *Freedom's Battle*, 309.

44. Ronald Robinson and John Gallagher with Alice Denny, *Africa and the Victorians: The Climax of Imperialism in the Dark Continent* (New York, NY: St. Martin's Press, 1961), 76–89.

45. 270 Parl. Deb. (Third Series) (1882) col. 1146.

46. Robinson, Gallagher, and Denny, *Africa and the Victorians*, 94–121.

47. A. Scott Berg, *Wilson* (New York, NY: Berkley, 2003), 43.

48. Tony Smith, *Why Wilson Matters: The Origin of American Liberal Internationalism and Its Crisis Today* (Princeton, NJ: Princeton University Press, 2017), 68.

49. "Special Message Advising that Germany's Course Be Declared War," April 2, 1917, *The Messages and Papers of Woodrow Wilson*, Volume I, Albert Shaw, ed. (New York, NY: Review of Reviews, 1924), 379, 383.

50. Smith, *Why Wilson Matters*, 49.

51. Smith, *Why Wilson Matters*, 104.

52. Lansing as quoted in Margaret MacMillan, *Paris 1919: Six Months that Changed the World* (New York, NY: Random House, 2003), 11.

53. Smith, *Why Wilson Matters*, 62 and 68.

54. Smith, *Why Wilson Matters*, 98.

55. G. John Ikenberry, *A World Safe for Democracy: Liberal Internationalism and the Crises of Global Order* (New Haven, CT: Yale University Press, 2020), 108–15.

56. George C. Herring, *From Colony to Superpower: U.S. Foreign Relations since 1776* (New York, NY: Oxford University Press, 2008), 388–96. Quotation from Smith, *Why Wilson Matters*, 79.

57. Ikenberry, *A World Safe for Democracy*, 123–24.

58. "Address of President Wilson Delivered at Mount Vernon," July 4, 1918, *Foreign Relations of the United States, 1918*, Supplement 1, Volume I (Washington, DC: US Government Printing Office, 1933), Document 206.

59. MacMillan, *Paris 1919*, 109–35 and 207–70.

60. Quotation from Smith, *Why Wilson Matters*, 119. See also MacMillan, *Paris 1919*, 157–203.

61. Ikenberry, *A World Safe for Democracy*, 131–32.

62. Smith, *Why Wilson Matters*, 124–25.

第九章

1. From George Washington to Robert Morris, August 27, 1781, *Founders Online*, National Archives, https://founders.archives.gov/documents/Washington/99-01-02-06802. [This is an Early Access document from The Papers of George Washington. It is not an authoritative final version.]
2. "From George Washington to Joseph Reed, 28 May 1780," *Founders Online*, National Archives, https://founders.archives.gov/documents/Washington/03-26-02-0150. [Original source: The Papers of George Washington, Revolutionary War Series, Volume 26, 13 May–4 July 1780, Benjamin L. Huggins and Adrina Garbooshian–Huggins, eds. (Charlottesville, VA: University of Virginia Press, 2018), 220–25.]
3. Joseph Plumb Martin, *Yankee Doodle Boy* (New York, NY: Holiday House, 1995), 155.
4. M. Tullius Cicero, *The Orations of Marcus Tullius Cicero*, trans. C. D. Yonge (London, 1903), 95. This quote may be an adaptation of the original, "First of all the sinews of war is money in abundance."
5. "From Alexander Hamilton to———,[December–March 1779–1780]," *Founders Online*, National Archives, https://founders.archives.gov/documents/Hamilton/01-02-02-0559-0002. [Original source: *The Papers of Alexander Hamilton*, Volume 2, 1779–1781, Harold C. Syrett, ed. (New York, NY: Columbia University Press, 1961), 236–51.].
6. Emphasis added. Alexander Hamilton to James Duane, September 3, 1780, *Founders Online*, National Archives, https://founders.archives.gov/documents/Hamilton/01-02-02-0838, originally found in Syrett, ed., *Papers of Alexander Hamilton*, Volume 2, 400–18.
7. Hamilton to Robert Morris, April 30, 1781, *Founders Online*, National Archives, https://founders.archives.gov/documents/Hamilton/01-02-02-1167, originally found in Syrett, ed., *Papers of Alexander Hamilton*, Volume 2, 604–35.
8. Hamilton to Morris, April 30, 1781.
9. Hamilton to Morris, April 30, 1781.
10. For copies of each of these six essays see Syrett, ed., *Papers of Alexander Hamilton*, Volume 2, 649–74.
11. Report Relative to a Provision for the Support of Public Credit, January 9,`1790, *Founders Online*, National Archives, https://founders.archives.gov/documents/Hamilton/01-06-02-0076-0002-0001. [Original source: *The Papers of Alexander Hamilton*, Volume 6, *December 1789 –August 1790*, Harold C. Syrett, ed. (New York, NY: Columbia University Press, 1962), 65–110.]
12. Louis Johnston and Samuel H. *Williamson, What Was the U.S. GDP Then?*, MeasuringWorth 2022, https://www.measuringworth.com/datasets/usgdp/.

13. Richard Sylla, "Financial Foundations: Public Credit, the National Bank, and Securities Markets," in *Founding Choices: American Economic Policy in the 1790s*, Douglas A. Irwin and Richard Sylla, eds. (Chicago, IL: University of Chicago Press, 2011), 59.
14. "Report Relative to a Provision for the Support of Public Credit."
15. "Report Relative to a Provision for the Support of Public Credit." Emphasis in original.
16. George Washington to Joseph Reed, May 28, 1780, *Founders Online*, National Archives, https://founders.archives.gov/documents/Washington/03-26-02-0150. [Original source: *The Papers of George Washington*, Revolutionary War Series, Volume 26, 13 *May–4 July 1780*, Benjamin L. Huggins and Adrina Garbooshian-Huggins, eds. (Charlottesville, VA: University of Virginia Press, 2018), 220–25.]
17. Paul Schmelzing, *Eight Centuries of Global Real Rates, R-G, and The "Suprasecular Decline," 1311–2018* (London: Bank of England, January 2020).
18. Mauricio Drelichman and Hans-Joachim Voth, *Lending to the Borrower from Hell: Debt, Taxes, and Default in the Age of Philip II* (Princeton, NJ: Princeton University Press, 2014), 280.
19. P.G.M. Dickson, *The Financial Revolution in England: A Study in the Development of Public Credit, 1688–1756* (New York, NY: Macmillan, 1967), 9.
20. Dickson, *The Financial Revolution in England*, 457.
21. John Brewer, *The Sinews of Power: War, Money, and the English State 1688–1783* (Boston, MA: Harvard University Press, 1990), xiv. Emphasis in original.
22. "Final Version of the Second Report on the Further Provision Necessary for Establishing Public Credit (Report on a National Bank)," December 13, 1790, *Founders Online*, National Archives, https://founders.archives.gov/documents/Hamilton/01-07-02-0229-0003. [Original source: *The Papers of Alexander Hamilton,* Volume 7, *September 1790 –January 1791*, Harold C. Syrett, ed. (New York, NY: Columbia University Press, 1963), 305–42.]
23. "Final Version of the Second Report on the Further Provision Necessary for Establishing Public Credit (Report on a National Bank)."
24. "Final Version of an Opinion on the Constitutionality of an Act to Establish a Bank," February 23, 1791," *Founders Online*, National Archives, https://founders.archives.gov/documents/Hamilton/01-08-02-0060-0003. [Original source: *The Papers of Alexander Hamilton*, Volume 8, *February 1791 –July 1791*, Harold C. Syrett, ed. (New York, NY: Columbia University Press, 1965), 97–134.]
25. Henry Stimson, *On Active Service in Peace and War* (New York, NY: Harper & Bros., 1971), 352.
26. Frederic S. Mishkin, "*Is Financial Globalization Beneficial?*" NBER Working Paper 11891 (December 2005). Emphasis added.
27. Richard Sylla, "Comparing the UK and US Financial Systems, 1790–1830," in *The Origins and Development of Financial Markets*

and Institutions: From Seventeenth Century to the Present Jeremy Atack and Larry Neal, eds. (Cambridge: Cambridge University Press, 2009), 214.

28. B. M. Anderson, *Effects of the War on Money, Credit and Banking* (Washington, DC: Carnegie Endowment for International Peace, 1919), 6. The Germans began storing additional gold in the Reichsbank in 1912, but ceased collecting reserves at about $360 million when they apparently considered they had enough to finance a major war. In reality, it was enough to pay for (at best) a single month of heavy fighting in 1915. See also J. Laughlin, *Credit of Nations: A Study of the European War* (New York, NY: Charles Scribner's Sons, 1918), 202–5.
29. According to Niall Ferguson, "The British revenue side was exceptionally robust: as a consequence of the reforming budgets of 1907 and 1909/10—which had a far more decisive fiscal outcome than the comparable German finance bill of 1913." See Niall Ferguson, "Public Finance and National Security: The Domestic Origins of the First World War Revisited," *Past and Present* 142 (1994): 142.
30. Paul Kennedy, *The Rise and Fall of the Great Powers: Economic Change and Military Conflict from 1500–2000* (New York, NY: Random House, 1987), xxiv.
31. Kennedy, *The Rise and Fall of Great Powers*, 515.

第十章

1. Daniel Drezner, Henry Farrell, and Abraham Newman, eds., *The Uses and Abuses of Weaponized Interdependence* (Washington, DC: Brookings Institution, 2021).
2. Alexander Hamilton, "Report on the Subject of Manufactures" (1791), in *Industrial and Commercial Correspondence of Alexander Hamilton*, Arthur Cole, ed. (Chicago, IL: A.W. Shaw, 1928), 248, 265, 266; Friedrich List, *The National System of Political Economy* (London: Longmans, Green and Co., 1885), 120, 317, 347.
3. Edward Meade Earle, "Adam Smith, Alexander Hamilton, Friedrich List: The Economic Foundations of Military Power," in *Makers of Modern Strategy*, Peter Paret, ed. (Princeton, NJ: Princeton University Press, 1986), 225.
4. Adam Smith, *The Wealth of Nations* (New York, NY: Random House, 1776), 431.
5. Shang Yang, *The Book of Lord Shang: Apologetics of State Power in Early China*, Yuri Pines, trans. and ed. (New York, NY: Columbia University Press, 2017), 174.
6. William Theodore de Bary and Richard Lufrano, eds., *Sources of Chinese Tradition*, Volume 2: *1600–2000*, Second edition (New York,

NY: Columbia University Press, 2000), 208.
7. Hao Chang, *Liang Ch' i-ch-ao and the Intellectual Tradition in China, 1890–1907* (Cambridge, MA: Harvard University Press, 1971), 30.
8. Benjamin Schwartz, *In Search of Wealth and Power* (Cambridge, MA: Harvard University Press, 1964), 17.
9. Wu Guo, *Zheng Guanying* (Amherst, NY: Cambria, 2010), 189.
10. Wu, *Zheng Guanying*, 188.
11. Eric Helleiner, *The Neomercantilists* (Ithaca, NY: Cornell University Press, 2021), 241.
12. Wu, *Zheng Guanying*, 190.
13. Schwartz, *In Search of Wealth and Power*, 117.
14. Tang Xiaobing, *Global Space and the Nationalist Discourse of Modernity* (Stanford, CA: Stanford University Press, 1996), 167.
15. Paul Trescott and Zhaoping Wang, "Liang Chi-chao and the Introduction of Western Economic Ideas into China," *Journal of the History of Economic Thought* 16:1 (1994): 135.
16. Rebecca Karl, *Staging the World* (Durham, NC: Duke University Press, 2002), 73.
17. Liang Qichao, "The Power and Threat of America," in *Land without Ghosts: Chinese Impressions of America from the Mid-Nineteenth Century to the Present*, R. David Arkush and Leo O. Lee, eds. (Berkeley, CA: University of California Press, 1993), 93.
18. Sun Yat-sen, *Prescriptions for Saving China*, Julie Lee Wei, Ramon Myers, and Donald Gillin, eds., trans. Julie Lee Wei, E-su Zen, and Linda Chao (Stanford, CA: Hoover Institution Press, 1994), 11.
19. Zhao Jing, "*Fu Guo Xue* and the 'Economics' of Ancient China," in *A History of Ancient Chinese Economic Thought*, Cheng Lin, Terry Peach, and Wang Fang, eds. (London: Routledge, 2014), 66–81, esp. 80.
20. Sun Yat-sen, *San Min Chu I: The Three Principles of the People*, trans. Frank Price; L.T. Chen, ed. (Shanghai: Commercial, 1928), 12.
21. Sun, *San Min Chu* I, 37.
22. Sun, *San Min Chu* I, 41.
23. Helleiner, *The Neomercantilists*, 248.
24. Sun, *San Min Chu* I, 53, 37, 87–88.
25. Sun, *San Min Chu* I, 176, 41.
26. William Kirby, "Engineering China," in *Becoming Chinese: Passages to Modernity and Beyond*, Wen-hsin Yeh, ed. (Berkeley, CA: University of California Press, 2000), 138.

27. Sun Yat-sen, *The International Development of China* (New York, NY: G. P. Putnam's Sons 1920), 198.
28. Sun Yat-sen, *Memoirs of a Chinese Revolutionary* (New York, NY: AMS, 1970), 175.
29. Sun, *The International Development*, 9–12.
30. Sun, *San Min Chu I*, 147–48.
31. See "China Marks 150th Anniversary of Sun Yat-sen's Birth, Stressing National Integrity," *Xinhua*, November 12, 2016.
32. Albert Hirschman, *National Power and the Structure of Foreign Trade* (Berkeley, CA: University of California Press, 1980 [1945]), 29; see also 18, 28, 34–37. For illustrations of this phenomenon more generally, see Rawi Abdelal and Jonathan Kirshner, "Strategy, Economic Relations, and the Definition of National Interests," *Security Studies* 9:1–2 (1999–2000): 119–56.
33. Raymond Vernon, "Economic Sovereignty at Bay," *Foreign Affairs* 47:1 (1968): 110–22; Charles P. Kindleberger, *American Business Abroad* (New Haven, CT: Yale University Press, 1969), 207.
34. Robert Gilpin, "The Politics of Transnational Economic Relations," *International Organization* 25:3 (1971): 419.
35. Robert Gilpin, *U.S. Power and the Multinational Corporation* (New York, NY: Basic Books, 1975); Robert Gilpin, "Three Models of the Future," *International Organization* 29:1 (1975): 45.
36. Gilpin, *War and Change in International Politics* (Cambridge: Cambridge University Press, 1981); E. H. Carr, *The Twenty Years' Crisis 1919–1939* (London: Macmillan and Co., 2nd ed., 1946), 117.
37. Stephen Krasner, "State Power and the Structure of International Trade," *World Politics* 28:3 (1976): 317, 320.
38. Susan Strange, "Finance, Information, and Power," *Review of International Studies* 16:3 (1990): 259–74.
39. Susan Strange, "The Persistent Myth of Lost Hegemony," *International Organization* 41:4 (1987): 551–74.
40. It should be noted, however, that in his late writings Gilpin mistakenly—or prematurely?—anticipated an increasingly regionalized global economy as states sought to retain some degree of autonomy in an increasingly interconnected world.
41. Arnold Wolfers, "The Goals of Foreign Policy," in his *Discord and Collaboration* (Baltimore, MD: Johns Hopkins University Press, 1962), 73.

國家圖書館出版品預行編目(CIP)資料

戰略的原點：從早期的思想家到近代的策略家/霍爾・布蘭茲（Hal Brands）編；辛亞蓓譯. -- 初版. -- 臺北市：商周出版：英屬蓋曼群島商家庭傳媒股份有限公司城邦分公司發行, 民113.9 面；　公分 -- (當代戰略全書；1)(莫若以明書房；BA8047)
譯自：The new makers of modern strategy : from the ancient world to the digital age.
ISBN：978-626-390-242-8(平裝)

1. CST：軍事戰略　2. CST：國際關係

592.4　113011493

莫若以明書房 BA8047

當代戰略全書1・戰略的原點

從早期的思想家到近代的策略家

原文書名／The New Makers of Modern Strategy: From the Ancient World to the Digital Age
[Part One: Foundations and Founders]
編　　者／霍爾・布蘭茲（Hal Brands）
譯　　者／辛亞蓓
責任編輯／陳冠豪
版　　權／顏慧儀
行銷業務／周佑潔、林秀津、林詩富、吳藝佳、吳淑華

線上版讀者回函卡

總 編 輯／陳美靜
總 經 理／彭之琬
事業群總經理／黃淑貞
發 行 人／何飛鵬
法律顧問／元禾法律事務所 王子文律師
出　　版／商周出版
115020台北市南港區昆陽街16號4樓
電話：(02) 2500-7008 傳真：(02) 2500-7579
E-mail: bwp.service@cite.com.tw
發　　行／英屬蓋曼群島商家庭傳媒股份有限公司　城邦分公司
115020台北市南港區昆陽街16號8樓
讀者服務專線：0800-020-299 24小時傳真服務：(02) 2517-0999
讀者服務信箱E-mail: cs@cite.com.tw
劃撥帳號：19833503 戶名：英屬蓋曼群島商家庭傳媒股份有限公司城邦分公司
訂購服務／書虫股份有限公司客服專線：(02) 2500-7718；2500-7719
服務時間：週一至週五上午09:30-12:00；下午13:30-17:00
24小時傳真專線：(02) 2500-1990；2500-1991
劃撥帳號：19863813 戶名：書虫股份有限公司
E-mail: service@readingclub.com.tw
香港發行所／城邦（香港）出版集團有限公司
香港九龍土瓜灣土瓜灣道86號順聯工業大廈6樓A室
E-mail: hkcite@biznetvigator.com
電話：(852) 25086231　傳真：(852) 25789337
馬新發行所／城邦（馬新）出版集團 Cite (M) Sdn. Bhd.
41, Jalan Radin Anum, Bandar Baru Sri Petaling, 57000 Kuala Lumpur, Malaysia.
電話：(603) 9056-3833　傳真：(603) 9057-6622 E-mail: services@cite.my

封面設計／兒日設計
內文設計排版／簡至成
印　　刷／鴻霖印刷傳媒股份有限公司
經 銷 商／聯合發行股份有限公司　地址：新北市新店區寶橋路235巷6弄6號2樓
電話：(02) 2917-8022　傳真：(02) 2911-0053

2024年9月5日初版1刷　　Printed in Taiwan
定價：549元（紙本）／410元（EPUB）　版權所有，翻印必究
ISBN: 978-626-390-242-8（紙本）/ 978-626-390-238-1（EPUB）

城邦讀書花園
www.cite.com.tw